日本建筑史序说

原著增补第三版

[日]太田博太郎　著
路秉杰　包慕萍　译

同济大学出版社
TONGJI UNIVERSITY PRESS

中译本序言（一）

余治中国建筑史，初引以入胜者，其唯日本关野贞先生所著《中国文化史迹》《中国佛教史迹》诸书，图文并茂，考订精赅，私淑焉，四十余年来未能去怀。今同济大学图书馆所藏先生著作，皆余历年访得者，每视斯珍，不啻亲受先生教益，肃然起敬也。

关野贞先生，近代日本研究建筑史之权威，其晚年所著《日本建筑史讲话》文简意赅，以极少之文字，述复杂之史实，真由博文约，撷英取华，而至平谆者，甚矣！史家不朽之作也。先生与先师紫江朱先生旧交，余昔侍几席，师每道及之，惜生前未能奉手为遗憾耳。

太田博太郎先生乃关野先生再传弟子，所著《日本建筑史序说》一书。门人路君秉杰译成，举以示余，乞为序。今谓史学贵严谨，论点与资料两者不能偏废，今俱见于是书矣！故知学者有所崇，正如水之有源也。兹欣译本流传，国人得读其书，将为中日文化交流贡献匪浅。

路君诚朴笃学，居东土有年，追访斯邦遗构新建，译笔多亲切之处，耐人寻味，故欣为之序。

时一九八五年乙丑，春寒料峭，莺啭高枝，簿棉犹未卸也。

陈从周

中译本序言（二）

太田博太郎先生所著《日本建筑史序说》一书，是学习日本建筑史最合适的学术著作，于日本国内获得一致好评。该书初版于1947年，至1983年历经三十八年而不衰，前后已达十二版，其发行量之大与受读者欢迎程度之热烈，为日本各有关建筑史类诸书之冠，即此可见其声誉之盛矣！

太田先生行文简练而准确，立论严谨，阐释缜密，可谓一字难易矣，非大学问家之所不能为也。现该书几乎为日本各大学建筑系科首选的日本建筑史教学用书，为青年学生所乐读，足见其晓畅通达、平易近人之至。所论之处，皆充满新观点、新论据，为日本建筑史学界研究之最新成果。先生学识渊博，学风严正，为研究家们所钦佩。附于卷末的日本建筑史文献解说，约占正文三分之一，为初学者和研究家们提供检索之便，亦体现了先生为后学者着想的良苦用心！本书确为学习日本建筑史之精炼指南，不啻是日本建筑史上之名作。

村松贞次郎
日本东京大学名誉教授、工学博士
法政大学教授
一九八五年六月十日

前言（初版）

作为日本建筑史概说性教科书，已有前辈学者天沼俊一、关野贞、足立康诸博士的大作，本来无需再写；可是，现在要想在书店购得诸书却已近乎不可能了，即令有幸购得，那也是几十年前的旧作，自然不可能把最近几十年所取得的新成果包括进去，也就无法充分满足读者诸君的求知欲望。为此，实在需要写一部较详尽的日本建筑史书。

这样一项艰巨的研究工作，谈何容易，非日积月累、深入研究，短时期内是绝对办不到的。在这里，不揣冒昧，只能作为简单介绍日本建筑史大略轮廓的教科书而决定出版了。

本书稿早在第二次世界大战(1939，昭和十四年)前就开始撰写了，是在已故恩师足立康博士的建议和催促下开始着笔的；但对于刚刚大学毕业不久的我来说，这项工作简直不胜负重。苦斗了一年，终于草就初稿，赶忙送到先生家，请先生审阅。我记得和先生告别的时候，时钟已经敲过午夜十二点，没想到第二天的下午，先生就打电话叫我去，把写错的、存疑的以及尚需补充、订正的——种种不足之处——不厌其烦地逐一指出。足立先生素来以对年青人的热情指导而闻名，我们也常常沐浴着先生的教导之恩，万万没想到的是，先生对我的书稿竟然通宵达旦地进行审阅，感人肺腑。虽然由于种种原因，书稿未能如期付印，但每当拿起手稿，对恩师的感激之情都令我无法自已。

战争结束后，心情轻松了许多，想找个适当的机会出版此书，于是，在今年新年前后，再次重新阅读了许多重要的论文，并着手修改书稿——整整一年的时间全部被用来修改书稿。由于水平所限，始终未能改写得十分满意，真正要改下去也将是无止境的。虽说不甚满意，目前也只有就此搁笔，留待他日继续完善了。

遗憾的是，改写旧稿难免前后体例不一，这种情况的出现大都是因为引用了新成果不得不更改原文所致，从某种意义上说，乃不得已矣。对于插图，为了减少印刷费用，精选了必须要放的一些图片，并在其中选用了一般书上不太常用的，因而即使是重要插图许多也都不得不省略掉了。关于明治以后的建筑历史，由于本人在这方面学疏才浅，缺少深入研究，也唯有期待后贤了。

在本书的编写过程中，主要参考了关野克、福山敏男、足立康、大冈实、竹内理三、浅野清、服部胜吉、丰田武、远藤元男、堀口舍己、大熊喜邦诸位先生的大作，为免繁冗起见，书中没有一一标注，在此对前辈深表谢意。

太田博太郎

昭和二十一年（1946）十月十七日

写于增补第二版刊行之际

本书的初版是在昭和二十二年（1947）九月。战争刚刚结束不久，正是物质极端匮乏的时代，印刷用纸也不例外。当时使用了废纸再利用的再生纸，是质地粗糙、泛着黄癍的仙花纸，原本是不能用来做印刷的低劣品。初版前言的日期是昭和二十一年（1946）十月，而出版年是1947年，由此可知一本B6开本的152页小册子，印刷竟耗时将近一年！读者由此足可想象当时印刷业是如何的艰难困苦。处于这种状态下，扉页图版、插图、照片等都非常模糊，是一种不能称之为“书”的替代品；但是，由于无其他类似书籍，这本书竟有幸得以再版。

第二次世界大战后，随着研究建筑史的人逐渐增加，研究成果逐步深化，本书也就出现了订正、增补的需要，于是在本书初版刊行15年后的昭和三十七年（1962），虽然准备尚不够充分，但仍进行了正文、扉页图版、插图等的改订增补。正文部分由原来的21节，改为29节；扉页图版加倍，插图增加到原书的3倍。与此同时，我在昭和二十九年（1954）出版的另一本著作《日本建筑》已经绝版，因此将其中的“日本建筑的特征”一节刊入本书卷头，作为总论使用。再者，因本书正文部分比较简短，不足以充分说明日本建筑，为此增加了自明治以来重要研究论著的文献目录，并辅以解说，题为“日本建筑史文献”，作为附录——它不仅是正文的补充，还进一步成为要开始学习和研究建筑历史的新人们的入门向导。这个文献目录在每次增版印刷时都会加以补充。在昭和四十三年（1968）时，将补遗文献也编入文献目录的正文内，使成新版。此后二十年间，由于殆于补充工作，使用起来颇感不便。

趁这次改版之际，决定补足上一缺陷。近二十年来论文、专著数量众多，短期间内通览全部并进行筛选几近不可能；因此，选择论文的原则以刊载在《日本建筑学会论文报告集》《建筑史学》《佛教艺术》等上的文章为限。这样的筛选原则导致在其他杂志上刊登、发表的重要论文不被录用的缺憾，对这些论文的作者深表歉意。如果期待最完美的结果，这本书很难迎来出版之日，唯有请求漏选著者的原谅而已。

在如今论文发表数量众多的时代里，编写文献目录的必要性较以前更加必要；但再延用以往的收录方法已经不适宜，今后需要摸索新方法来满足读者的期待与需求。

太田博太郎
昭和六十三年（1988）十月十五日

《日本建筑史序说》增补第三版寄言

在本书第二版所附太田博太郎先生的增补第二版前言的写作日期是昭和六十三年（1988）十月十五日。从太田先生的行文揣摩，他终于完成近二十多年的论著文献增补工作，似乎是松了一口气；但是，“昭和”这个年号于太田先生书写序言的第二年正月七日宣告终结，第二天亦即 1988 年 1 月 8 日开始了平成时代，增补第二版的实际发行时间是平成改元不满一个月的正月三十日。

此后，我恳请太田先生担任监修人，出版了《日本建筑史文献目录 1987—1990》（日本建筑史研究会编，文化财建造物保存技术协会刊，1996 年）。此文献目录是《日本建筑史序说》论著目录的延续，这项工作结束之时，太田先生就提出想把《序说》的文献目录增补到昭和末年的想法。

一直以来没有实现太田先生夙愿的机会，趁这次《序说》改版为电子印刷之际，除订正一些错字、漏字外，决定增补论著文献目录。这次增补和增补第二版的方针相同，追加了至昭和六十三年（1968）末出版的未选登的文献，命名为“续日本建筑史文献”，总数达 80 项。

《日本建筑史序说》自昭和二十二年（1947）初版以来，成为学习、研究日本建筑史的必读之书，并持续不衰。我想太田先生也有以昭和末年作为日本建筑史研究的一个分期的想法吧，这本书应是代表昭和时代研究成果的最终版了。此后进入平成时代，新时代的研究状况请参考《建筑史学》杂志的学界展望栏。

藤井惠介

平成二十年（2008）九月四日

目　录

导言　日本建筑的特征

第一篇　古　代

第二篇　中　世

第三篇 近 世

附录 A 日本建筑史文献

附录 B　续日本建筑史文献

导言　日本建筑的特征

一、日本的自然与社会

日本列岛的气候高温多雨，与西欧各国的大城市相比，未必能称之为最宜居的环境；但是，日本冬季的寒冷或者夏日的炎热都没有达到让人难以忍受的程度——即便没有什么特别的防寒措施也能过冬，只要把建筑做得开敞些就不难度过夏季。这和自古以来文明发达的埃及、印度、中国等大陆性气候相比，可以说是十分温和了。

日本无终年冰封雪冻的雪山，也无一望无际的辽阔平原，人们居住在位于山海之间的小平原、山间小盆地或者河流沿岸的平地上。这些地方日照充足、降雨丰沛，适于植物的生长发育，所以列岛上群峦叠翠，万木峥嵘。日本既无巍峨迫人的崇山峻岭，也无广袤无垠的沙漠，没有任何使人类自惭渺小的大自然风景；日本拥有的是可以使人充分享受大自然恩赐并在其中自由自在生活的自然环境。在这种温和的环境中，人对自然毫无畏惧——无须畏惧自然的暴虐；因此，对自然的热爱与赞美之情充溢于每个人的心中。

日本的平原再大也不足千里，山川河流的规模也都与“大”无缘。海滨、平原、森林、丘陵、山脉相互交错，形成了千姿百态的自然景观，并随着四季的流转而变化分明。春天的樱花，秋天的红叶，夏日的绿荫，冬日的白雪……色彩丰富绚丽，它们成为典型的日本景观。在这种小而富于变化的自然中，培育了日本人敏锐的自然感知力，也因此比起波澜壮阔之美，日本人更喜欢温润洗练之美。

日本国土大部分为森林所覆盖，只能在小块平原上进行农业生产。在以农业经济为主导的社会里，不管统治者进行如何残酷的剥削，其绝对财富累积量也极为有限。狭窄的土地和有限的生产力使得日本不可能出现其他国家那样的大规模的财富积累。

四面环海的列岛地理环境是日本向海外发展的天然障碍，且又毗邻强大的中国，日本根本不可能拥有从属国。只要日本的经济是以岛内农业为主导，那么就意味着日本的国家规模必然是小的，且不可能成为强国。另外，日本国内的奴隶制发展亦不如西欧各国，因为不管是统治者还是人民大众生活都不富裕。

当然，四面环海的地理条件使日本避免了遭受外国侵略之苦。诸如朝鲜半岛就常常感受到来自周边的各种压力；与之相反，日本则很少有这种军事上的忧虑，日本的历史上也从未遭受过被其他国家在政治上或军事上统治的现象。由于日本是岛国，不单在军事防御上与外国保持了天然距离，在文化方面也一

上：奈良的民居
下：富山县五箇山民居

直是在保持一定距离的基础上对其他国家的文化加以吸收、利用。

日本民族显然是从大陆移居而来，移居之初经历了充分的混血，这个看法是大家的共识。就目前所知，从旧石器时代至今，日本从未发生过足以改变人种的那类外来民族的大迁移，虽然在日本列岛上也曾经存在过被认为是异民族的虾夷之人。遥远的原始时代，人种，特别是不同的民族都曾经共存过；公元2—3世纪，日本形成了许多小国，但它们并不是相互对立的国家，而这种状况为期短暂；公元4世纪末，大和朝廷实现了整个日本的大一统。自此之后，日本国家内部再没有发生过民族性的对抗和斗争。

日本历史上虽然也有战争，但这种战争不是不同民族之间的战争，而是同一民族内部不同势力集团的斗争，更进一步说，是限定在少数统治阶级之间的权力斗争。

如此的历史发展特色促成了日本人对国家和民族强烈的认同感。尽管历史上统治阶层不断更替，或者社会制度发生了改变，但人们始终坚信日本的民族是一个有机整体。日本社会自古以来没有出现过能割断历史连续性的革命现象，这种特有的历史连续性使得人们坚信日本的民族与社会具有有机的内在联系。虽然大家都清楚远古的日本人是从不同地方移民而来，但连续的历史特性却使日本人感觉好像拥有一个共同的祖先，好像从属于同一个民族。这样的想法是否符合历史事实另当别论，日本人具有这样的想法却是事实。日本国内的对立大都是统治阶级内部的对立，权力争斗不会殃及大众，日本的城市一般不设城墙就是这种状况的绝好说明。

在建造平城京和平安京时，模仿中国城市在周围建设了罗城，但那只不过是个形式，没过多久就倒塌了。在“城郭”周围出现城下町的时候，“城郭”是作为战争时诸侯和武士们负隅顽抗的据点，因战争与一般居民无关，并没有出现保护居民居住街区的城墙。综上所述，日本没有诞生尺度巨大、艺术表现夸张的建筑是历史之必然。

二、对外来文化的吸收与对传统的继承

日本历史上曾经数次受到先进国家文化的影响，建筑当然也不例外。影响深远的文化浪潮分别为：飞鸟、奈良时代接受了中国六朝、隋、唐的影响；镰仓时代接受了宋、元文化的影响；明治维新以后引进了西欧文明。由于日本列岛远离大陆，日本民族没有被大陆纳入其政治性统治的危险，所以形成了以和

平的方式接受外来文化影响的习惯：从未陷入狭隘的民族主义，自由地吸取着外来文化；没有战败者接受战胜者文化的自卑心理，也无需担心吸取外来文化会导致异国势力的入侵；保持尊崇本国文化传统的同时，积极汲取外来文化。然而，岛国的封闭以及生产力水平的低下，与进步的国家相比，日本发展常呈落后之势；所以，一旦有新的文化传入，其社会影响力格外显著，日本人吸收外来文化的热情因此而高涨。

至于文化吸取是完全的模仿还是有相当程度选择性的问题，仍有许多不明之处，但在上述那种自然条件和社会条件中培育出来的日本民族文化和中国大陆文化相比的确有很大不同，因此在吸取时原封不动地照搬照抄必定是不可能的。中国的宏伟壮丽甚至是夸张的艺术表现和日本的集约性、简洁洗练的艺术表现存在着本质上的不同；因此，日本人在吸取中国文化时，即便不是有意识地要选择什么，有可能只是下意识地按照自己的喜好进行了选择才会产生出我们今天所见的结果。

就奈良时代的建筑而言，因同一时期的中国唐代建筑现今遗存实例极少，无法进行深入的比较性研究。鉴于奈良时代的建筑表现和日本人现今的审美意识很接近，因此推断肯定不会是原封不动地照搬了唐代形式。特别是荣山寺八角堂 (760—764 年) 和新药师寺本堂 (747 年) 那样简单朴素的形式就是这方面的良好例证，镰仓时代传入的宋朝建筑样式——禅宗建筑也明显地融入了日本的洗练风格。毫无疑问，禅宗建筑的细部手法来自中国大陆；但是，各个构件的线条和构件之间的整体感与中国建筑上常见的粗壮豪放的艺术处理完全不同。奈良建筑的椽子从中心到转角均呈放射状铺设，以及屋面用传统桧皮铺盖等做法，都说明它们不是完全照抄照搬了唐代建筑。

当飞鸟时代再次从中国传入佛教建筑时，日本建筑已经有了长足的进步，可以肯定那时就已经形成了坚不可摧的民族建筑形式，这个结论在某种程度上可以从法隆寺建筑的形式中略有所见。伊势神宫所呈现出的清纯而高贵的格调，在中国建筑中无从发现；所以说，已经能够建造清雅建筑的人们，即使在模仿外来建筑形式的时候，一方面会忠实地接受外来建筑的细部以及结构做法，另一方面在艺术表现上，固有的民族传统依然会根深蒂固地发挥作用。

日本建筑具有顽强恪守传统的保守性，这也是所有领域日本文化的共同特性。纵使在外来文化影响十分活跃的时期，日本文化的传统特征也一直被坚守着。不只针对外来建筑文化，即便是在日本国内，随着时代的发展，建筑形式发生变化的同时，旧有形式都会依然故我地被保留下来，不会一下子把一切全部否

上：仁科神明宫社殿
下：上贺茂神社桥殿

定掉，不会出现清一色新形式的现象。

在保留旧有形式方面，神社建筑最具代表性。尤其神社建筑群中的正殿，虽然经过多次改建，依然保持创建时期风格的做法最为普遍。例如，尽管由于佛教的传入引发了日本建筑的革命性变化，伊势神宫与出云大社创建初期的建筑形式却一直留传至今，春日大社、上下贺茂神社、宇佐八幡宫神社等也都将奈良时代至平安时代的形式保留至今。这种现象还不只限于正殿，在拜殿以及其他配殿中也均可见到。自平安时代始，在神社建筑中设置拜殿、回廊、门楼等，而春日、贺茂等神社正殿以外的各个附属建筑均为江户时代的重建，却大都以平安朝风格的形式加以建造，其技艺之纯正致使一些建筑史学专家都曾误认为它们是平安时代的遗构。

在外来的佛教建筑中保留日本建筑传统方面，南都六宗寺院和各地禅宗建筑都表现得非常突出。奈良周边地区于奈良时代创建的寺院中，除东大寺采用了大佛样以外，其他寺院建筑直到江户时代还都保持着天平时代的做法；木结构构件之间的比例、尺度始终保持着古代的雄伟、豪放之风。中世以后风靡日本全国的禅宗建筑形式对奈良周边地区似乎没有产生丝毫影响。禅宗建筑是从中国传来的宋代式样，自创立以后长时期未生变动，到江户时期依然保持着其初创形式的纯粹性。

住宅是与人们日常生活联系最为紧密的建筑物，也是最容易受气候影响的建筑物；因此，日本住宅顽强地固守着本民族的传统，它是很难受到外来形式影响的建筑类型。即使在中国建筑最为风行的奈良时代，从《万叶集》等古书中可以看到当时的日本人仍然喜欢带树皮的黑木造的朴素住宅样式；宫城里皇室家族日常生活的“内里”[1]也依然使用着自古创建的桧皮屋顶、席地而座的木地板，木质建筑构件仅是剥去树皮而不加髹漆彩绘的本色结构。外来建筑形式影响的部分多局限在室内装饰和建筑物的平面布局上，而在日本贵族住宅中，即使建筑布局也依然是日本式的，而且在相当长的时间内一直沿用着古来铺满绘画的推拉门或隔断（日语称“障壁画”）。虽然一般住宅室内装饰受到了外来影响，但原日本住宅室内不做附加在结构之外装饰的室内设计意匠在茶室建筑中得以兴盛，并被保留至今。

1. 宫殿中的居住区域。——译者注

日本建筑形式的地方性差异不明显，种类非常单一。早在公元 4 世纪国家实现大一统，此后几乎不再有异民族的存在。日本人的先祖从大陆移民而来之时，应该有过不同民族之间的混血过程，但从公元 4 世纪至今就再也没有出现过民族性的大变革；因此，在近两千年的历史长河中，日本一直保持着单一民族、单一中央政府。当然，日本的文化中心常常会与政权中心保持一致，文化的传播犹如投石水面的波纹，自一个中心以同心圆的方式向四周扩散开去。

以上特征在建筑上也有非常明确的反映。例如，地方之间建筑形式的差异很小，从全局看，说中央与地方的建筑样式完全相同也不过分。例如，平安时期弥陀堂的形式从日本的北方到南方——北部的岩手县中尊寺金色堂，福岛县白水阿弥陀堂，中部近畿地方的平等院、法界寺、净琉璃寺，中国地方[1]的山口县月轮寺药师堂，四国岛上的高知丰乐寺药师堂，南部九州大分县富贵寺——分布几乎遍及全日本，但在形式上却没有什么特别的地方特色。同样的现象也出现在禅宗建筑中。例如东京的正福寺，镰仓的圆觉寺，山梨的清白寺，爱知的天恩寺、定光寺，歧阜的永保寺，京都的普济寺、酬恩庵，和歌山的善福院，广岛的安国寺不动院，山口的功山寺、洞春寺等，虽然随着时代的变迁皆有微小变化，但各处建筑形式之相似让人感觉好像是出自同一批工匠之手建造的。

建筑形式上单一性的根本原因在于日本的中央政府始终是一个统一政权体，以及日本民族的单一性。如此的社会结构使得日本人保持着精神上的统一性，但是另一方面，也导致日本人对权威的绝对服从性和思想上的守旧性——这些要素也应该是造成建筑形式单一的原因之一。如以禅宗建筑为例，把建于 14 世纪的圆觉寺舍利殿和建于 17 世纪中叶的富山县瑞龙寺佛殿相比较就会发现：尽管时代不同，但二者在细部曲线上有少许变化外，在大体上却基本一致。这种在不同时代、不同地点却仍能延续着同一传统的原因就是：其一，大家有坚守传统形式的一致理念；其二，对权威的尊崇——把某个具有权威地位的禅宗建筑作为标准样式，以建造相同样式的建筑向权威致敬。在飞鸟、奈良时代传入的中国唐代建筑形式，或者镰仓时代传入的宋代建筑形式，在当时的中国应该不是墨守成规的标准样式，反而可能存在着非常复杂且富于变化的多种建筑形式；但是，这些建筑样式传到日本之后，根据目前遗留下来的建筑实例来看，不仅少有变化，甚至几乎到了一成不变的程度。这一方面可以说明日本在吸取

1. 包括日本本州岛中部地区的五个县：广岛县、冈山县、岛根县、鸟取县和山口县。——译者注

外来文化时是有所选择的，另一方面也说明日本人把经选择后引进的事物奉为典范，极其热心且忠诚地进行了“坚守”。

“坚守原样”的特性不仅体现在恪守本国的历史传统上，而且还体现在日本艺术对典范或原型表达尊崇之意的实际操作上。

三、日本人的建筑观

在西欧，“建筑”这个词包含“人类的建造之物”“与自然相对抗的人工之物”的意义比较浓厚，人们希望通过建筑的纵深感或者规模大小创造出威风凛凛的体量感；但是，对日本人来说，很少用“形象高大”“体量雄伟”之类的形容词来赞美建筑。在日本也有木塔类高耸的建筑物，即那种追求高度的建筑类型；然而，对塔的描述通常使用“优美”“端庄”之类适度的形容词——日常的赞美用语反映出日本人谦逊的美德与伦理观：建筑不是对抗自然之物，更不是征服自然的人工建造物；建筑虽是人工而为，但应该如同大自然中的一棵树那样融于自然，成为自然中的一处风景。

虽然在日本也有高达十六丈的出云大社和具有空前绝后庞大体量的东大寺大佛殿，但是这些与外国大建筑相比简直是“小巫见大巫”，无法相提并论。日本一般级别的建筑规模相当小，而在一些大型建筑上也几乎没有什么夸张的表现。同为皇家离宫，中国清代的万寿山离宫（即颐和园）和后水尾上皇的修学院离宫之间差异很大。两者之间的差异不仅表现在规模的大小，而且在建筑观上都截然不同。日本的建筑不会表现出强烈的自我存在感，不强调建筑作为一个独立个体的存在感，反而极力追求融于自然之中的那份和谐与谦逊。日本建筑家的创作目标不是建造顶天立地的威武形象，而是精心构思如何能使建筑与自然融为一体。

藤原赖通建造的平等院凤凰堂有“极乐如有疑，请看宇治寺（即平等院凤凰堂）”之誉，说明当时的人们把精美的凤凰堂比作是极乐世界在人间的再现。藤原氏竭尽财力、物力建造的平等院凤凰堂虽然淋漓尽致地呈现了平安时代人们理想中的极乐之境，但它也不是凌架于自然之上的宏大建筑，而不过是建在宇治川岸边的小型建筑而已。凤凰堂所追求的建筑意境不是“高大”，不是“体量”，而是“优雅”与“洗练”。在有限的小宇宙中，追求无限的洗练之美才是它的创作目标。在日本平安时代，这种美学倾向尤其浓厚。藤原道长倾心赞美法成寺无量寿院的洗练之美，相较东大寺的巨大规模，他毫不讳言地说：“东大寺只是佛大”；评论堀河殿[1]庭园之美的言辞是“美到不可言传”，有时会用“尽善尽美”来称赞，却从来没有留下建筑物如何气势宏大，如何体量雄伟之类的赞誉之词。

日本茶室建筑就是在极其有限的空间里，追求无限建筑美的最典型的实例。茶室的面积一般不足三坪（10平方米左右），在这狭小的天地中，却能创造出无限的变化。空间如此局促，无论是材料断面稍微变粗一点，还是构件安插的位置稍微移动了一下，都会破坏室内空间构成的平衡感和美感。对建筑材料质感美的要求同样达到了极致，因为在如此局促的空间里，材料一丝一毫的疵病都会非常碍眼。在茶室建筑中，扑面而来的力量不是来自建筑物巨大的尺度或厚重的体量，而是来自建筑家对美的思考——经过刻苦磨砺而创造出来的高纯度的美，化作一股强劲的力量，扑面而来。

话虽这样说，并不是否认日本有雄伟建筑物的存在，如同说日本建筑的特点是“不对称”一样，并不意味着日本所有的建筑都是不对称的。在日本不乏出云大社、神魂神社、东大寺及唐招提寺金堂等那样具有雄大气魄的建筑；但是，这类雄伟的建筑，除了一两个实例外，几乎全部都创建于古代时期[2]。形成这种现象的主要原因是：日本社会在明治以前的各时代中，只有在古代时期建立了强有力的中央集权制政府，因此在这一时期建造了许多巨型建筑物。

不仅日本如是，从世界建筑发展的历史看，由于古代奴隶制社会对劳动力的绝对占有，比较容易建造起巨型建筑物。无论哪一个国家，处于“古代”[3]的建筑都会具备“巨大”的特征；然而，日本古代建筑的独特之处是“虽雄伟壮丽，但并不夸张”。例如，据说比埃及金字塔需要更多人力的仁德天皇陵墓，尽管尺度非常巨大，但陵墓的形式却与自然丘陵无异，因为这座巨型建筑的目的并不在于向自然炫耀人类的力量。

日本的气候四季分明，四季的美景风情各异，从而形成了日本民族热切关注自然的习性。没有严重威胁人们日常生活的暴虐天气，山间、田野的景色不需刻意装点就足以使人赏心悦目，日本人的生活空间就营造在这样的环境中，并一直秉承与自然融为一体的营建理念。日本建筑，特别是住宅，虽为人工建造，但绝不是傲然独立于自然之外的空间，而是拥抱自然的空间；人工所及之处仅

---

1. 平安时代的公卿贵族藤原兼通的宅第。——译者注
2. 即公元7—12世纪。——译者注
3. 指按古代、中世、近世、近代进行时代分期中的“古代”。——译者注

上：桂离宫松琴亭
下：大德寺玉林院蓑庵

止于避风遮雨的程度。西欧和中国的住宅不仅与之完全相反，并且用高大的围墙加以封闭，围墙断然成为住宅与自然间的分界。日本住宅尽量不改变自然，并尽可能利用未经改变的自然空间作为自己的生活空间。这样的做法当然是源于日本住宅“以夏为首要”的设计原则，即住宅的首要功能是解决夏季闷热的问题；但是，这并非完全迫于功能的需求，日本人的自然观在这里也起到了不可忽视的作用。日本建筑如果把可以摘取的门窗和隔扇全部卸掉，只剩下柱子和屋顶的话，恐怕在外国人眼中就难以称其为建筑了吧。反映日本人自然观的最好实例是日本园林。日本绝没有像欧洲那样强调人工性，用几何图案布置的园林；日本园林是自然景观的再现，以借助自然景色创造出新的美景为其追求。

一般来说，可以穿鞋入内的“土间式”住宅容易与庭园保持密切的联系，而铺设了木地板的日本住宅需要脱鞋入内，这样的行为造成了室内和室外的明确区分；但是，在日本住宅单体的外围以及建筑与庭园之间，设有一圈叫做“缘侧”的檐下木质平台——自室内看，檐下平台是室外，自庭园看，它又变成了建筑的一部分，檐下平台起到了联系庭园和室内空间的作用。日本住宅可以把设置在柱子之间、地板以上的所有分隔构件全部摘取掉，使住宅变成彻底的开敞空间；因此，从日本住宅内观赏庭园景色，不是观赏被窗框或者其他取景框限定了的部分景色，而是在室内木地板的高度上，以檐下平台为媒介与室外景色的全贯通。

建筑，特别是宗教建筑比较重视永恒的纪念性，而日本的建筑材料以木材为主，并不具备持久或永恒的特质。建筑出现腐朽、虫蛀的现象在所难免，而且一旦遭遇火灾，会即刻化为灰烬；尽管如此，日本建筑仍然自始至终以木构为主。这是因为日本具有丰富而优良的木材资源，日本民族从心底受到木材之美的吸引。以木材为主的建筑活动极大影响了日本人建筑观的形成。日本神社建筑大都有“式年造替制度”[1]。这种制度是由神社建筑使用的木柱、茅草屋顶等非永久性建材的特性所决定的，也基于人们在建造之初就没有要将建筑永久保存下去的意愿。日本人信奉神灵只在节庆日才降临凡间，所以最初的神殿都是届时搭建，而神社建筑就源于那些每年节日祭祀时搭建起的临时性神殿（大尝祭的神殿就是这方面的例证）。这种特有的、不成文的风俗习惯成为神社建筑“式年造替制度”或定期更新制度的思想基础，而风俗的历代沿袭造成了日

1. “式年”指规定的年限。“式年造替制度”即在一定年限内精选新木材对原有神社建筑的殿屋依原样更新重建的制度。目前唯伊势神宫一处尚延续着每二十年一更新的此种制度；但在古代的日本，这是常见之事。如住吉大社每二十年更新重建一次，而北野神社每五十年，出云大社和吉备津社每六十年更新重建一次，年限各不相同。——译者注

本神殿类宗教建筑缺乏物质上万古长存的永恒性。

需要永久延续下去的东西，不是在某地建造的建筑物本身，而是在精神上保持的持续性。物体是表现精神的手段。日本人早已领悟到物体本身不可能永存，而佛教“有形之物必然衰亡”的无常观又进一步强化了这种理念。镰仓时代的歌人[1]鸭长明(1155—1216年)就曾吟唱道：“（人生在世）一时的居住，为了谁的烦恼，为了谁的喜悦。为了无常之主或居家的争斗，如同牵牛花上的露珠（转瞬即逝）。”（鸭长明，《方长记》）

四、日本建筑的材料与结构

日本建筑直至明治维新(1867年)为止，木结构始终占主导地位，这从根本上决定了日本建筑的结构形式与艺术风格。考察一下日本的“古坟”[2]，可以发现里面不仅使用了巨大的石块，加工水平也相当高超；所以，我认为日本人的祖先是掌握和熟悉石构加工技术的。然而之后，日本建筑只坚持使用木结构，虽然偶尔也会出现一些小型石构建筑物，但如果把建筑定义为“其内部可以容纳人类生活的空间”的话，则可以说日本没有一座真正意义上的石构建筑。

只用木材的理由，首推优质桧木随手可得的环境因素。从桧木中很容易挑选出笔直、挺拔的木材。桧木强韧耐久，易于加工，硬度适中，扭曲变形及伸缩少，木材纹理优美，是一种品质优良的建筑材料。直到今天，在日本全国各地还广泛分布着天然桧木森林。当然，江户时代的桧木森林比现在还要多，可以想象古代(公元7—12世纪)时期桧木森林的分布一定更多更广。从现存建筑遗构看，在神社、寺庙建筑中开始使用桧木之外树种材料的都是室町时代以后的建筑物，由此可证古代桧木的开采要比现在容易得多。

木材开采后如何搬运到施工现场，是另一个关键性问题。聪明的匠师们将木材捆绑成木筏，直接利用水运，大大降低了运输成本。对比石材，不仅加工困难，连搬运也需要更多的人力和财力。石、木两种建材在操作成本上的悬殊对于经济并不富裕的日本统治阶层来说，大力营建石构建筑显然是不切实际的。

如前所述，日本人并不在建筑自身中追求永恒的纪念性，而是追求由这些建筑物所创造出来的精神上的永恒性。这样的理念正是日本建筑放弃使用石材

1. 写作短歌的诗人。——译者注

2. 大约公元3—6世纪建造的天皇或豪族的巨大坟丘。——译者注

和砖的原因之一；不苛求物质的永恒性，木材是营建建筑最便捷、高效的建筑材料。

木材作为主要的建筑材料，建筑平面的构成元素自然以直线为主导，因此最容易做的长方形平面最为普遍，偶尔有六角形、八角形平面，圆形平面仅在多宝塔的上层才有应用。采用直线形平面的原因还在于建筑上部要架设倾斜的大屋顶，凹凸过多的平面会使屋顶产生复杂的天沟，容易漏水；所以，当建筑面积较大时，会采用同时建造几栋长方形平面的建筑单体，再用廊子将各单体联接起来的办法。

日本建筑的木结构形式是由立柱、横梁构成的“楣式结构”[1]。在佛教建筑传入以前，柱埋在土里，即所谓的“掘地立柱”；柱上设桁、梁；梁上立“束木”（瓜柱），用以支撑脊木（金檩）；在脊木和桁木上排放椽木，其上覆盖草顶。建筑墙壁较原始的做法是使用草席或者芦苇席类材料；较先进的做法是使用板壁。室内地面铺设木地板，沿建筑外墙周圈铺设“缘侧”[2]。

佛教传入日本以后，建筑柱脚开始设置础石，柱头施放斗栱以承托屋檐，屋顶出现盖瓦，而当时宫殿和佛寺的室内不铺设木地板，仍为土地面，墙壁亦用土墙。

如此形式的木构建筑的所有结构构件都裸露在外，结构构件同时成为表现设计意匠的构件。日本人喜欢保持木材的自然原色，对构件多不施色彩或彩绘，因而木材本身质地的优劣会直接影响到建筑的美观度。基于此，日本人愈加钟爱加工后各种木纹的肌理，对木材的材质也愈加关注。

从结构本身来看，建筑不需要装饰性的美，而应追求结构本身所具有的内在力学之美；结构构件的自身形式也应尽可能简洁洗练，每一个构件都要追求尽善尽美。柱头上的斗栱是为承托深远的出檐而设，它虽然是中国建筑体系特有的结构细部，但在日本建筑中，组合成斗栱的一斗一栱都做得十分精美，每一个构件的美都是积年累月反复琢磨与实践的结果。日本建筑把每一个结构构件的装饰性意义与力学特征统筹考虑，以共同决定建筑的结构形式。法隆寺中饱满又强健有力的曲线形栱木，以及平安时代那种舒缓流畅的栱木等，说明建筑家们不仅关注整体布局和造型，对建筑细部，甚至细致到栱木的曲线形式，

---

1. “楣”指只承受垂直荷载的水平梁，与现代框架结构中同时承受水平力和垂直力的梁不同，即“楣式结构”或称“楣柱结构”与现代梁柱式框架结构不同。——译者注

2. 日本古建筑为“干栏式”建筑，室内地坪高于室外自然地面。“缘侧”凌空架于自然地面之上，是木地板从室内向室外延伸形成的檐下平台空间。——译者注

都给予了仔细斟酌。虽然斗栱、月梁等构件都是从中国传来的，但在中国现存建筑实例中却很少看到如此洗练的细部曲线。

美丽的屋顶是中国建筑体系具有的另一大特征。同为木结构，西洋建筑没有如此尺度巨大、出檐深远的屋顶，以及以屋顶美为主要表现形式的木构建筑。然而，日本建筑与中国建筑虽然同属于一个体系，它们的屋顶形式却有着明显差异：最引人注目的差异是檐口的反翘——中国建筑的檐口越接近屋面转角部位反翘越大，而日本建筑则偏于平直，没有弯曲过大的曲线，反翘很小；另一个差异是出檐——日本建筑的出檐相较中国建筑大得多。以上两点差异使日本建筑表现得更加安稳、平和，特别是二者出檐大小的实质在于中、日建筑结构上的不同。

日本为了抵御夏季的闷热，即使是下雨的时候也需要打开门窗，这就要求出檐必须深远。在奈良时代的建筑中，飞檐椽（飞子）很短，之后逐渐增长，以求增加出檐深度。中国建筑在露明椽木之上铺设望板，望板上直接设置黏土苫背，然后盖瓦；因此，露明椽木的坡度和屋顶坡度保持一致。在日本，直到奈良时代也都采用这种方法，但是到了平安时代，在露明椽子之上叠加出一层起结构作用的草架椽木，且草架椽子的坡度较露明椽木更加陡峭，至此，露明椽子变成了完全的装饰性构件。

当飞檐椽（飞子）的坡度非常平缓时，如果加长飞檐椽的长度，而屋面坡度还是顺着露明椽木的坡度建造的话，就会产生屋顶中央部位曲折过大的弊病，此时如果用加厚苫背的方法来调节屋顶坡度，就意味着必须在屋顶中央部位铺垫大量的泥土。应该是为避免这种缺陷，才想到了在露明椽木之外另设起结构作用的椽木，即在露明椽木之上另外架设草架椽木的方法。因这一部分结构在下面看不见，故称之为“草架屋顶结构”。草架屋顶结构一旦成型，可以利用这一空间设置较粗壮的木构件，将檐端挑起。挑起屋檐的构件叫做“桔木”。桔木起着杠杆样的作用，承担了檐部大部分的荷载，比仅用椽木出檐，结构性能要好很多。正因为有了桔木，出檐可以做得更加深远，还有利于减少椽子的根数或者减小椽子断面的尺寸；正因为有了桔木，屋面坡度和露明椽木的坡度变成互不相干的两套结构系统。露明椽木的坡度就此不再受屋面坡度的限制而变得更加平缓，而室内屋架的坡度在视觉上则显得更加轻盈。这样的结构做法使得日本建筑的出檐比中国建筑更加深远，从而形成了中日木构建筑风格上的迥异。

由于柱子和其上的水平横向构件（梁、桁）组合形成木结构构架，墙体在结构上没有太大意义，因此，墙体部位可以设置很大的开口。在闷热、潮湿的

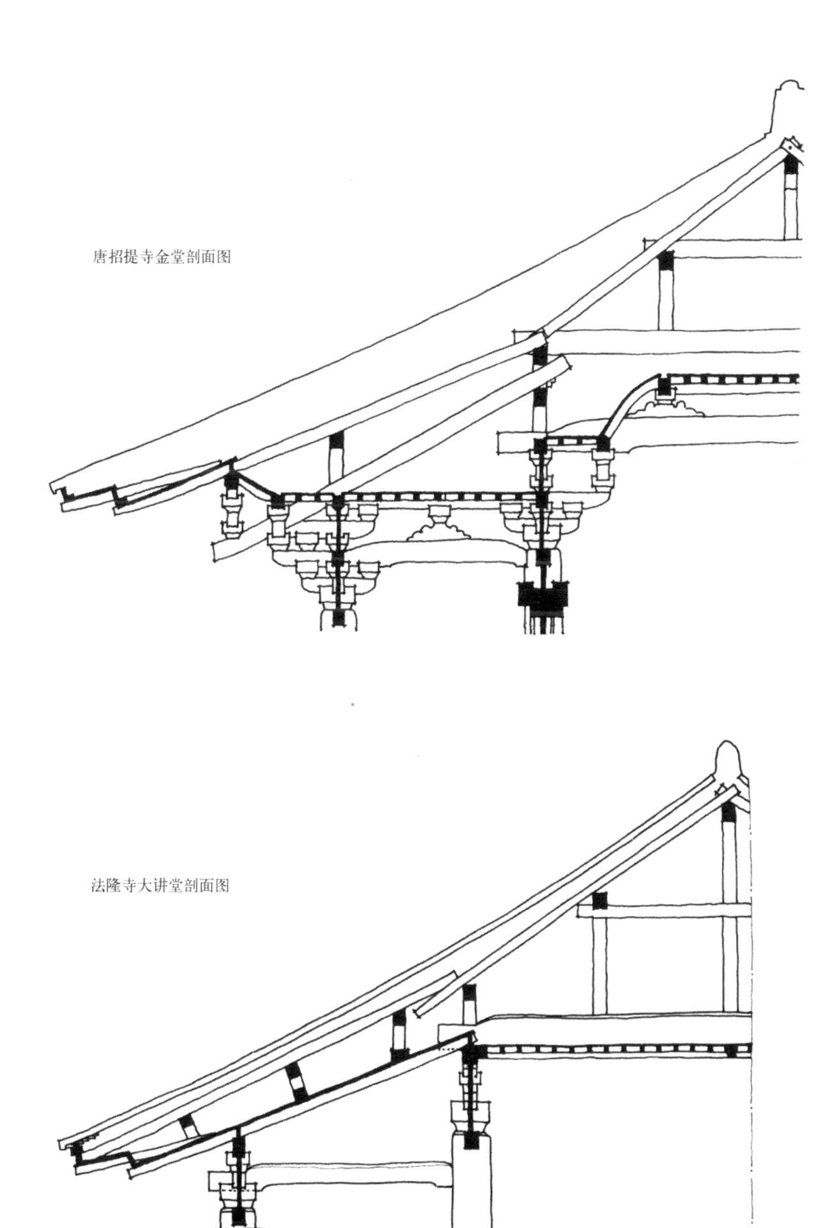
唐招提寺金堂剖面图

法隆寺大讲堂剖面图

日本，非常需要大开口的建筑物，特别是在住宅中，必要时摘掉门板、隔扇等，仅剩下几根柱子，变成彻底开敞的建筑。

不论是土墙或是板墙，当它们采用柱子裸露在墙外的“真壁造”做法时，因柱子对墙面的分割，不可能产生大面积的连续墙面。木构建筑与以墙壁为结构主体的建筑不同，没有墙体建筑所具有的重量感，反而因裸露的梁柱而充溢着轻快的气氛，这就是日本建筑缺乏重量感的原因所在。生活在轻巧、明快建筑里的日本人，即使在建造如城郭那样“大壁造”结构[1]的建筑时，也不设置大面积的墙体，而是设置很多屋顶，将墙面划分成许多小块，尽量削减墙面的重量感。

日本建筑在室内铺设木地板的做法以及日本人席地而坐的生活方式，在日本建筑所从属的中国建筑体系中显得非常特别。有说法认为日本建筑室内铺设木地板的做法源于日本人席地而坐的生活方式，我认为这个看法并不正确。远古时代的中国也不用椅子，同样是席地而坐。席地而坐的生活方式在世界各地的原始社会阶段随处可见，大概直至公元 7 世纪左右椅子和寝台[2]才开始广泛使用。改变席地而坐生活方式的首要原因应是为了躲避地面的潮气，另一个原因则是贵族们为了宣示他们的威严。日本室内木地板的存在本身就意味着让人们落座于远离地面的场所[3]，在这一点上，日本室内的木地板与椅子、寝台具有同等的意义。

日本在进入“古代”社会（公元7世纪）以前，大概是继承了南方“桩木上住宅”（一般架在水上）或者“树上住宅”的结构体系出现了提高室内地坪的干栏式住宅。进入古代社会以后，当贵族们需要将其坐处抬高时，没有改用椅子或床具，而是采用了把室内地板面局部抬高的做法，这使日本一直延续着在室内地板上盘腿坐的传统。

由于日本建筑的室内地坪高于自然地面，且铺设了木地板，人们必须脱鞋入内，促使木地板向建筑外部延伸，在建筑体周边形成了悬挑的“缘侧”（檐廊式木平台）。缘侧的水平面给建筑的外观带来了很大影响。由于人们直接落座于室内木地板上，所以空间高度不用像使用椅子的空间那么高，这也使得建筑物水平向延展的感觉进一步加强。在日本住宅中，没有椅子或床类的高足家

1. 与“真壁造”相对，即木结构的柱、梁全部被埋在墙壁里的结构做法。——译者注
2. 包括床在内的各种材质供睡眠使用的高台。——译者注
3. 因为日本建筑为“干栏式”结构，室内地坪架空在地面以上。——译者注

具，虽然也用桌几，但桌几的高度很低，以方便不用时能及时地拆卸或收纳。坐的时候，只需在木地板上放一个蒲团（垫子）就够了；睡觉的时候，直接在木地板上铺置被褥。有人说日本住宅的室内空间在不用的时候什么东西都没有，空荡荡的，其中原因与日本人在木地板上生活起居的行为方式密切相关，而这种行为方式也最终决定了日本建筑室内设计的基本形式。由于没有高大、固定的家具，所以室内空间可以根据需要随时改变功能——既可以做卧室，也可以成为餐室或客厅。空间在功能上的可变性和通用性是致使庶民阶层的住宅发展停滞不前、一直处于极度狭窄状态的原因之一，从这方面讲，可变性和通用性是缺点；但另一方面，可变性和通用性引发的使用便利同样毋庸置疑。

由于日本住宅出檐深远，室内活动的操作面较低，室内的亮度分布和西洋住宅有显著的差别：日本住宅室内接近地板面的地方最亮，高度越往上越暗，室内色彩的设计也以此为标准，而西洋住宅则相反，室内色彩离天花越近颜色越鲜亮。

与木构建筑结构密切相关的是日本住宅的规格化制度。柱子开间有两种规格：一种叫做“京间”，就是在京都通用的标准开间，为六尺五寸；另一种叫做“田舍间”[1]，其开间宽度为六尺。只要决定了“间”的长度，建筑物的平面必为半“间”的整数倍，并且门扇上方的水平枋木（日语称“鸭居”）的高度也固定为五尺七寸或者五尺八寸。这种尺寸的规格化大大简化了住宅设计，毫无疑问，它也使工程建设变得更加便捷、高效。由于标准化尺度的存在，榻榻米或室内门窗隔扇等部件都可以纳入规格化的商品进行生产，木材也都以一“间”的尺寸或以三尺为单位锯成段出售。规格化制度有利于推动住宅的工业化生产。

平安时代以来，贵族住宅的室内基本上是铺设木地板，只在人们落座的地方铺设榻榻米。榻榻米的尺度规定：供一个人使用的宽度为三尺五寸。这个数字是根据人体尺度决定的，因此不会因为时代的变化而有所不同。当室内满铺榻榻米时，如果柱子的位置偏离榻榻米的接缝就会显得很难看；所以，在室町中期规定的住宅柱子开间尺寸大约为七尺，应该就是根据一个人使用的榻榻米宽度的两倍计算出的结果，而“京间”取六尺五寸应该也是在这个基础上略为缩小后得出的数据。

---

1. 相对于京都而命名，意为“地方间”。——译者注

五、日本建筑的设计意匠

日本建筑的设计原则不是对抗自然，而是顺应自然，体现在具体设计意匠上就是讲求建筑形体或布局的水平向伸展，而不强调垂直向的高耸。把日本的木构建筑与欧洲的哥特式建筑相比较，日本建筑水平性的特征就毋庸赘言了。即便像塔那样的高耸建筑，在日本也会用各层腰檐切断其垂直向的连续性，从而形成许多水平层相叠加的层次。特别是由于出檐大，各层的垂直构架均掩映于阴影之中，更加突显了各层腰檐的水平线条。相反，在日本绝难找到如屋檐水平线那么强有力的建筑垂直线。

仔细观察日本木构建筑的立面即可发现：一般檐口高度恰为屋脊高度的一半；建筑的整体外形由地面、两侧尽端的柱子以及屋顶轮廓构成；通面阔一般等于屋脊的高度或是较之更长；倾斜的屋面使屋面实际的视觉感受没有立面图那么高，这无疑加重了建筑立面整体呈横向长方形的倾向。由于建筑屋脊和地坪面之间有屋檐的水平向划分，明显地削弱了建筑竖向的耸立感。

日本木构建筑中，飞鸟时代的法隆寺以及中世纪禅宗建筑对比其他建筑，在立面比例上有着明显高耸的特征。禅宗佛殿的正脊高度是面阔的 1.4 倍，这样高耸的立面比例应该与中国大陆的建筑形式相仿。除了以上两类建筑是特例外，一般佛教建筑的总体轮廓仍呈横向长方形，由柱子和阑额等组成的木构架开间的形状也都为正方形或近于正方形。中央明间的高宽比就大略呈正方形。如果建筑两侧开间的柱子内收使开间在立面上呈纵向长方形时，也会因开间上部数条横向枋木的贯通，使开间看起来趋近于正方形。

建筑物通面阔和通进深的比例关系，中央明间和两侧次间的比例关系，以及屋顶的坡度等都与建筑设计意匠中是否强调建筑的独立性有关。法隆寺的金堂和中门等建筑面阔与进深之比为 1.3 ～ 1.4，而奈良时代建筑的总体倾向为：通面阔与通进深之比为 2——平面出现细长化发展的倾向。如果建筑进深不变、屋顶坡度保持不变，正脊高度亦相同，只有面阔被加长，那么，建筑整体的立面自然就变成横向长方形了。

法隆寺中央明间面阔宽度约是次间面阔的 1.5 倍。奈良时代的建筑大部分与此相同，或者至少达到 1.2 倍；位于建筑两端的尽间面宽变窄，呈纵向长方形。建筑立面分间从中央向两侧递减，至尽间结束，从而强调出建筑的独立性。如果柱子开间自明间到尽间始终保持相同的宽度，就会使建筑产生向左右无限延伸的感觉，可以通过这种方法表达某建筑单体与左右空间的连续性。明间宽、尽间窄的尺度变化规律在中世禅宗建筑及其他类型的建筑上皆可观察到。

法隆寺两端尽间之所以变窄，只从结构上转角处需要出挑45°斜栱来解释是不充分的。禅宗建筑的角柱上在进深方向、面阔方向以及转角方向均有斗栱出跳，即存在三个方向的斗栱出跳；因此，尽间开间变窄的原因不只是结构上的问题，还必须从设计意匠方面加以说明才能得出正确的结论。法隆寺的情形应该主要是从设计意匠的角度出发，因为使用的长栱木在转角处被简化成斜栱，使结构简单化，彰显了其结构的刚劲有力。

同样是正方形平面，屋顶的处理手法不同，会造成迥然不同的感觉，下面以平安时代的阿弥陀堂和中世的真言宗建筑作为例子进行说明。高耸感最强的是禅宗建筑：其屋顶坡度陡峻，正脊的高度比其他类型的建筑都要高得多；其建筑总体轮廓呈纵向长方形。与之相反，以“和样”为基调的真言宗观心寺本堂等，正脊高度恰为檐高的两倍，面阔总长度比正脊高度大；因此，建筑的总体轮廓呈横向长方形。并且，这类建筑立面中不仅有屋檐檐口的水平线，下面还有“缘侧”平台的水平线，这些水平线切断了垂直线向上的动感，突出了建筑水平向的延展趋势。相反，禅宗建筑更强调垂直向上的高度指向性，屋檐檐口线会用反翘来烘托这种指向，水平向的延展趋势被大大削弱了。

另外，歇山屋顶山花面的所在位置即“收山”对建筑造型有很大影响。山花面的位置越向外推，则正脊的长度越长，山花面的三角形也越大，从而更加突显垂直线，突显建筑的垂直向高度。如果将山花面所在位置内收，正脊长度变短，山花面的三角形也随之变小，屋顶看起来就显得小而轻。虽然观心寺的山花面不算小，但在一般平安时代的建筑中，歇山屋顶的山花面位置都比较内敛，以使得屋顶看起来更加轻巧。

阿弥陀堂的屋顶多用攒尖式。由于阿弥陀堂的平面大多为正方形，往往会不假思索地做成攒尖顶；实际上，即使是正方形平面也不一定非得使用攒尖式屋顶。攒尖式屋顶转角的斜脊上端交汇于一点，不会产生正脊，因此无论屋顶高度有多高，该形式都会使屋面在视觉上显得轻巧。人们喜欢攒尖式屋顶大概就是因为这个缘故吧。

屋顶坡度越陡峭，越显得庄严有力，越平缓越显得轻巧柔和，这些情形不言自明。

日本建筑设计意匠的特征之一是具有“绘画性”。所谓“绘画性”是相对于“雕塑性”的一个概念，这个用词虽然不太确切，但目前尚未找到其他更为贴切的词语，就暂且使用了。“绘画性”即指缺乏深度感，非常平面化、罗列化。

上：新药师寺本堂
下：永保寺开山堂

在古代（公元7—12世纪）描述建筑平面的用语中有“三间四面”这一说法。这个用语曾被广泛使用，是“三间四面加披”的略称，指的是“殿身平面的梁架是三间，在殿身四周另外加披檐”的建筑形式。这个用语早在奈良朝的末期就开始使用，多半是由于当时的住宅以两面坡的悬山式屋顶为主，之后随着时代的发展，主屋顶的四周开始另加开敞的披檐，因而产生了这样的用语。那时，住宅的中心部分被称为“主屋”，周围部分被称为“披屋”。奈良时代记载建筑规模也只有“三间屋”“五间屋”的写法，没有任何对建筑物进深的记录用语；这是因为那个时期建筑物的进深（在有披屋的建筑中指主屋的进深）只有一种——“两间”，别无其他。将建筑物的进深规定为“两间”这件事本身就说明了日本古建筑缺乏进深的观念。

另如前所述，从飞鸟时代向奈良时代过渡的时期，建筑平面出现了细长化发展的趋向，这也是绘画性即平面性特点的佐证之一。每一幢建筑物的进深较浅，这一特征当然可以从结构方面来解释：如木结构建筑的桁条（面阔）方向可以任意加长；但是，如果增大进深，必然会导致屋面增大，对结构十分不利。日本建筑缺乏进深之事，不仅表现在每一幢建筑单体上，在建筑群的总体布局中也极为显著。

法隆寺的建筑样式充满了外来气息，但法隆寺伽蓝的总体布局却并非“大陆式”。日本最古的伽蓝平面布局，如飞鸟寺和四天王寺，在中国不乏其例，它们显然是从中国传入的形式——中门、塔、金堂、讲堂等皆沿中轴线依次前后布置，后面建筑物被前面建筑物所遮挡，视觉上无法一目了然。然而，法隆寺的塔和金堂分别布置在中轴线的左右两侧，在回廊之外就遥遥可见。踏进中门，位于后面的讲堂便跃入眼帘，一时间所有的建筑遍览无余。虽然，法隆寺的塔、金堂、讲堂在位置上也有前后之分，但是，进入中门所有建筑便尽收眼底的布局方式与飞鸟寺和四天王寺等截然不同。

无独有偶，如此有对比性的总体布局方式还可以在平安京的“内里”（天皇的宫殿）和“寝殿造”住宅之间找到。平安京“内里”的每一栋单体都保留着佛教建筑传入之前的样式，但其总体布局却仿效了唐代宫殿：在正殿紫宸殿南面庭院的左右两侧，面向中心轴线对称地布置了两栋建筑，由此围成前庭。寝殿造住宅的平面总体布局无疑受到了“内里”的影响，但有所不同的是：在寝殿造住宅里，位于中轴线左、右两侧的重要建筑物——被称为“东对”和“西对”的两栋建筑的正面都与寝殿取齐，并且三者皆以南向为建筑的正立面；于是，“内里”纵深向发展的总体布局在这里变成了并列在一条直线上的横向布局。

镰仓时代的禅宗建筑，虽然在总平面中没有设置塔，但总体上仍原封不动地模仿了当时中国建筑的布局形式，即在中心轴线上布置最重要的建筑物。与此相反，在净土宗、真言宗、日莲宗等日本土生土长的佛教流派中，尽管许多建筑细部都吸收了禅宗建筑的做法，但其总体布局却采用了将本堂和大师堂（或是开山堂）这两个重要建筑物分置在中心轴线左右两侧的方式。

近世的住宅建筑中，如桂离宫和二条城中的殿舍，主要建筑物呈雁行排列，不再是前后纵深向的布局。这是出于“无论在哪栋建筑里都能观赏到园林美景”以及在园林中观赏建筑时能尽现建筑全貌的考虑。

一般来说，日本建筑具有非对称性。左右对称的建筑易产生庄严肃穆之感，因此，宗教建筑大多采用这种形式。在日本，伊势神宫的正殿为左右对称的形式，而出云大社本殿的入口则偏于一侧，这是由于出云大社本殿中间的位置有支撑屋脊的中柱。即便如此，如果有意识要遵从对称格局的话，可以在中柱左右两侧分别设入口，或者干脆去掉中柱……这些做法都有可行性。有可行的方法却没有那样做，依然保持着现在这样不对称的平面形式，这件事本身正说明了日本人并不十分崇尚左右对称的布局形式。

法隆寺伽蓝是非对称总体布局经典的成功案例。将塔和金堂并列左右，是对中国式整体布局严格对称形式的一次大胆突破；为此，建筑家需要有极大的决心和勇气。做到如此天衣无缝的完美程度，反映出建筑家的卓越才能，而这种非对称的布局方式似乎早已经过建筑家的深思熟虑。

在寝殿造建筑中，早期亦采取左右对称的形式，到了平安后期开始有所改变：东、西对屋中省去一侧建筑的布局逐渐增多。即使平面布局为左右对称，但使用方法上，在东对屋或西对屋中的一侧设“上座”；因此，从建筑使用功能的层面上看，它们并非是左右对称的。直到近世初期才形成的书院造建筑中封建诸侯们为迎客或者会见家臣而设置客厅。客人或主人坐在“床之间”的前方，家臣在其下（前）列坐。如果装饰客厅的“床之间”“装饰壁板”“付书院”[1]等都布置在左右对称的位置上，必定更加凸显室内空间的威严气氛；但事实却并非如此——一系列非对称元素在室内被巧妙地组合起来，如“床之间”“装饰壁板”“付书院”“账台构”等——通过非对称元素间的相互关系达成了室内空间和谐的设计意境。日本住宅只在玄关处（入口门厅）是对称性的布局，其他没有一处是完全对称的。

1.“付”在这里是“凸出”之意，“付书院”即指书院造住宅里平面上向外凸出的、具有特征性做法的窗户。其位置在“床之间”的一侧，原本是窗台下读书的位置，逐渐发展成有固定样式的窗户形式，也可直译为“书院凸窗”，有时也简称“书院”。

最强烈的非对称性建筑当属茶室。在二叠或四叠半极小限的正方形茶室中，“床之间”、出入口、窗洞等绝不采用左右对称的形式，不仅如此，同一形式的构成要素也绝不会被重复使用。曾有在仅二坪（约6.6平方米）的小室中设了八个窗户的茶室案例，这些窗户的形式、大小、位置、构造等都不相同，力求避免重复使用同一形式。

日本建筑设计意匠的特性，常常在其纯朴自然的表现中流露出来。西欧的建筑与雕刻、绘画密切相关，更确切地说，西欧的绘画和雕刻不可能抛开建筑单独考虑，甚至可以说西欧的绘画和雕刻是作为建筑的一部分而发展起来。欧洲直到近代才出现与绘画和雕刻彻底分离的无装饰的建筑；与之相反，日本建筑之美则是无装饰之美。例如神社的“鸟居”，最彻底地展现了无装饰之美。有关“鸟居”的起源问题目前仍不十分明了；但是，它是“门”的一种形式，这一点毋庸置疑。在伊势神宫中，“鸟居”被称为“不加顶盖的门”，它的形态与印度的“特拉那”(Torana，塔门)以及中国的牌楼极其相似。

印度的“特拉那”上遍布密集、不留空隙的雕刻，而中国的牌坊上也会装饰斗栱并遍施华丽色彩；然而，日本的“鸟居”仅是两根柱子，其上架设横梁和枋子而已，木料也是只剥去了树皮的原木。形式最为简洁的是“神明式鸟居”[1]——所有构件全部为直线形，不做起翘。在日本，即使有些“鸟居”会在横梁上加些许反翘，也是为了矫正视觉误差，防止两端产生视觉上的下垂感；因此，反翘的幅度只停留在视觉上找平的程度。总之，“鸟居”不使用任何附加装饰，只凭借木材的纹理之美以及均衡的比例尺度来构成其建筑之美。

众所周知，伊势神宫神殿的设计意匠具有清纯、崇高之美，它并不是一点装饰也没有，“千木”“胜男木”“鞭悬”和各种金属连接件皆属于装饰性构件；但是，贯穿于整个伊势神宫的意匠精神却是非装饰主义的。简洁明了的建筑表现和其他国家的建筑相比有着很大的不同。伊势神宫仅以材料、结构和比例来构成建筑之美——这是纯粹的建筑美，与现代建筑的理念完全一致。

这种精神在积极吸收中国大陆建筑影响的时代也未曾中断过。即便是格外热衷于输入中国建筑形式、建造了大量佛寺的圣武天皇，在看到长屋王[2]的茅草屋顶、“黑木造”[3]的别墅之后也慨叹道：

---

1. 伊势神宫神社本殿的结构形式被命名为“神明造”，因此伊势神宫的“鸟居”也被命名为“神明式鸟居”。——译者注
2. 公元684—729年，奈良时代的皇族，官位为左大臣，正二品。——译者注
3. 指使用不加粉饰的原木梁柱的构造方式。——译者注

上：伊势神宫内宫鸟居
下：清凉殿昼御座

“丹青如画奈良山，原木房舍风致然，闲来小坐不知倦。”

然而，据《怀风藻》等诗集中的记载，平城京内长屋王的住宅却与他“黑木造”的别墅大相径庭，是中国大陆式的建筑风格。这件事说明：日本人在吸取中国建筑形式的同时，依然会固执地坚守传统的崇尚非装饰，崇尚自然朴素建筑之美的设计理念。

这种简洁纯朴的设计理念在采用了中国大陆风格的建筑中也有所体现。据说，奈良时代创建的西大寺的正脊两端设有鸱尾，其上置凤凰形悬挂铜铃的饰物；正脊的中央置两只黄铜狮子，足踏祥云，头顶铜质莲花宝座，座上置黄铜宝珠，宝珠周围绕以黄铜制的火焰形饰物；垂脊顶端置黄铜花饰……如此的装饰细部，在现存的中国石窟寺建筑中仍可看到，它们曾在中国建筑中被广泛地使用，可以说，它们是“中国式”的建筑装饰；但是，在日本，除了西大寺是个装饰特例外，在迄今尚存的奈良时代的建筑中，施加如此繁琐装饰的建筑再也找不出第二座。

平安时代的住宅建筑中，如紫宸殿和清凉殿中所见的那样，室内会使用一些色彩富丽的帐幔；但木结构部分不施色彩，完全是去皮的白木（即素木）构架，其建筑表现具有简洁、清纯之趣。这种建筑审美曾在兼好法师的言语中有所表露：“居室内家具摆设过多，不堪入目”——体现了日本人对装饰过多的做法的排斥。

继承了简洁之美的精神，并彻底地贯彻、升华这种精神的建筑是日本茶室。在茶室中，除了“床之间”装饰的一轴画、一束花外，再无其他任何装饰物。建筑由天花、墙壁、窗、柱子以及木框[1]等建筑本身不可或缺的要素构成，由这些要素自然形态中的线、面以及彼此之间的均衡感来创造建筑之美。这种建筑精神在住宅中也有所体现，如桂离宫以及其后的和风住宅，都十分重视非装饰之美，这成为和风住宅设计意匠的基础。

日本建筑在色彩方面的特性也大致如是。神社建筑，特别是“神明造”“大社造”全部采用去皮原木，不施漆饰；屋顶使用茅草或桧树皮，尽显材料本色，没有任何附加之物。日本是在佛教建筑传入之后才开始大量地使用色彩装饰，但颜色主要限于丹土、黄土、青绿。这些明亮、单纯的色彩与中国建筑上的彩绘相比显得清淡有余，而及至后世，连寺院建筑也多用“白木造”[2]，甚至在继承了中国宋代建筑形式的禅宗寺院中，除了一二座建筑特例外，基本上都未施加色彩

---

1. 指嵌入推拉门窗的木框、木槛。日语称之为“敷鸭居”。——译者注

2. 指使用去皮原木、不加粉饰的木构建筑做法。——译者注

与装饰。以上实例清楚地表明了日本民族对建筑色彩的喜好与选择倾向。

建筑不施装饰，意味着建筑摒弃夸张性。无论东方还是西方，世界各国的统治阶级经常把建筑作为权威的象征，试图通过建筑形象来彰显自己的威势，日本也不例外；但是，如果对比此类建筑，就会发现日本的权势建筑没有任何夸张的表现。

例如作为封建诸侯权势象征的天守阁，粉墙青瓦；建筑体量逐层递减；不设大屋顶，而是建造出同时起着分割体量作用的众多小屋顶，不但消减了建筑整体的体量感，而且消减了人们心中的压抑感。白垩的墙面与小尺度的成群屋顶营建出清新雅淡之意，这成为其设计意匠的主基调。

天皇宫殿“内里”的正殿——紫宸殿和其他贵族住宅的不同之处，只是规模较大，室内地坪的架空高度较其他建筑稍高而已。日本的宫殿建筑不是用建筑的高大尺度或者装饰的繁复程度来显示其高贵地位，而是通过建筑艺术的洗练水平来表达建筑主人的高贵身份与高雅的修养。

如前所述，日本建筑中的曲线也不追求夸张性。例如日本建筑的檐口反翘曲线幅度很小，其他部位使用的曲线也都平缓、舒展。虽然建筑细部上也用曲线，但数量不多，而如何使每一条曲线具有洗练之美往往会让建筑家们煞费苦心。

由于建筑极少装饰，日本创造出其他国家所没有的、别具特色的建筑意匠，如日本茶室与和风住宅所酝酿出的室内空间氛围。茶室中除了“床之间”外，其他空间皆无装饰；“床之间”中的装饰物也唯有画轴与插花。由于室内空间装饰元素在此的高度集中，一旦改变画轴与插花的风格就会调动整个茶室内的气氛。一般来说，东洋也好，西洋也罢，建筑室内的绘画或雕刻是不会经常更换的，特别当室内设有固定装饰物如壁画等时，室内气氛也因此被固定了；有所不同的是，和风住宅中的装饰物却会因事因时随机应变。同样是由于客厅装饰物的精简与高度集中，室内空间的氛围自然地为挂轴和插花风格所左右。比如同是在客厅里召集会议，可以根据会议性质的不同及时更换适宜的装饰物。如此的室内设计意匠在其他国家的建筑中还不曾发现，可以说这是日本建筑的又一重要特征。

第一篇　古代

一、竖穴与干栏式

不论世界上哪一个国家，建筑都以住宅为起源，一般常见的、最原始的居住建筑形式有：下挖土地呈竖向坑洞样的竖穴式住宅，以地表面为室内地坪的平地式住宅，把室内地坪抬高的干栏式住宅、高桩住宅、树上住宅，或者如同自然洞窟那样的横穴式住宅，等等。

横穴式住宅在日本为数极少，它是直接利用自然洞窟的居住形式，作为原始居住形式来说意义不大；而其他三种形式的住宅在遗迹中存留数量最多的是竖穴式。由于平地式住宅和干栏式住宅的遗迹只有柱穴的痕迹能够留存下来，难于发现，所以很难从发现的遗迹数量多少来判断哪种类型更重要。

一般把原始住宅分成竖穴式、平地式和干栏式；但如果把它们仔细地比较一下，能够发现竖穴式住宅和平地式住宅，平地式住宅和干栏式住宅之间到底有多少本质上的区别是很值得怀疑的。虽然称为“竖穴”，日本的情况是：竖穴并不深，竖穴的深度充其量也不超过1米，而且还有逐渐变浅的倾向。这样看的话，追究以自然地面为生活面的平地式住宅和向下仅仅挖了10厘米左右的竖穴式住宅之间的本质性区别变得毫无意义。对于平地式住宅和干栏式住宅来说，紧贴自然地表面设置地梁、其上铺设室内地板的住宅和将室内地板面架空1~2米高的住宅的确不同，但至于高到什么程度才叫干栏式，也没有具体的规定。

这样看来，在竖穴式住宅、平地式住宅和干栏式住宅之间设定区分标准是件很困难的事情；但如果从它们的两个极端来看，不能把它们作为同一类处理的结论也理所当然。这里，我们把视角改变一下——把以自然地面为生活面和生活面距自然地面有一定的距离作为分类标准，二者的区别就会一目了然了。

倘若用这种观点来分类，可以把居住空间形式分为以地面为生活面的“土间”和以铺设的木地板为生活面的“木板间”两种。如果分别以竖穴式住宅和干栏式住宅作为它们各自的典型代表，那么，住宅形式的不同点则非常明确。以下是我对这两种代表性居住形式——竖穴式住宅和干栏式住宅的分析。

北自北海道，南至九州，日本各地均发现了很多竖穴式居住遗迹。这种住宅从地面垂直下挖而成，故称“竖穴”。日本的竖穴相当浅，较深的竖穴其深度也不足1米。现在发掘出的竖穴多是绳纹时代、弥生时代和古坟时代的遗迹，在一些地区甚至还发现了奈良、平安、镰仓时代的竖穴，也有最晚延续到室町时代的说法；因此，数千年间，竖穴式居住形式广泛地分布于日本列岛各地区。

竖穴平面在绳纹时代多是椭圆形或者圆角长方形，而弥生时代则多是圆形，

上：登吕竖穴遗址
中：登吕竖穴遗址的结构复原
下：登吕竖穴遗址的建筑复原

发现的遗迹中圆角长方形也不少。如果从平面形式的发展来看，一般都是从圆形向长方形发展，而弥生时代的圆形平面较绳纹时代为多是个奇特的现象；但是，目前还没有足够的史料能说明这一现象的起因。接下来的古坟时代，四角的圆弧逐渐变小，平面变成近似长方形。

绳纹时代和弥生时代的竖穴，多在中央处设火堆式炉火。一般鉴别是否是居住遗迹就是以内部有无火堆痕迹来判断。在古坟时代的竖穴中，仍有在中央设火塘的；但更多的是靠着某面墙设有锅台的炉灶。这说明炊煮方式的发展和变化；但是，在日本这种变化到底是自然发生的，还是接受其他外来影响而发生的，至今尚未弄清楚。即使在今天，日本的民居根据所在地域的不同，可以分为用火塘和用炉灶两种不同的炊煮方式，它们在分布上有一定的地区性；因此，探究原始住宅的火塘和炉灶问题必须要结合这些地方的民俗学研究。

竖穴的直径一般是 5~6 米，很少超过 10 米。柱子采用挖土立柱的方法；因此在地面上均有柱穴遗存。柱子并不沿墙设置，而是离开外墙向内移进一定距离。绝大多数竖穴内部有 4 根立柱。

在居住遗迹中，虽然也有遗留着可能是墙壁或屋顶部分材料的实例，但在大多数的竖穴遗迹中，仅于生活面上残存着炉火、柱穴和沟槽的痕迹。

根据以上有限的资料，竖穴屋顶的结构形式会有各种各样的可能；但是，既然数千年来竖穴盛行于日本列岛各地，那么竖穴的一些痕迹肯定会以某种形式遗留至今或者距现代很近的时代。据此，我们发现了与竖穴平面相近的建筑形式——这就是《铁山秘书》中所载的建筑物图画。该书完成于江户时代末期，是一本讲述炼铁方法的秘传技术性书籍，其中有一种被称作“高殿”的建筑物（关野克，《铁山秘书》）可能就是这种建筑形式。

炼铁风箱上的屋顶结构是在四柱之上组成井字梁，梁上安置放射状的长椽；在桁梁之上各以三根长椽组成两榀人字形屋架，用来支撑脊檩，加设椽木而构成屋顶。在这里没有使用瓜柱，仅以六榀屋架构成屋顶的结构做法至今还常见于日本农村。

用铁砂炼铁早从古坟时代就开始了，而且即使是现代的农村住宅也有保留着古老建筑形式的；因此，前述的屋架结构就是竖穴在地面以上部位的结构做法，这应是合理的推断。特别是竖穴平面带有圆弧形，正是椽子呈放射状布置的佐证，这也说明把这种屋顶作为竖穴地面以上部分的结构是具有很强整合性的。

在所发现的竖穴遗迹中，柱距仅是 3~4 米，这样的跨度对于当时的技术水平来说，恐怕也算是最大的。在小型竖穴中就索性不用柱子了，或是只在跨中处设一两根；大型竖穴中也有多至五六根柱子的。

这种结构形式，大都是庑殿造，不是以前所说的“天地根元宫造”式的悬山顶。与此相反，在干栏式住宅中，如在铜铎上所描绘的住宅图和在伊势神宫中所见的那样，是以柱和瓜柱来支承脊檩，其上平行布椽的悬山造，而且室内地板高悬于地面，这些都和竖穴不同，说明它们分别属于不同的结构体系。干栏式住宅的存在始于石器时代之后进入石器、青铜器并用时代之时，在弥生时代的陶器和古坟时代的铜铎、铜镜的纹样中描绘着住屋的形状，从那里可知干栏式住宅的立面形式。

古坟时代，铁器的使用日益增多，众多规模庞大的坟墓被建造起来。在这些古坟中随葬有许多陶屋，据此可以立体地了解当时的建筑形式。那个时期的农耕文化已经发展到一定的水平，贮藏谷物的仓库变成必需的建筑物，在出土的陶屋中也有种种不同形式，而住宅的内部空间显然已不是只有起居室或者卧室的单一类型了。

由于财富的积累，贫富差别扩大，所以一户住宅里所拥有的房屋数量大不相同。在群马县茶臼山所发现的古坟是公元 4—5 世纪的遗物，从其坟丘中发现了八个陶屋，本书选载了其中四种不同形式的例子，如图所示。用两根“胜男木”高高撑起的悬山造屋顶是正屋；其次是普通的悬山造，是配房 (2 座)；此外还有 4 座是室内地板离地较高的建筑物，是仓房，其中最小的一座是贮藏杂物或是给奴隶居住的小屋。由于这些陶屋是从同一坟墓出土，所揭示出的不只是不同的建筑形式，同时也说明了一座住宅的规模，而且很可能是一座大地主的住宅，值得作为一座规模完整的住宅实例加以关注。

二、神社建筑的产生

随着生产力的飞速发展，主要生产从狩猎、捕捞向农耕过渡，私有财产的积累也逐步增多，贫富差别越来越大，于是就产生了少数的富有阶层，进而产生了某一氏族对另一氏族的统治关系。有势力氏族的财产越来越多，到了公元 5 世纪，这些氏族被大和朝廷所统一。

富有阶层的产生促使住宅建筑相应地发展起来。这一时期，一些先进技术从中国大陆传来，铁器技术的发展使得各种工具品质得以显著提升。关于公元 247 年过世的邪马台国女王卑弥乎，在《魏志》中有这样的记载：“侍婢千人，

群马县茶臼山古坟出土的明器陶屋

宫室、楼观、城栅设置森然”，可知其宫殿规模十分可观。另外，应神天皇[1]的难波大隅宫，仁德天皇[2]的难波高津宫还建有高台，传说雄略天皇时开始起造楼阁，这些都可以说明当时的宫室建筑已相当发达。在三重县石山古坟发现的陶屋上刻有大斗，证明在佛教传来之前已确有中国建筑的影响。

关于这些宫室的具体规模，因为缺乏资料，目前尚未得知；但是，由于神社建筑在一定程度上模仿了当时的宫殿建筑，因此可以从神社建筑中尚存的旧有形式推知一二。

神社建筑中，如大和的大神神社、信浓的诹访神社、武藏的金钻神社那样，以山和森林为崇祀对象，它们都没有正殿。可以推断原始宗教最初只是崇拜自然物，不设殿堂之类的建筑物。

每年要举行祭祀活动祈祷丰收，为了迎接神灵的降临，会建造一些临时性的神殿，待祭祀结束就予以拆除——可以想象历史上曾有这样的时期。这种风俗习惯直到今天还在农村保持着；天皇即位时必须进行大尝祭，设置临时神宫即大尝宫可能也是这种习惯的延续。进而可知，草葺屋顶的大尝宫正殿很可能保存着古老时代的神殿形式，而在平面上与此殿相似的住吉大社本殿，可能也归属于这个系统。

神社建筑和寺院建筑不同，它崇尚新建筑，每隔若干年后就要按照原样重新建造，即所谓“式年造替”，恐怕正是因为神社建筑起源于临时建筑才会导致如此的重建制度。直到现在还完全实行“式年造替”制度的只有伊势神宫。春日大社、上下贺茂神社虽然也有此种惯例，但它们是以修理代替重建仪式。从文献上看，古时有许多神社都曾实行“式年造替”制度。

在伊势神宫、出云大社、住吉大社等神社的本殿，多少有一些佛教建筑的影响，但总体建筑形式与运用中国传来的建筑技术建造的飞鸟时代的建筑有所不同，说明它们是 6 世纪中叶佛教传来以前的固有形式。

伊势神宫在天武天皇时制定了每 20 年按照原有样式重建的制度，到目前已经进行了 59 次迁宫重建。重建在细部上虽有一些变动，但把现状与正仓院所藏文献以及公元 804 年（延历 22 年）《皇大神宫仪式帐》的记载进行比较就会发现并没有很大的区别；再把装饰性铁件及栏杆等复原的话，就很容易再现出其原貌。伊势神宫奈良时代的建筑样式继承了更古时期的形式。

---

1. 270—310 年在位，第 15 代天皇。——译者注
2. 290—399 年在位，第 16 代天皇。——译者注

伊势神宫内宫

上：出云大社本殿
下：住吉大社本殿

一方面努力吸收外来的中国文化，并行的另一方面是保持日本固有的文化传统。尽管伊势神宫已进行了数十次更新改建，依然完整地保存着日本的传统形式，这可以说是日本文化的一大特色。

神社中把没有反翘的悬山式且在正身（脊长方向）设入口的本殿叫做“神明造”。由于其他神社不可以模仿伊势神宫，因此伊势神宫是唯一的“神明造”。伊势神宫面阔三间，进深二间[1]，悬山造屋顶铺茅草，掘地立柱，室内地板位置高起于地面，搏风板穿出屋顶而昂然高耸，在正脊上承有“胜男木”，完全不用曲线，充分表现了简洁明快的设计意匠。在这里所采用的材料都是极其普通的、自然的，毫不修饰地直接应用，这是基于对材料本性的美学认识而欲充分发挥其特性的结果。卓越的感性造就了洗练的设计意匠，这正是日本建筑具有的“清纯”特质的表现。

在茂密的杉木林中，神殿没有任何漆装的木柱散发出木质的馨香，正因为它毫不粉饰的质朴之状，忠实地呈现出建筑和环境的一致性。

伊势神宫的神殿的确是质朴的，但是它的美并不是只来源于追求结构的真实性。例如神殿的“胜男木”就具有明显的装饰性设计意匠：它的长度竟然可达 2 米，显然是建筑设计者最初就有了明确的形式设计方面的考虑才会有如此巨大的尺度。将神宫正殿建筑提升到如今所见的精练程度应是在天武朝 (672—685 年) 时期，当时的神宫建筑是皇室权威的象征，能产生如此的成就也是情理之中的事。

神社建筑中最古的形式是伊势神宫的“神明造”和出云大社的“大社造”——前者是正身设门，而后者是在山花面设出入口。一般悬山式建筑首先由山花出入，之后向正身出入的形式发展，这是很容易理解的历史进程；但值得注意的是，神社建筑出现之前，正身出入的建筑形式就已经存在了，因此，不能因为悬山式的发展过程就想当然地认为首先出现大社造，然后迅速发展成为神明造，这样套用是不对的。另外，伊势神宫别宫正殿在中世完全是“板仓”的形式，因此又出现了伊势神宫、或者甚至是把整个神社建筑的起源都归结到仓房建筑上去的说法。如同伊势神宫中的关于御神体之铜镜有“礼此镜如同礼我”的代代传言那样，神宫建筑不是收藏宝物的库房，而是神体居住的宫殿；校仓、板仓结构在日本只在仓储建筑上保留了下来，实际上它们原本是作为居住建筑使

1. 此处所谓的“间”不是长度单位，而是指柱和柱之间所形成的空间。——译者注

伊势神宫内宫正殿（国际文化振兴会提供）

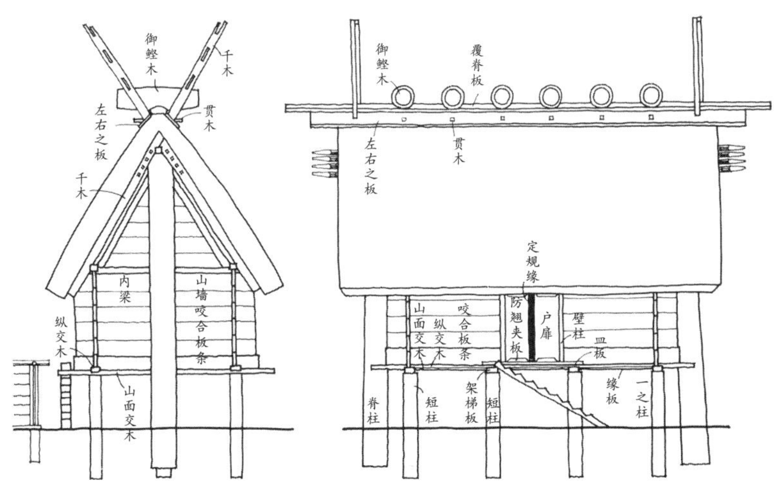

上：大正大尝宫

译者注：

大正大尝宫为大正天皇即位仪式时，为举行“大尝祭”而在京都御所搭建的临时性建筑。建筑中的柱子必须用带树皮的原木（即“黑木”）。天皇在此举行向神灵敬奉本年收获的新谷米仪式。

下：伊势神宫别宫复原图（福山敏男复原）

译者注：

① 内梁：为承接屋顶荷载的梁。

② 定规缘（てう）：为包住门板边缘，类似门框的构件，分为“两定规”和“片定规”两种形式。

用的。总之，不能因为同是校仓、板仓的结构方式，就认为伊势神宫社殿的原型是仓储建筑。

出云大社本殿是悬山式，入口设在山花面；屋顶有些反翘；“出千木”变成了“置千木”的形式，即不是博风板穿出屋面的“千木”，而是完全把“千木”摆放在屋顶上而成的“置千木”。出云大社本殿不用斗供，不加色彩装饰，依然显现着古老的风范，其规模直到平安时代还尚称“殿高16丈”，可与奈良平城京内的太极殿、东大寺大佛殿一较高下，是具有相当规模的庞然大物。“殿高16丈”的传说到底有多少可信度另当别论，但各种文献中均有规模巨大的记载，其规模曾大到不同寻常也是毫无疑问的。传说直到镰仓中期1248年(宝治二年)重建时规模被改小，并且采用了临时性建筑的方式。今天所看到的本殿(1744年，延享元年原样重建)柱心间距为5.5米，中心柱直径为1.1米，其规模也决不能算是“小型”的。

如果在上古时代就已经存在如上所述的大规模建筑物的话，说明那时的建筑技术已经十分先进。如对伊势神宫所作的阐述那样，当时的建筑家一方面有着对建筑本质的深刻理解，对建筑之美的敏锐洞察力；另一方面他们还拥有高超的结构技术水平。古坟时代的建筑技术并没有停止在原始阶段上，已经开始吸收从中国大陆传来的先进技术，并取得了长足的发展。进入飞鸟时代，中国大陆的建筑形式迅速地在日本发展起来，并日渐辉煌，这正是源于上古时代已经奠定的技术基础才可能取得的建筑成就。

三、佛教建筑的传入

伴随着佛教的传入，中国大陆的各种文化如洪水般地涌入日本。寺院不仅是宗教的殿堂，而且还成为集聚各种先进文化的艺术中心。

在崇峻、推古两朝时期(588—628年)，相继营建了飞鸟寺、四天王寺、法隆寺等，此时开始出现中国大陆式的大伽蓝。据《日本书记》记载，公元624年(推古三十二年)全日本佛寺达46座，僧尼人数达1385人。如果从现在已调查的寺院遗址来看，还不能完全相信这些数字；但是，寺院建筑数量无疑是在逐步增加的。

在佛教建筑输入之前，虽说建筑发展已经达到了一定的水平，但它们都是挖地立柱，草屋顶，柱上不用斗栱，亦不施加色彩，屋面也不是曲面；因此，论庄严雄伟的确无法与佛教伽蓝相提并论。佛教建筑不仅每个建筑单体都庄严雄伟，而且多变的建筑总体布局以及其出神入化的构成之美，是出乎古代初期的国人们梦想之外的景象。

飞鸟时代的各佛教寺院由以下各院组成：

1）塔、金堂及僧房等院落，亦称佛殿院。其中有藏舍利的塔，安置佛像的金堂，供讲经用的讲堂以及围绕这些建筑物的回廊；中门设在回廊正面，其他尚有钟楼、经楼、僧房，被统称为“七堂伽蓝”——这是佛寺中最重要的部分。如果以平城京为例来看，此部分常被设置在佛寺的西南区域，根据这一部分的具体布局可以对伽蓝平面进行分类。

2）食堂及大众院。包括僧人进斋的斋堂，附属于斋堂的厨房、灶屋等以及和寺内众僧日常生活相关的所有建筑，也有把它分成食堂院、大众院的。

3）浴室院，亦称温室。这里是寺僧们入浴之所，有的也附设于大众院内。

4）政所院。这里有寺院的办公场所及其附属建筑物。

5）仓垣院，亦称正仓院。这里是寺院收藏财物、宝物之处。

6）苑院。这里是种植蔬菜的菜圃。

7）花苑院。这里是花圃。

8）贱院。这里是奴隶们居住之处。

这些院落的四周环绕带墙帽的围墙，于四方设门。各方的主要出入口被称作“大门”，并冠以方位，如“南大门”“东大门”等。

关于早期的伽蓝布置，一般认为有“四天王寺式”和“法隆寺式”两种。寺院建筑沿着中心轴线依次设置中门、塔、金堂和讲堂，从回廊的中门向两侧绕行最后达到讲堂的形式被称为“四天王寺式”，大阪的四天王寺，创建初期的法隆寺，均属此种形式；另外一种是将金堂和塔左右并列布置，其后设置讲堂，这种形式被称为“法隆寺式”，奈良重建的法隆寺与高丽寺即是此种形式的典型。近几年考古发掘的结果表明还有围绕塔的三面设置金堂的“飞鸟寺式”；以塔、北金堂、西金堂组合成群的“川原寺式”；另有将塔建在金堂前方或者偏于一侧的形式。

飞鸟寺和四天王寺这两种伽蓝布局形式可以说是从中国传来的正宗形式。奈良时代的伽蓝布局主要有两种形式：①“药师寺式”——设置两座塔；②“东大寺式”或“兴福寺式”——将塔移至回廊之外。当然，这些布局形式不是日本独创的，而是来源于初创之时传入的中国形式。

此外，还有像常陆新治废寺那样在金堂左右置塔，或者如川原寺（弘福寺）那样在金堂之前并列布置西金堂和塔……各式各样，不一而足。

左上：飞鸟寺平面图　右上：四天王寺平面图
左下：川原寺平面图　右下：法隆寺平面图
（据《考古学大系》）

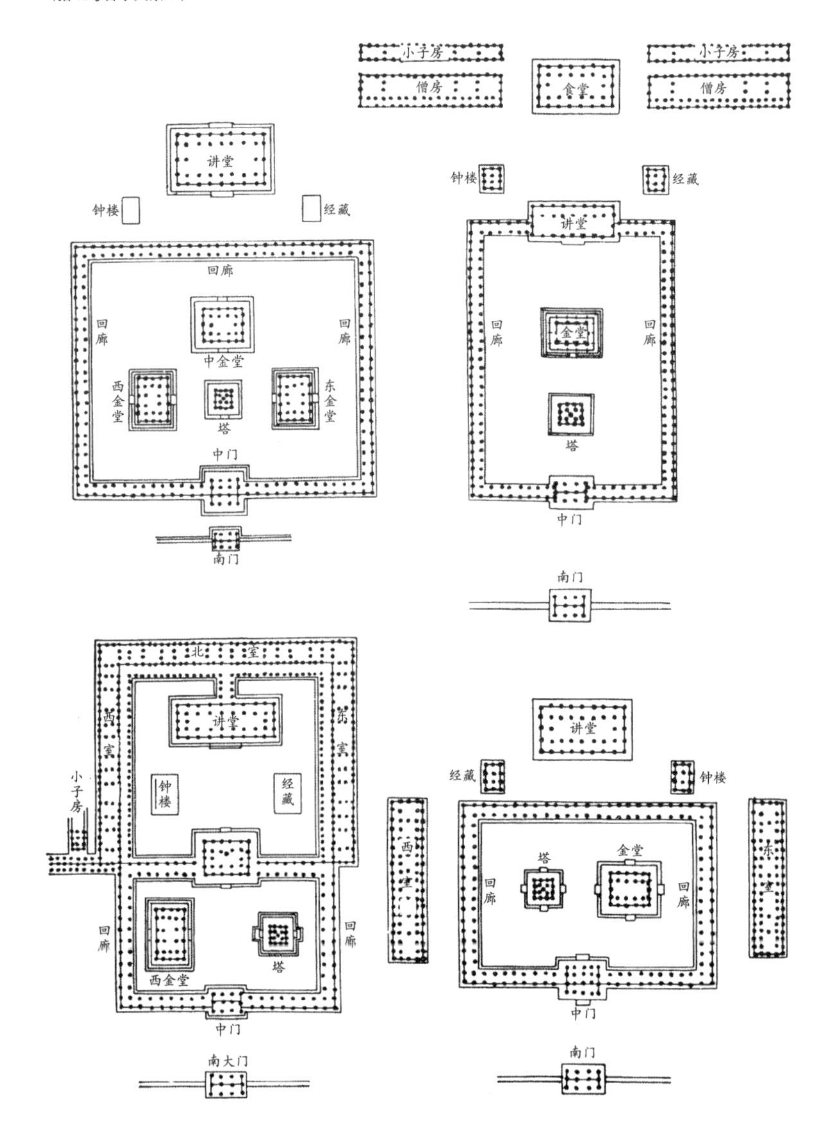

飞鸟寺、四天王寺那样的总体布局在中国大陆类似的实例尚存。左右对称的形式是从中国大陆传来的，但高耸的塔和体量庞大的金堂左右相对并列布置的“法隆寺式”却是在以左右对称为原则的宗教建筑中异常独特的孤例。中国建筑上至宫殿、下至民居都喜欢左右对称，中国人决不会有意做这样非对称的布局形式；直到现在，在中国大陆还没有发现“法隆寺式”的佛教寺院；因此，可以认为这种建筑布局形式是日本人创造的。关于这一点，有人说，在飞鸟寺中除去东金堂就是“川原寺式”，法隆寺的布局形式是从“川原寺式”衍生出来的，我认为这种说法还不能让人完全信服。

走访法隆寺，进入南大门，正对中门远望而去，其平面布局的精妙之处便了然于胸。如果在四天王寺，内部的各堂宇多被中门遮挡，勉强能够在中门屋脊的上方看到高耸的佛塔相轮，而法隆寺则相反——五重塔、金堂、中门建筑各现其美，竞相映入眼帘：由雄伟有力的中门和有着如同竹帘一样疏朗的直棂窗回廊环绕而成的庭院中，五重塔拔地而起，岿然挺立；视线稍向右移即可看到庄重而雄伟的金堂；当我们的视线被敦实厚重的庞然大物——讲堂吸引到后方时便戛然而止。这是由各种高低错落、大小不同的屋顶所形成的巧妙组合，它说明法隆寺整体布局的有机排布是何等成功之作。

从上面两种伽蓝布局形式中可以发现日本和中国在建筑形式上的民族性差别：四天王寺是沿中轴线左右对称的纵深布局，而法隆寺是一目了然的横向并列式布局。这个特征同样反映在中国住宅和日本寝殿造住宅的平面布局差异上。两种布局形式各有千秋，难分轩轾。

在法隆寺金堂、塔、中门、回廊以及法起寺塔上看到的那种具有明显卷杀、雄浑有力的圆柱上，带皿板的大斗，云形栱木，勾片造栏杆，人字栱等都是奈良时代建筑物上所见不到的，以此作为飞鸟式建筑特征。对法隆寺金堂的重建和非重建的问题争论了半个世纪，直到今天虽然还没有得出明确结论，却不得不承认法隆寺曾因一度失火，从被称为“若草伽蓝”的寺院向西北方向搬迁，以先金堂后五重塔的顺序于今地重建。一般情况下都是原地重建，而法隆寺却不惜另外平整土地迁寺重建，其原因至今不甚明了。那次火灾据《日本书记》的记载是发生在公元670年（天智九年）。寺院重建年代如同最初提出的重建论那样，最迟也不晚于和铜年间（710年左右），而且很可能是7世纪后期的重建之物。

敏达天皇时代（572—585年），从百济献来佛工、造寺工。传说公元588年（崇峻元年）又有造寺工匠、炉盘博士、瓦博士、画工等东渡日本。飞鸟寺、四天王寺、法隆寺等都是在以百济为主的工匠指导下建造完成的。百济接受了中国文化的

法隆寺五重塔

上：法隆寺金堂
下：法隆寺金堂檐部

影响，中国又接受了来自印度的佛教影响；但是，印度的佛教建筑传到中国以后却发生了很大的变化。也就是说，当印度佛教建筑传到中国时，中国的建筑技术与艺术已经相当发达；因此并没有完全采用印度的样式，而是沿用中国固有的建筑形式建造了大伽蓝。如同中国文献中所记载的那样——“佛殿如太极殿”——沿用了中国固有的宫殿衙署的建筑形式；但在细部上仍可发现有西域、印度，甚至遥远的希腊建筑的影响。

四、佛教建筑的发展

自从日本向唐朝派遣唐使以后，日中交流逐渐频繁起来，被称为中国文化史上“黄金时代”的唐代文化不再经由朝鲜半岛，而是开始直接从大唐帝国传入日本。日本的“每代迁都（更换朝代时必换新都）”制度被打破，以藤原京、平城京为始，首都改成了“定都制”， 开始仿照唐制，把首都作为永久性都城进行大规模的规划建设。都城内外，可与壮丽的宫殿相媲美的“京内二十四寺”(《日本书纪》，680 年) 和“都下四十八寺” (《续日本纪》，720 年) 的众多伽蓝把都城装扮得富丽堂皇、妖娆多姿。

在藤原京的寺院中，最受朝廷器重的是法兴寺、弘福寺、大官大寺和药师寺等四大寺。根据对大官大寺遗迹的研究，可知它属于法隆寺式布局，塔为九重，据残存柱础来看，其平面为方形，边长 16.6 米，塔高约 90 米，是一座十分高大的建筑物(比现存最高的东寺塔 55.7 米还要高，大约是日本现存最古佛塔——法隆寺五重塔高 32.5 米的 3 倍)。

药师寺是根据天武天皇 (672—685 年) 的祈愿建造，历经持统 (686—695 年)、文武 (696—707 年) 两朝才竣工。下一代的元明天皇 (708—715 年) 把首都从藤原京迁移到平城京（奈良），各大寺院随之搬迁至平城京，药师寺也在平城的右京之地重新建造寺院。在平城京尽管其他各寺均以新的形式建造起来，可能出于某种特殊原因，只有药师寺的平面布局和藤原京时的旧有形式完全一致，甚至有记载说一部分立面也沿袭了旧有形式；特别是两座药师寺的瓦当纹样完全相同，从而更证明了二者的同一性。由于建筑平面布局与瓦当纹样的一致，甚至有人提出平城京药师寺的建筑物是从藤原京原物迁建来的。最近，在本尊台座上发现了铭文，所以有人认为连本尊也是原物搬迁；然而，在药师寺资财帐上有“塔四座，两座在本寺”的明确记载，迁建之说不能成立。药师寺东塔斗栱的形式比唐招提寺金堂出三跳的斗栱形式稍早的事实反映出它的过渡性特征。

平城京药师寺内的金堂是“二重二阁”(《药师寺缘起》)或被描述为“重阁各层有腰檐，即其形式为两层四檐也”(《七大寺巡礼私记》)，是比较独特的形式，现已尽毁，其形式只在东塔上略有痕迹可寻。东塔建立于公元730年(天平二年)，虽然是三层，但各层均为两重出檐，外观宛若六层，其出檐大小不同所造成的凹凸变化的艺术效果的确是出类拔萃之作。

药师寺东塔屋面平缓，不用曲线遮椽板遮檐，而是用小天花板遮檐，与深远的出檐相得益彰，酝酿出一种轻快的安定感。各木质构件上的线脚已不具有飞鸟时代那种质朴、刚健的风格，而是格外的丰盈、柔润。藤原时代(894—1184年)重建的法成寺塔就模仿了药师寺塔，对此在《中右记》中有明确的记载，足以说明此塔是多么符合藤原贵族们的喜好了，甚至可以称它是优美建筑物的先驱性典范。

大举营建平城京之时，日本建筑界日益活跃起来。在药师寺建成前后，陆续建造了兴福寺、元兴寺、大安寺等规模庞大的大伽蓝。这些寺院中皆设二塔，并皆置于金堂、回廊之外。像塔那样具有独立性的建筑物在布局中对中心部位的脱离促成了用回廊连接金堂等其他建筑物的做法，这种形式手法开始重视左右的连续性和调和性，从中可以看出飞鸟时代建筑风格向奈良时代建筑风格的转变。只有元兴寺比较特殊——它的回廊与讲堂连接，这是因为它继承了飞鸟时代的传统。

佛寺建设与年俱增，建造古今未曾有过的大伽蓝——东大寺的计划把这种趋势推向了高潮，也正值此时日本佛教建筑的发展达到了巅峰。

公元741年(天平十三年)建立国分寺发愿大诏颁布，日本全国各地开始建造金光明护国之寺和法华灭罪之寺。圣武天皇(724—748年)诏曰：“藉三宝之灵，求乾坤安泰，修万代之福业，祈万物之繁荣，天平十五年十月十五日发菩萨之大愿，罄全国之金铜以造像，尽山泽之林木以构堂。”于是，在近江紫香乐处开始建造大佛。公元745年(天平十七年)，这项浩大工程移至奈良，作为国分寺的总寺，开始营建东大寺。

建造东大寺的目的在于供奉三宝以求国泰民安，也是宏扬佛法政治的具体体现。在帝都建设上贯彻“非壮丽亡以扬君德”“造塔之寺乃为国华”的方针，并借此建造了赶超中国、印度的大伽蓝，大扬国威于天下，这是大化革新之后所建立起来的中央集权制国家威力的展现，也正是有了集权国家积累下来的天下财富作后盾，才使得完成这项伟大事业成为可能。天皇诏令全国“用一根草、一捧土来助寺像之造成，乃赋朕意”，发全国之丁壮，集各地方敬献财产之人

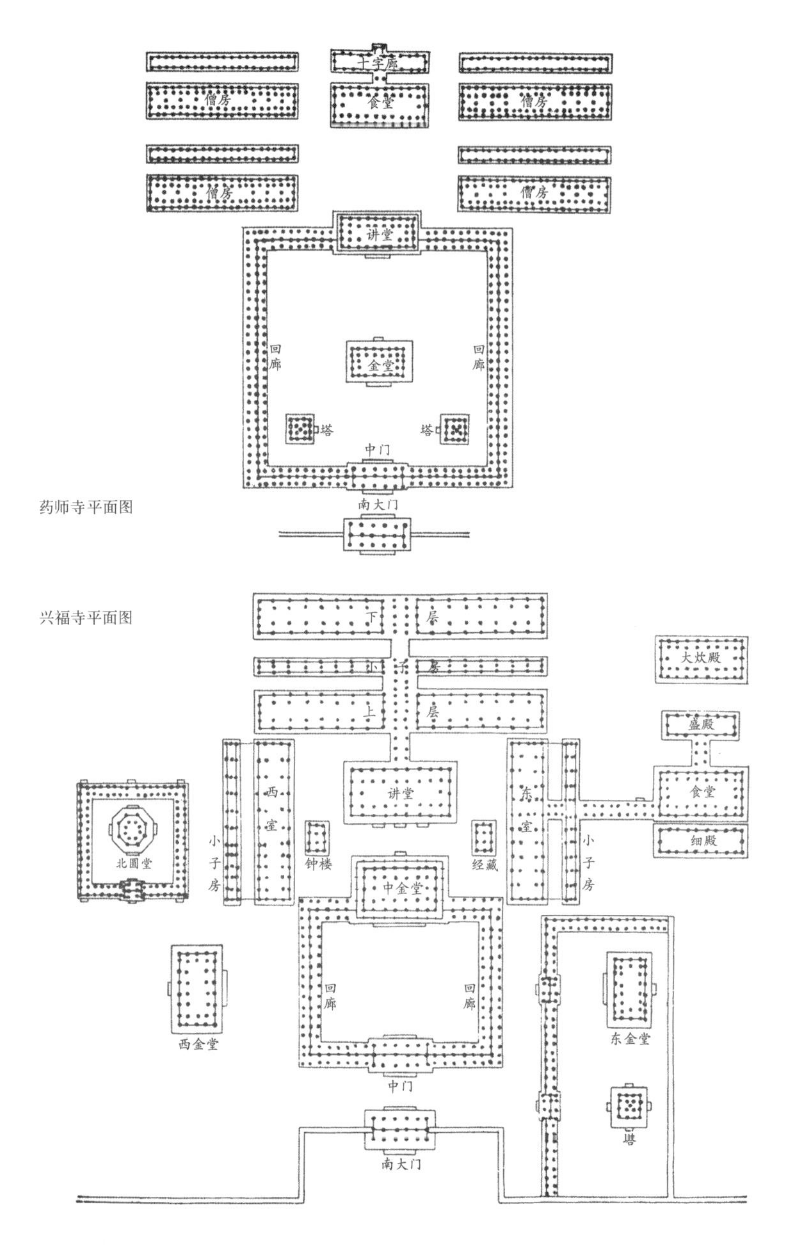

药师寺平面图

兴福寺平面图

译者注：

① 小子房：指进深浅的僧房。

② 盛殿：为配膳殿

③ 大炊殿：即大厨房

④ 细殿：日本古代（7-12 世纪）时期在佛堂或食堂等建筑前加设进深仅两间的细长之殿称为“细殿”。细殿与后面的主殿分别为两栋建筑，但在室内空间上一体化使用，是后世加深主体建筑进深的前兆。因为两栋建筑前后排列，也称“双堂”。

和自愿劳动者。因为是政府的事业，所以最广泛、最大限度地动用了全国的财力、物力，推动这项工程成为了彰显国家实力的纪念性建筑物。据《东大寺要录》记载，捐献木材和金钱的人数达四十二万，隶属“造东大寺司”的工匠的籍贯北到陆奥，南到肥后，所有这些都证明这项工程汇集了全国的劳动力。

这样，经过八次铸造，耗费了 20 年岁月，终于建造起高 16 米的铜质大佛像以及面阔 88 米，进深 52 米，高 47 米的大佛殿。大佛殿在彩画装饰上极尽精美之能事；前设两层、面阔五间的中门楼，四周绕以 154 开间的回廊，并将讲堂、三面僧房、食堂、钟楼、经藏等栉比连檐；在中门和南大门之间，两座高达 100 米以上的七重木塔分列左右，高耸入云，把堂堂的平城京置于檐下。想必从大唐来日的僧侣们也曾经为之瞠目结舌吧!

日本佛教建筑自法兴寺创立到东大寺建成的 170 年间一直前行不辍，至此大伽蓝的竣工达到顶峰；然而，天平时代创建的东大寺早已损毁无存，仅转害门、正仓院等附属建筑 (729—766 年) 保留下来。今天，从这些残存建筑从容、舒展的形象中，我们可以想象天平时代创立的大佛殿所应具有的豪迈气势。

奈良时代只不过是短短的百年之期，作为当时的遗物，除上述的作品之外，尚有唐招提寺金堂、讲堂、法隆寺梦殿、传法堂、东大寺法华堂等二十余座杰作留存至今，堪称是日本建筑史上的黄金时代。

奈良时代佛教建筑的发展自天平神护 (765 年) 开始到宝龟年间（770 年），以西大寺的建成而告终。西大寺的规模仅次于东大寺，为当时第二大规模的大伽蓝。此寺大量采用中国式装饰，在日本建筑中颇显奇异：金堂正脊两端安置鸱尾，鸱尾上再设口含铜铎的凤凰；正脊中央设二狮蹬云，拱卫着莲花宝座，上承带火焰形的宝珠；另外，檐口上还装有黄铜火焰形装饰板，在垂脊和角梁上还贴有黄铜花饰——可以说是地道的“中国式”。同一时期建造的唐招提寺金堂中，内部的月梁、斗栱、平闇均施以华丽的色彩。综上所述，直到奈良时代末期，唐代的建筑形式依然源源不断地传入日本，这是日本建筑史上非常值得关注的事。

上：唐招提寺金堂
下：东大寺法华堂

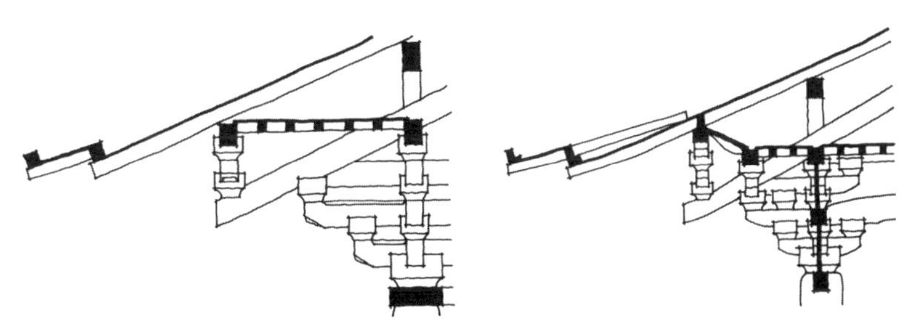

上：唐招提寺讲堂
中：正仓院宝库
左下：药师寺东塔斗栱
右下：唐招提寺金堂斗栱

药师寺东塔

五、密教建筑的特征

平安时代(794—1185 年)，由于天台、真言两宗的传入，新的密教美术发展起来。在建筑设计方面，即使是延历寺、金刚峰寺也没能保留住古老时代的建筑，平安时代前期密教寺院的堂、塔无一幸存；所以现在还不可能把所有相关问题都搞清楚。对于密教建筑特征可以明确指出的三点是：第一，寺院迁入深山，开始了所谓“山中伽蓝”的营造；第二，多宝塔的出现；第三，寺院内加设礼堂。

实际上山中营造型的寺院早就有了，如天智朝创建于近江的崇福寺以及奈良末期由兴福寺和尚创建的室生寺。这说明此类型的寺院确实早在密教传入之前就已经存在了，但广泛地发展起来则是密教传入之后的事。

由于寺院是建造在山中，不可能再像奈良时代寺院那样规整、严谨地布置堂、塔，必须因地制宜；所以，这些寺院表现出来的不再是奈良时代那种规整、严谨的美，而是创造了群山环抱、丛林掩映中的新的建筑之美。

奈良时代，七堂伽蓝式寺院的周围可能是完全不栽树木的，建筑作为人工建造物和自然相对抗，这要求具有在洁白的沙地上昂然而起的建筑美。

密藏于深山老林中的建筑物不可能再和自然相对抗，在逶迤起伏的崇山峻岭之间，建筑只不过是一个小小的点缀而已，这也可以说是日本建筑的一大特点。

山中营造型伽蓝的出现并没有使具有奈良时期严整布局特色的寺院建筑销声匿迹，例如在东寺、下醍醐寺中见到的那样。在平原地带建造的寺院中，虽然有了许多变化，但仍然是奈良式的伽蓝布局。后期建造的法成寺和法胜寺、六胜寺等仍然以左右对称为基础，这种布局在大寺院中尤其盛行。

作为密教建筑的特征必然要提及“宝塔”建筑的出现。“宝塔”一词是塔的美称，但作为建筑术语，是因为圆形塔身上置有四角尖锥样的“攒尖式”屋项，其上立有相轮而得名。如果塔身四周绕以回廊就被称为“多宝塔”。“多宝塔”本来是安置释迦、多宝二佛之塔的意思，与塔的形式没有直接关连，在佛经里也早有这个名称。事实上，“宝塔”和“多宝塔”两种称谓作为定义都不准确，在此只是作为惯用语加以使用。公元 817 年（弘仁八年），传教大师（又名最澄，766—822 年，日本天台宗的开山祖师）根据教化东国的需要，分别在上野的绿野寺、下野的大慈寺各建造一座“宝塔”，在睿山大师传中记之为“一级宝塔”；因此我们可以推断是多宝塔形式的建筑，这可能是日本最早的多宝塔。最澄大师为了镇护国家曾计划建造六座多宝塔，然而未及完成就圆寂了，直到他发愿

曼陀罗中描绘的宝塔

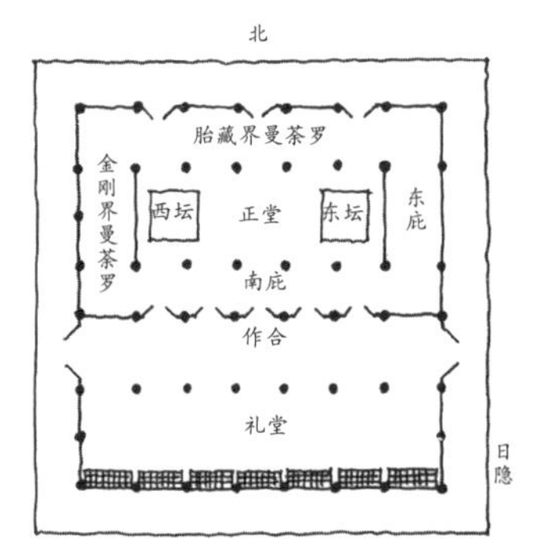

东寺灌顶院平面图

译者注：

①作合：中世佛堂建筑的佛殿和礼拜殿分别设置屋顶时，两个屋顶交接处的空间被称为“作合”，日语读音为 chikuriawase。

②日隐：建筑正面台阶上部的披檐

左上：室生寺五重塔

左下：石山寺多宝塔

后的第一百零六年，即公元 924 年才得以实现。

在金刚峰寺中，弘法大师 (774—835 年，又名空海，真言宗开山祖师) 也计划建造金刚界、胎藏界两座多宝塔，这就是后来完成的大塔和西塔。西塔在公元 887 年（仁和三十三年）完成；大塔则较迟，直到延喜年间 (901—922 年) 才完成。据说在创建大塔时就已经有披檐了。这种形式的塔最早出现在金刚界曼荼罗三昧耶会上，其形式如图所示。多宝塔就是在这种圆体周围加上一圈副阶披檐。普通的多宝塔较此种形式更加简化，仅在副阶屋顶之上保存着馒头形塔身的形式，于第一层内部立四金柱。第一层内部保持着圆形平面形式的多宝塔被赋予一个特别名称——“大塔”。“大塔”的古老实例只有根来寺多宝塔一座而已 (建于 16 世纪)。

下面讲一讲附设礼堂的问题。在密教建筑中，最初有被称为“灌顶堂”的建筑。这种新建筑物仅是在平面上具有特点，并没有随之产生新的建筑形式。值得注意的是，在金堂或灌顶堂的前面会另外加建礼堂。在建于贞观年间 (861 年) 的延历寺和康保年间 (965 年) 金刚峰寺的金堂中没有出现礼堂（因此，不能把现在两座寺院中的金堂平面形式当作平安初期的遗物进行讨论），在东寺灌顶堂、神护寺金堂、醍醐寺金堂、劝修寺御愿堂中才开始出现礼堂。礼堂的面阔和金堂相同，但进深仅有二间。之后，礼堂和金堂被纳入一个屋顶之下，形成了今日我们在各地均可见到的天台真言宗本堂进深七间的形式。这种在金堂前面，另外加建出来的面阔相等、进深二间的细长建筑物，早在奈良时代就有了，如法隆寺食堂细殿、东大寺法华堂礼堂、西大寺十一面堂院双堂、西大寺四王殿双堂等，当时称之为“双堂”。

把这种礼堂附设在主要堂殿之前则是到了平安朝之后的事，可以说是密教建筑的一种特征。南都六宗寺院中的金堂是供佛的，与佛橱的性质相同，除了特别的僧人之外不允许一般人进入。与此相反，礼堂这一类的建筑物正如其名称所示的那样，是礼拜的场所，就像《劝修寺文书》中所记载的——它是“众僧及俗人设座的地方”，是为俗众所建的建筑物。

礼堂的产生过程如前所述，从纯粹供奉佛的金堂发展成为供世俗人们礼佛的空间，这无疑是建筑史上的一大进步。

中世纪以后所看到的密教本堂形式，即金堂和礼堂被同时纳入一个大屋顶之下的形式形成于何时，至今尚不清楚。附设了礼堂的本堂里，最古的遗构是石山寺。本堂和礼堂以纵深方向连成一体，与东大寺法华堂属于同一形式。镰仓时期 (1185—1333 年) 本堂的佛像空间和礼拜空间已经被覆盖于一个大屋顶之下，由此可以推断，该形式在平安时代末期就产生了，“金堂”的称呼变成“本堂”也是应这种平面形式的变化而产生。

六、神社建筑的发展

中国建筑对日本的影响也反映在神社建筑上：础石上立柱；柱上置斗栱；檐口及屋顶开始出现反翘的曲线形式；木质构件上开始施用色彩。

日本神社最著名“春日造”类型的代表实例是春日大社本殿，其为悬山式，山面设门，前设抱厦。另一种“流造”类型的典型代表是上、下贺茂神社本殿，其特征是采用悬山式屋顶，在屋顶正面设门及抱厦；抱厦屋顶和本殿坡屋顶连成一体，呈一坡到底的形式[1]。春日造在奈良时代，亦即在春日神社创立的时代得以确立，而那一坡到底的“流造”形式的确立时期则要追溯到平安时代初期或奈良时代末期。贺茂神社本殿不施彩绘，春日本社遍体涂丹；二者的屋项均呈曲面状。从总体上看，相比神明造、大社造那种简单、朴素的原始美，春日造和流造更显典雅、华美。

然而，这些神社形式在创建之初，例如春日造在奈良时代创建之初的形式是否与流传至今的形式完全一致，未曾改变呢？这是十分值得怀疑的。再如上贺茂神社在镰仓时代末期的1303年（嘉元元年）进行“式年造替”时，主屋的平面尺寸与现在所见的一样，但周围庇屋的出檐则较现在缩小了二成，建筑上的金属饰件也没有今天这么多，且主屋和庇屋博风板的分别设置等均与现况有许多区别（谷重雄，《上贺茂神社：嘉元“造替”的本殿》）。

流造形式的神社遗构最早可追溯到11世纪的宇治上神社本殿以及正脊梁下有1219年题字的神谷神社本殿。从这些实例可以看出，镰仓初期就已经形成了与今天完全一样的流造形式的神社，因此，可以说今天的上贺茂神社完好地保存了贺茂神社创建初期的形式。

春日造主要盛行于以大和为中心的地区，而流造神社本殿形式则盛行于更为广大的地区。

还有一种重要的神社形式——“八幡造”。八幡造以宇佐八幡宫神社为代表实例，远在奈良时代就已形成。它的特征是屋顶为悬山式；在屋顶正面设入口；两幢殿屋前后并列布置——它们分别被称作“前殿”和“后殿”，均作为神殿

1. 称之为“流造”是形容屋面坡度如同流水般倾泻而下。——译者注

来使用，而不是本殿和拜殿的关系。八幡造形式的确立和佛教建筑中的“双堂”有一定关系，但八幡造作为本殿的形式不具有普遍性。在近世建造数量最多的“权现造”，即把本殿和拜殿用“石之间”连成一体的工字形殿，早在平安时代的北野神社中即可见到，八幡造作为权现造的先驱形式具有重要意义。

此外，还有被称做“祇园造”的特殊形式，即八坂神社本殿的形式，它也是一种把本殿和礼堂纳入一个大屋顶之下的建筑形式。

与佛教寺院建筑中出现礼堂的情况一样，神社建筑中也产生了拜殿及其他相应的建筑空间。拜殿最早出现在哪个神社，什么时侯开始形成的等问题目前尚不清楚，但在供神的神殿空间之外出现容纳礼拜者的拜殿空间的现象与佛寺中出现礼堂具有着同样重大的意义。

下面以贺茂别雷神社为例考察一下神社的总体布局及其时代发展(谷重雄，《加茂、上下社建筑》)。在记录了平安时代宫廷仪式的《贞观仪式》（成书于 871—872 年）中，记载着神社设有中门、社前右殿、左殿、颂台等；在 10 世纪的记录中有轩廊、拴马屋、政所（总务）、马场殿等。在这些记录中的建筑相当于今天在神社所见的连廊、颂词屋、厅屋、马场殿等。11 世纪出现了桥殿(舞殿)、细殿、楼门；在 12 世纪初的记载中开始出现回廊、经藏，至此神社的建筑布局大体上达到了现在所见规模。

在此，对比一下地方衙署营建的神社。在 1030 年(长元三年)《上野国交替实录帐》（平安遗文九年)记载的神社中，除了有本殿、玉垣、鸟居之外，尚有南大门、币殿、向殿、馆屋、舞殿、陪从屋、厨屋等，由此可知平安中期的神社中许多建筑物就已齐备了。

拜殿在现存神社中有纵长形、横长形和正方形等平面形式；但它们究竟在何时产生已很难确定，据推测至少在平安时代中期就已经形成了。

横长形拜殿应用最广，现存代表性实例是镰仓时代初期建造的宇治上神社拜殿。还有一种所谓的“割拜殿”，就是把横长拜殿的中央部分做成通道的形式，这种形式的建筑物可以追溯到平安时代。“割拜殿”的遗构以 1300 年（正安二年）的石上神社摄社和出云健雄神社拜殿（原在内山永久寺内）二处为最古。

纵长形神社拜殿多分布在尾张、三河、备前、长门、土佐等地，其分布有一定的地区性。横长形拜殿有外围不用分隔部件、完全开敞的形式和四面镶有分隔装修部件两种类型，而纵长形拜殿几乎全部是开敞式形式，它们空间围合的不同特点值得注意。至于司祭人员的司座位置是面向本殿横向排列，还是以中轴线为对称中心，左右分列，相对而坐，纵横各不相同，这正是造成两种不

左上：宇佐神宫本殿
左中：下贺茂神社本殿
左下：宇治上神社拜殿
右上：圆成寺春日堂
右下：宇治上神社本殿

同形式拜殿的原因所在。

在京都、滋贺等地有很多正方形的神社拜殿，虽然现在被称为拜殿，其本来应是舞殿，它的木地板比一般的拜殿高，面阔进深皆为三间，四周完全开敞。

在平安时代，除了上述的神社本殿形式之外，还出现了如严岛神社的“两流造”、日吉神社的“日吉造”，歇山式的御上神社本殿形式的确立也可追溯到平安时代末期。这类形式特殊的本殿出现在原来不设本殿的神社中，可以推测这些神社最初为了尊奉神奈备山山神，首先建造了拜殿，后来拜殿逐步演变成为本殿。从这种观点出发，就很容易理解这些本殿平面分主屋和披檐两种空间的理由了（太田博太郎，《歇山式本殿的产生》）。

对于拜殿，应该特别注意对其功能的定位。神社中附属建筑物，例如中门、回廊也和拜殿一样，在节日时供人就座，单从建筑物的名称上不能鉴别其空间的功能作用，这点需要特别注意。因此，如果要搞清楚平安时代神社各类附属建筑出现的原因及其功能作用，就必须在广泛查阅文献的基础上，明确各类附属建筑的具体使用方法，仅以现在神社附属建筑的名称为依据，匆忙地得出结论是错误的。

由于神社中这些不同形式的建筑物在节日时都会供人们使用，所以采用了当时贵族的住宅形式——“寝殿造”加以建造。尽管经过反复的“式年造替”，它们仍然完好无缺地保持着创建初期的样貌，其中有些神社虽然在近世进行了重建，仍常常被误认为是平安时期或镰仓时期建造的。

由于“本地垂迹说”的盛行，如同在寺院中设镇守那样，在神社中开始建造神宫寺，神社的佛教建筑化倾向越来越显著：代替神社“玉垣”产生了回廊，代替悬山式的门或鸟居而设置了门楼，或者是建造了宝塔。如此这般，今天所见的神社总体构成早在平安时代就已形成了。

由此看来，平安时代在神社建筑史上具有划时代的意义。

七、净土教建筑的流行

净土教最初是国家尊奉的佛教，后来逐渐地演变成贵族阶级的宗教。曾经作为国家事业而建造的佛寺，也逐渐如同贵族们的别墅一样被建造起来。在这种情形下，藤原氏族倾其财富与权势建造起了法成寺。

法成寺以金堂为中心，左有五大堂，右有阿弥陀堂（无量寿院），讲堂、药师堂、三昧堂、十斋堂、释迦堂、观音堂、塔、圆堂、真言堂、东北院、总社、经藏、钟楼、戒坛、两法华堂、南楼、宝藏等，形成“华堂高及云天，如见净土”之盛况(见《荣花物语》)。其中安置九体阿弥陀佛的无量寿院达壮丽之极，在《大镜》书中曾有如下描述：“其所建之阿弥陀堂，虽圣德太子的多武峰，不比等大臣的山阶寺，基经殿下之极乐寺，忠平殿下之法性寺，九条殿亲王之楞严院，圣武天皇之东大寺与之相比，唯形体庞大而已，皆不可与无量寿院相撷抗，其他寺院更不足论……南京的众多寺院更不足比拟。”

藤原时代贵族们的信仰从密教转向净土教。贵族们一方面信奉自己往生后会进入净土世界；一方面又在现世今生建造华丽的堂、塔，用五彩的绘画和螺钿装饰本堂，在本堂中供奉金光灿烂的阿弥陀如来佛像，还要将本堂与四周栉比连檐的堂宇一同倒映池中——“那情景简直就是极乐净土在现世世界的呈现”(《大镜》)。贵族们祈望自己虽身处现世的净土幻影中，却能达到佛教极高的“法悦”境界。当时还出现了重视感官愉悦性的倾向：“讲经师仪表翩翩，举手投足风雅得体，使其说经之举倍受尊崇。”(见《枕草子》)

“从今年开始进入末世”的末法思想更加推动了对寺、塔的建造。在法成寺之后先后兴建了平等院、法胜寺、尊胜寺、最胜寺、圆胜寺、成胜寺、延胜寺等。这些寺院中，皆因净土信仰而设置了阿弥陀堂。虽然现今作为安置着九体阿弥陀如来佛像的九体阿弥陀堂只有净琉璃寺的本堂被保存下来，但据文献记载曾有二十余处。现存藤原时代后期的寺院建筑几乎全是阿弥陀堂，其分布北至奥州，南到九州，足以想见净土教建筑当初发展的盛况。

在这些阿弥陀堂中，以法成寺无量寿院和平等院凤凰堂最负盛名，据此也许会误导人们以为藤原道长、藤原赖通(990—1074年)时代，即自10世纪末到11世纪中是阿弥陀堂发展的鼎盛期。文献中对阿弥陀堂的记载以法成寺为最早，其他大多数为12世纪以后建造的(井上光贞，《日本净土教成立史的研究》)。当然，这样的结论也需要考虑是因为这一时期的文献资料特别丰富，从而显出数量众多的势态。然而，以醍醐寺阿弥陀堂为依据可以推断建造年代的17座建筑中，11座建于12世纪，4座建于11世纪末到12世纪初，这说明在院政时代(1086—1182年)阿弥陀堂的建造达到鼎盛。

关于当时造寺造佛的盛况，还可从白河法皇(1053—1129年)一个朝代里频繁的建造活动体会其中一二：在这个时期建造了丈六佛像127尊，半丈六佛像6尊，等身佛像3150尊，三尺以下佛像2930尊；另有5470轴佛画以及建造的21座堂塔（《中右记》）；另外，据《东寺文书》记载，仅法界寺一寺之内就建立了好几座丈六阿弥陀佛堂；京都珍皇寺内，以捐献者名字命名的小阿

上：平等院凤凰堂
左下：法界寺阿弥陀堂
右下：平等院凤凰堂内部

弥陀堂，如1112年(元永3年)的左卫门大夫堂等，竟多达五十余座。在这个时期，京都郊区已经盛行“百塔参诣”的风俗。如此种种，可以想见藤原末期堂塔的建造数量是多么令人震惊。

藤原道长(966—1027年)倾其所有建造起来的无量寿院的庄严瑰丽景象已不复存在，但藤原赖通（990—1074年)将自己在宇治的别墅施舍为寺，于1053年(天喜元年)完工的凤凰堂今日犹存。凤凰堂前开池，歇山式中堂面阔三间，进深二间，四周设副阶，左右各联系二层步廊，转角上起方形宝顶式（攒尖式）楼阁，并向前折，以平缓的悬山式翼楼作为建筑的结束。凤凰堂完全按照曼荼罗中所描绘的极乐净土的佛殿样式而建造，具有极尽变化之妙的人工建筑之美，它和朝日山的翠峦、宇治川的清流相辉映，成为一道优美、典雅的景观。堂内部的柱、梁、斗栱都施以华丽的五色彩绘；平闇与须弥座上涂漆并镶嵌螺钿作为装饰；门扇及墙壁上绘有九品净土壁画；梁柱间的槛墙栱眼上置有五十余躯云中供养菩萨；堂中央安置一丈六尺的金色阿弥陀佛像——凤凰堂集藤原时代的美术精华于一身。

当时的贵族们对平等院凤凰堂的尊崇程度之高可以从鸟羽的胜光明院对它的仿造以及《后拾遗往生传》中“极乐如有疑，往观宇治寺”的谚语中略窥一斑。

精美绝伦的凤凰堂如同完美无缺的中秋明月一般，达到了日本建筑美的巅峰，分寸稍过就会流于纤弱，坠于技巧之玩弄。向左右伸展的翼楼单纯应造型之需，在没有油漆、彩绘和镶嵌螺钿进行装饰之前，未经修饰的真实建筑架构就已经达到了至美的境界。凤凰堂追求的正是新建筑之美，随着时代的发展，追求新建筑之美的运动也就此蓬勃发展。

八、建筑形式的日本化

如前所述，日本最早的伽蓝飞鸟寺与朝鲜清岩里废寺的布局完全相同。公元588年（崇竣元年)建造此寺时，各种工匠从百济来到日本，他们带来了“金堂的原样（设计图）”(《元兴寺缘起》)。飞鸟寺的建设是由这些外来的百济人完成的，或至少是在他们的指导下完成的；所以，飞鸟寺应该是地道的百济式佛寺。在树立塔心柱之日，大臣以下的文武百官皆身着百济服装参加立柱典礼(《扶桑略记》)，这说明当时的国人是以直接模仿百济为最高理想。在飞鸟寺建成约一个世纪以后建造的法隆寺中，从其布局方法及直线形椽木等处皆可发现已具有了日本特色；但是，如何从雄浑庄重、完整紧凑的百济式堂塔布局演变成“日本式”仍有待我们深入研究。

中国大陆建筑的影响贯穿整个奈良朝时期。在奈良末期建立的西大寺中，采用了特征浓厚的中国式装饰；平安朝以后，这种倾向一直持续发展，公元904年(延喜四年)开始供养的仁和寺圆堂院的屋顶上竟铺设了琉璃瓦；同时，中国建筑的影响也波及了神社建筑。然而，即使是在中国大陆建筑影响深远的这一时期，日本一方面有“五品以上及庶人有能力营造瓦舍者，可粉装赤白为饰”的规定(《续日本纪七二四》)，另一方面对日本建筑传统的钟爱依然深切、持久。圣武天皇曾吟咏“丹青如画奈良山，原木房舍风致然，闲来小坐不知倦”(《万叶集》，圣武天皇御歌)。

天智天皇在大津附近建造的崇福寺和公元760年(天平宝字四年)建造的石山寺全都是桧皮屋顶，这也许是地理原因使然；可是，在平城京中兴福寺东院却也有“西桧皮葺堂一座，东瓦葺堂一座，桧皮葺后堂一座”的记载，即使在以中国式装饰而闻名的西大寺中，其四王院建筑也完全是桧皮葺屋顶。另外，公元739年(天平十一年)创建的法隆寺东院中，瓦屋顶梦殿的四周挖地立柱，有桧皮屋顶的中门、回廊和宝藏（贵重品仓库）。法隆寺里作为讲堂使用的传法堂中铺设了木地板，东大寺法华堂室内也是木板铺地。就最近发掘情况来看，平安朝时代的寺院遗迹远较奈良朝时代的寺院遗迹为少，其原因之一就是平安朝时代的寺院屋顶多铺设桧皮，没有旧瓦出土(因此难以确认遗迹的建筑性质)。

寺院殿堂内铺设木地板可以认为是寺院建筑做法中初现的日本化倾向。在平安朝以后，这种倾向开始盛行。平安朝以前加建了礼堂的寺院建筑实例中，往往是金堂保持古老的土地面形式，而在礼堂铺设架高的木地板。礼堂可以让信奉者入内就座，在此采用住宅内铺设木地板的做法是顺理成章的事。

如果在建筑室内铺设架高的木地板，建筑室内地坪的周围必然会出现水平的木质分界面，即出现了出挑的木构平台的檐廊。木构平台取代了以往的建筑台基成为建筑的基底。以往土石结构的建筑台基让人们感觉到那是大地的一部分，而木构平台则完全是建筑的一部分，而且，阴影浓重的出挑木构平台强化了建筑意匠中的水平向伸展。

在以“瓦葺”为代名词[1]的寺院建筑中，日本传统的结构、材料也逐渐开始被采用，这意味着日本化的建筑意匠开始走向全面化。正如关野贞博士所认为的那样，以唐长安为范式建造起的平城京城市规划，对条坊（里坊）的称呼

1. 因寺院也是办丧事的场所，在喜宴等场合以“瓦葺”作为寺院的避讳用语。——译者注

上：净琉璃寺本堂
中：白水阿弥陀堂
下：石山寺本堂
（《石山寺缘起》绘卷）

进行了简明化；前述西大寺的中国式装饰并没有在其他地方被广泛采用——这些都是日本在引进中国建筑技术、艺术之时根据自身需要进行了一定取舍的佐证。此外，日本建筑上为了使檐口起翘而将角柱增高的“生起法”，为了增加建筑的稳定感而将柱子内倾的“侧脚法”，这些做法确实都是对中国建筑的模仿；但是，日本建筑檐口生起和檐柱侧脚的尺寸都比较小，说明在这里对中国建筑样式也存在着有意识的取舍。

在中国现存唐代木构建筑仅有两例的状况下，尽管不可能充分论证哪些是日本独特的建筑意匠，但是可以断言具有雄浑有力且不落入夸张俗套之美的奈良时代的建筑是日本式的建筑。

从建筑技术方面看，在日本建筑的屋架结构分化为承重屋架和露明装饰性屋架两套体系的做法中，也可以看出寺院建筑日本化的端倪。中国建筑的屋架结构大部分是彻上露明造，即在椽子上直接铺屋面材料。这种方法在屋面平缓时颇为合理，一旦屋面坡度陡峻，除了用迭接式的屋面做法以外，在屋面中央部分就必须垫高椽子，其上的苫背亦将很厚，荷重增加，对结构非常不利。为了解决这种问题，日本出现了在屋面下分别设置草架椽子和露明椽子两套屋架结构的想法。这种结构方法，我认为是在进入平安朝时开始产生的，并使后世利用草架椽子和露明椽子之间的空间插入“桔木”（秤杆木）的做法成为可能，从而可以完全摆脱露明椽子的限制而自由地决定屋面坡度；同时，由于“桔木”承受了屋顶的荷重，可以不受屋面承重的制约去增加飞子的长度——这些都是在结构技术上的巨大进步。从建筑艺术方面看，日本建筑艺术上特有的优雅之美正日益浓厚，最终促成了藤原时代的代表作——凤凰堂的诞生。

我认为把奈良时代建筑形式向平安时代建筑形式演变的历史现象直接断定为是中国大陆建筑形式日本化的看法是不妥当的；将奈良建筑形式中的一些细部手法和唐代建筑进行比较，发现了相同之点就立即断定为是对唐代建筑的模仿，也是很肤浅的认识。日本奈良时代的建筑形式是由中国大陆建筑体系衍生而来——这是毋庸置疑的结论；但是，对奈良时代的建筑整体状况我们还需要更进一步的深入考察。

九、造寺司和木工寮

由于建造佛寺通常是日本的国家大事，因而常常在建造官寺时要设立官方管理机构——“造寺司”，在这里以当时最具代表性的“造东大寺司”为例加以介绍。造东大寺司里四等官的人数和级别如下：

长官　1人　　四品

次官　1人　　五品

判官　2—3人　五品—六品

主典　4人　　六品—七品

当时的四品官相当于中央机构的部长级别，据此可知“造东大寺司”是按照中央机构的“部”的级别来设置的。长官之下设有办事官“史生”（10人）、技术官大工（1人）、“长上”（2人）。造东大寺司由分门别类的制作“所”组成，如造佛所、（金属）铸造所、木工所、造瓦所、造香山药师所、造上山寺菩萨所、造石山寺所、甲贺山作所、田上山作所、高岛山作所等。每个所分别由各自的“别当”2人率领，其下再由将领、杂工、壮丁、雇工等充当劳役。

技术人员被称为“工”，主要工种如下：

木工（即今木匠、“指物师”）

铁工（锻冶）

土工（泥水匠）

铸工（炉匠）

葺工（有葺瓦工和葺桧皮工）

佛工

石工

画工

瓦工（分脱坯工和烧瓦工）

漆工

据记载，各类工匠合计约四十余种。在这些工匠中有专属造东大寺司的“司工”和雇佣而来的“雇工”，其中司工又分“长上工”和“番上工”两种。全工一日给米2升，半工给米8合（除去伙食费），除盐以外，提供冬夏服装，逢年过节还支付临时工资和赠品。

“人夫”是指没有专门技术，只能从事简单体力劳动的人，他们分成两类：一类是依据律令制服役的“丁夫”；另一类是用赁银招雇来的雇工。雇工每天能领取2升米之外，对有特别技能者或贡献者另外支付工钱和赠品，一般工钱是10文到60文，根据工种不同略有区别，详细如下：

土工：10文、13文、14文、15文、16文等几级

烧瓦工：12文、15文

木工：10文、17文

铸工（炉工）：50 文

铺瓦工：10 文

造佛工：60 文

石工：10 文、40 文

画工：35 文

脱坯及烧制瓦工：10 文

可见，根据技术工种的难易程度和技能水平的高低工钱略有上下。纯粹出卖劳动力的人夫当然比技术工种的工钱更低，只有 11 文到 16 文，女工每日只有 7 文（与此工钱比价相当的天平宝字年间的米价，虽然每年皆有差异，平均起来 1 升约合 6 文，但当时的 1 升约合今天的 4 合多）。

除此之外，尚有自愿到佛寺充当劳动力的奉献者和把过世长辈遗留下来的奴婢捐献给佛寺做劳力的现象。

福山敏男博士对营建石山寺时的各种劳动力的比例进行了计算（详见《奈良时代石山寺的营造》一文）。各类工种在总劳力人次所占的比例如下（不足 1% 者从略）：

雇佣人夫　　46%

劳役壮丁　　12%

雇佣木工　　11%

造寺司属木工　　9%

领班　　9%

文书记录职员　　2%

雇佣葺桧皮工　　2%

别当　　1%

木工长上　　1%

铁工　　1%

僧工　　1%

以上各种劳动力的比例并不能马上套用在东大寺伽蓝营造的工程上，但却可以成为推算一般营造工程劳动力使用比例的基础。由此看来，奈良时代的营造活动不能说是奴隶劳动的产物。当然，劳役壮丁及雇工、雇夫也不能算作是领取工资的自由劳力，其中有一些属于强迫征用的劳力，与今天的自由劳动力不可相提并论。

现代建筑工程中的主要支出费用是材料费（木材、石材、金属材料等），而在那个时代，建筑材料多由“山作所”在山内自由采伐或是由大施主施舍；因此，主要支出是建筑材料的搬运费和加工费，即前述的工米和工钱。支付这些支出的财源绝大部分来自封户，其次来自布施。这些财物可以直接作为工钱支付，也可以变卖成银两后作为支付的工钱。

上述造寺司是在有建设工程时临时组建的官衙，另有一种常设性质的营造官衙，即宫内省里“掌管营构木作及采伐之职”的木工寮(《令义解》)。掌管建筑装饰及内部家具摆设的部门有公元728年(神龟五年)设于中务省的内匠寮。如果新建宫城，会特设“造宫部”（职位）管理具体工程事务。在公元768年（神护景云二年)的文献记录里有对修理长官和次官的任命记载,考虑到正式设置“修理职”是在公元818年（弘仁九年），前述的记录应该指的是“修理职”的先行官衙修理司。此外，建筑方面的官衙还有土工司、冶炼司、画工司、漆部司、典铸司等，这些部门到了平安朝初期，都被合并到木工寮和内匠寮中。

以上官衙里技术人员的种类和待遇几乎与造寺司一样，依据其属下的工人职种也可以反过来了解其部门的管理内容。下面例举一下《延喜式》所记载的技术人员的种类和数量。

木工寮：大工1，少工1，长上13(木工、土工、瓦工、辘轳工、桧皮工、冶炼工、石灰工)，工部职员50，飞騨木工（从飞騨地方上贡来的木工）37。

修理职：长上10，工部职员60，飞騨木工（从飞騨地方上贡来的木工）63。

内匠寮：长上20(木工、画工、细工、辘轳工、金银工、玉石带工、铜铁工、铸工、造丹工、造屏风工、漆工、埝工)，番上工100。

(在《延喜式》记载的修理职内未见大工、少工之名，但其后，修理大工、少工之名散见各处)

随着中央律令制的衰落，政府已经没有能力直接管辖寺院营造工程，因此营造工程的责任被分派给各国（即地方）的“国守”，并分为“所课国”和“造国”两种执行方式。“所课国”指几个国（地方）合作完成一项建筑工程项目的建设机构，而“造国”则是由一国（地方）单独承担一座或者多座建筑的建造工程。公元938年(天庆元年)修理宫城城墙时，仅以修理职之力已无法承担全部工程，于是出现了九国（地方）共同担当工程的所课国实例。公元973年(天延元年)药师寺被焚后，各个建筑单体的重建工程被分别指派给十国（地方）单独承建，这是历史上最初的造国实例。以上两种方式会根据建筑项目的具体内容分别应用；但是，随着庄园制的发展，国家的收入日趋减少，建设工程由一国（地方）负责的造国方式日渐增多。

造国完成工程建设以后会论功行赏，行赏的方式分为提供爵位和提供官职两种。之后，加官进爵逐渐成为了代行营造的前提条件，即国家通过卖官、鬻爵的方式来营建大型建筑工程。寺院的建造基本上都是以这种方式完成的。

以这样的营建方式进行寺院建造时，建造各栋殿堂的技术者由各个相关国有司来指名决定。由于国司里没有高级技术人员，因此设计者和监工者仍然要从木工寮和修理职里迎请大工和少工。木工寮和修理职作为提供高级技术人员的供应部门，其存在价值得以确立，不仅有大工、少工，后来又出现了权大工和权少工的职称。

奈良时代的大工（大木匠）担当大规模建设工程的总指挥，如造东大寺司的大工益田绳手就是东大寺建筑工程从设计到施工所有方面的总指挥，工程的一切都在益田的指导下进行；但是，到了 11 世纪，大工变成了所承建建筑单体的技术负责人，如建造法成寺供养（1022 年，治安二年）金堂的大工常道茂安和建造了五大堂的大工伊香丰高，他们不再是统率该寺院所有建筑工程设计和施工的总工程师，大工的职权范围缩小了。也就是说从奈良时代到 11 世纪，虽然大工的称谓没有变，但是其职能范围发生了很大的变化。

造寺司被废除后，寺院内设置了造寺所。造寺所有专属的工匠，他们分为“大工”“长”“连”等三个阶层。“大工”和“长”会被给予田地（例如1136 年，保延二年，观世音寺实例）。由于目前没有发现关于“连”在这方面的资料，因此其身份和地位尚不清楚。如果以醍醐寺为例来看，1162 年（应保二年）和 1179 年（治承三年）营建座主拜堂时，曾给木工 9 人支付了俸禄，9 人中有 1 人是大工，其余人员里应该包括“长”和“连”在内，看来“连”和寺之间可能有某种身份上的从属关系。

工匠的人数以东大寺1056年（天喜四年）为例，有大工 2 人（1 人可能是权（副）大工），“长”4 人，“连”19 人以上。这些人数是依据总工日除以总施工人次得出的推测数字，如果工匠们分班轮换工作则人数要比现在的数字更大。某项工期日数最多为 22 天，此时“连”的人数是 13 人。按总工期和总工次计算出的“连”人数更多，所以是按照一天工期计算的。据此推测“连”的人数为 12—13 人颇为妥当（这一年各种工种的总工期是 94 日，不过一年的 1/4。“连”的总工作人次为 1063，如推测“连”为 13 人，则一年中每人平均总工作量为 81 日）。

有寺院专属工匠的地方，特别是在奈良地区，保持着浓厚的日本传统技术和作风，与京都的新风完全不同。如果像建造奈良兴福寺时那样，建设费用是来自朝廷贵族们的捐赠，那么就会从京都派来官方建筑家承担全部的营造工作；

因此也不能说奈良的工匠完全在京都新风的影响之外。与奈良时代所有技术人员完全归政府统一管辖的情况不同，11 世纪以后相对于京都，奈良一直维持着本地的建筑势力范围。

十、寝殿造的完成

日本原始住宅有穿鞋入内的土石地面和脱鞋入内的木地板地面两种不同体系。奈良时代的庶民住宅属于土石地面体系，这一点可以从《万叶集》的贫穷问答歌中“素土之上仅垫以稻草”的词句得以验证，而且目前已知在奈良时代曾有用瓦砌筑炉灶的竖穴住宅存在。与庶民住宅相对，奈良时代的贵族住宅是木板铺地，这一点从法隆寺传法堂的前身，即被认为是橘夫人住宅的建筑中得到证实。综上所述，奈良时代的庶民住宅和贵族住宅可以总结为前者源于竖穴住宅体系，后者源于架高室内地坪并铺设木地板的干栏式住宅体系；二者的屋架结构分别为合掌式和束柱（童柱）式。

日本住宅的以上两种体系传统一直延续到近世（明治维新之前）。庶民住宅一直保持传统的土地面形式；贵族住宅则一直持续着铺设木地板的干栏式住宅体系，如在京都御所中看到的那样。

平城京住宅宅基用地的大小可以根据公元 735 年（天平七年）制定的“难波京内三品以上官位的人用地一町以下，五品以上半町以下，六品以下皆在四分之一町以下”的规定推算出来。根据《正仓院文书》记载，平城京内的宅基以一町（方 40 丈）的十六分之一（5 丈 ×20 丈）为标准，下层官吏的宅基标准用地则更小，为上层官吏标准用地的二分之一，甚至是四分之一。

下面，我对建在这种宅基地上的屋舍举例加以说明。位于左京七条一坊、官职为外从五品下的某宅，其主屋是桧皮葺屋顶，室内地面为木地板，主屋周围有 4 座木板屋顶的配房、1 座草葺屋顶的厨房、3 座木板屋顶的仓库（《大日本古文书编年六》）。在这个实例里，记载了铺设木地板的仅主屋 1 座，对周围建筑没有类似记载，说明其他房屋可能全部是土石地面。在这个实例里知道比较详细的是建筑数量，另对建筑结构也有记载的实例。如公元 743 年（天平十五年）建在紫香乐京的藤原丰成的板殿，藤原后来出任右大臣。这栋住宅的主屋面阔五间、进深三间。目前，这栋主屋被复原成主屋身前后另外附加三间全面开敞的披屋，这个复原得到了广泛的认可；但是，这个复原方案忽略了日本建筑的主屋梁桁必为两间的要点，因此我认为有必要对之重新考量。

披屋（庇）的做法后来逐渐发展成在主屋的三面或四面加设，进而出现了披上加披的形式（孙庇），使得主屋的平面也随之变得庞大起来。披屋的演化

法隆寺传法堂前身建筑物复原模型（浅野清复原）

过程可以从当时住宅三间一面披、三间二面披、三间三面披、三间四面披、三间四面回通式披等实例中得到确认。住宅规模是以主屋面阔间数和其周围披数来确定的。紫宸殿的披屋四角是缺角的，没有联成一体，故建筑平面是十字形，这也是披屋发展过程中的一个阶段。如果在其四周吊以防雨板门（蔀户）的话，寝殿造的基本形式就大体确立了。如果在京城之内，这类住宅的建筑物布局会逐渐紧凑，主屋被称为“寝殿”，配房被称为“对屋”，如此，贵族的住宅形式就逐渐完善起来了。

贵族住宅（即所谓“寝殿造”住宅）的宅基地大小如《中右记》中所记载的“如法一町家”，即“方一町”是其标准的尺度。南向的正殿为寝殿，其东、西、北有对屋。寝殿前方院子内凿池，池内设中岛，并架桥梁。自东西对屋向前方水池延伸长廊，临池建“钓殿”，在此廊的大致中央处设门，称“中门”。以上是主人家族的居住用房，此外尚有家丁、奴婢居住的杂屋。

寝殿一般是主屋三～五间，四面加披；桧皮屋面；高架室内地面并铺设木地板；披之外绕以竹排挑台，并设栏杆；南向设踏步；除东西向设门之外，另加吊窗（蔀），其内悬竹帘，挂帷幕。寝殿内部除了设抹泥墙壁的叫做“涂笼”的小室之外，少有固定性的分隔墙或隔断，一般使用屏风做分隔，如活动屏风以及帷幕挂帐等；室内木地板上铺设榻榻米垫或者圆垫以为坐席，这类室内用具或者家具被称为“铺设”。

东西对屋中也用和寝殿相同的“铺设”。寝殿的正脊东西走向，平面也是东西向长。与之相反，东西对屋的正脊是南北向，悬山式屋项，平面南北向较长。主屋四周绕以披屋，前面是通廊，完全开敞。对屋内的地板高度较殿内低一级，室内用方柱，在屋顶山花面加续披屋——这一部分被称为“广披”，又称“唐披”。

随着藤原氏势力的不断扩大而逐渐发展起来的贵族住宅，以藤原道长的土御门殿、藤原赖通的高阳院为标志达到了顶峰。自此之后终于打破了左右对称的格局，出现了被称为“对代”（连廊）、“小寝殿”的配房。这种现象一方面反映出对住宅实用性的重视，另一方面也反映了从左右均等、对称的中国式布局向日本自由式布局的建筑设计思想的转变。在平安时代后半期，出现了变化丰富、多种多样的寝殿造住宅；但是，贵族势力的衰退和屡次袭击京都的大火终于导致了贵族府第全盛时期的终结。

日本古代（7—12 世纪）已出现完善的寝殿造住宅，但没有任何住宅古迹遗留至今，我们只能在画卷、京都御所，或具有住宅风格的神社、佛寺建筑中推测、想象它最初的面貌。

如前所述，神社中祭祀用的各种建筑物在平安时代即已形成，它们采用当时贵族住宅的流行形式，这些神社留传至今，我们可以从中大体推知寝殿造最初的建筑形式。法隆寺圣灵院虽然是 1284 年（弘安七年）重建的，但它是依据旧有东室改建而成，而且大体上仍保持着改建当初的面貌。东室是 1121 年（保安二年）建造的，其平面与寝殿造对屋极其相似，如果把屋顶铺瓦换成桧皮的话，就完全是对屋的样子了。

1227 年（安贞元年），平安京内天皇的居所大内里（宫殿）遭遇大火后没有再恢复，如同以往的惯例，天皇常常把某个贵族住宅作为临时宫殿即“内里”使用。南北朝时（1336—1392 年），东洞院土御门邸也变成了“内里”，之后，历代天皇就常住于此了，直至明治前再没有迁移过。

东洞院土御门邸原本仅是方一町的小型贵族府第，天皇借用此处为皇居后，在织田信长、丰臣秀吉、德川家康连续不断地增建下，其规模逐渐扩大。随着时间的推移和历史的发展，这里的皇居不再是平安时代的建筑原貌了。在 1790 年（宽政二年）改建时，光格天皇（1779—1816 年）立志复古，恰好此时里松光世完成了《大内里图考证》一书。这本书可以称作是日本建筑史上具有划时代意义的研究成果，幕府根据这本书的考证复原重建了皇居；但其规模到底不能

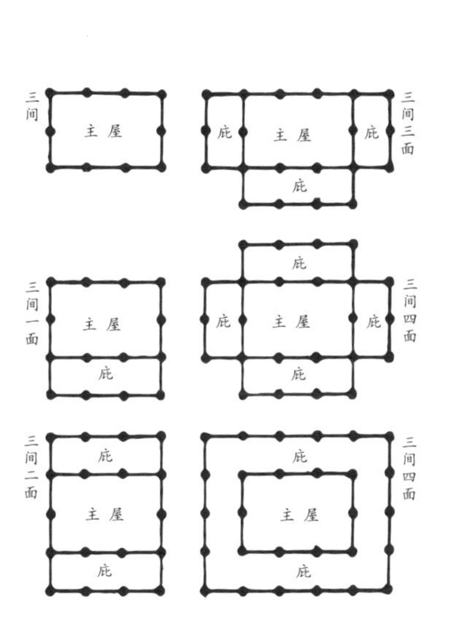

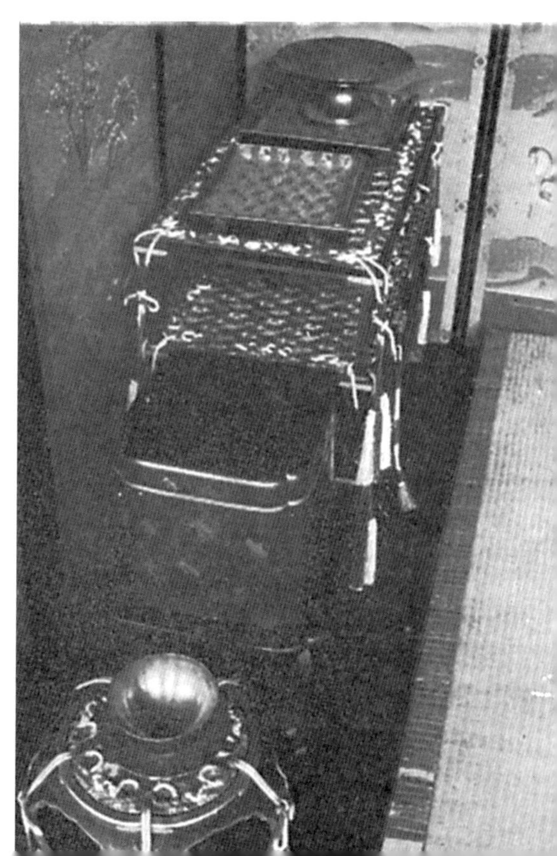

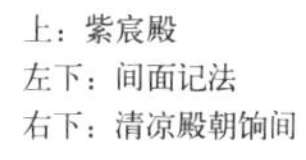
上：紫宸殿
左下：间面记法
右下：清凉殿朝饷间

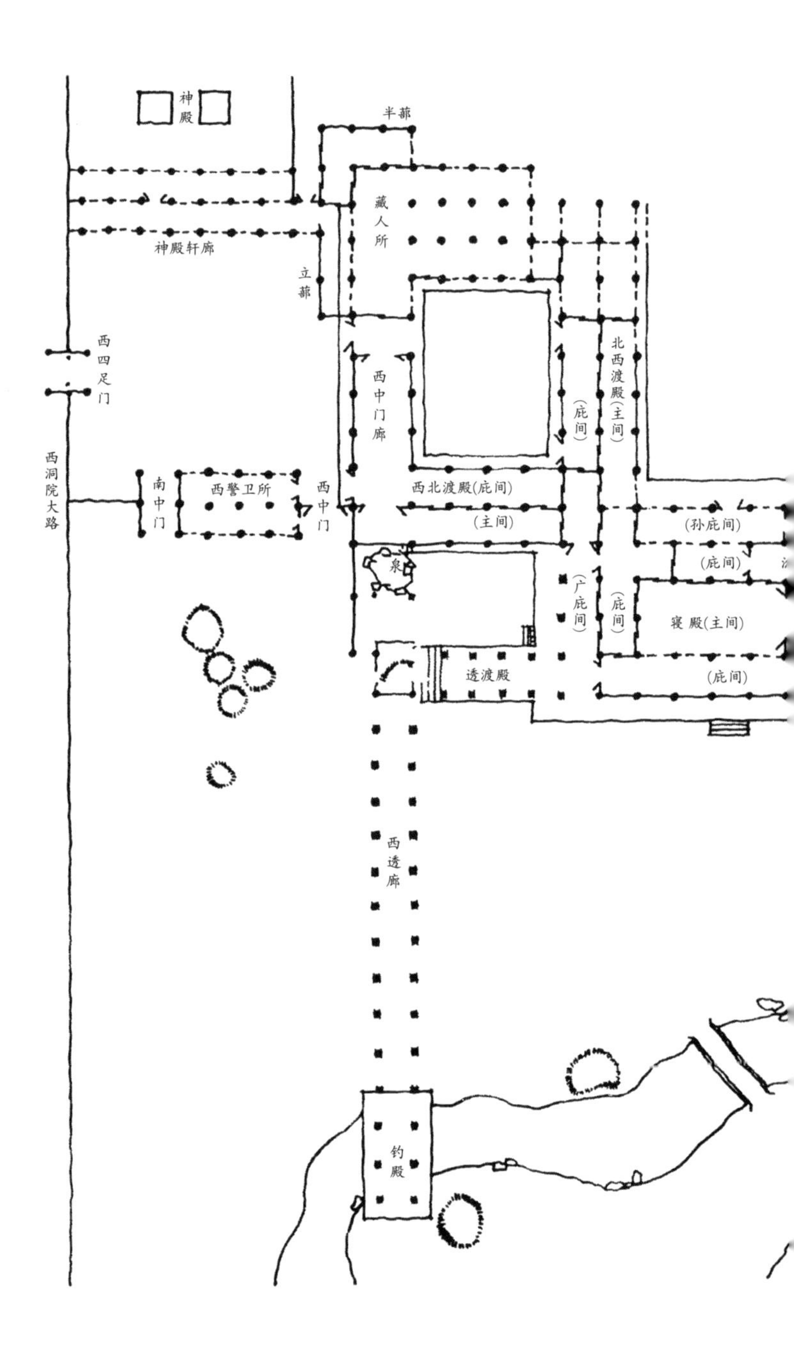
神殿
半蔀
藏人所
神殿轩廊
立蔀
西四足门
西中门廊
北西渡殿(主间)
(庇间)
西洞院大路
南中门
西警卫所
西中门
西北渡殿(庇间)
(主间)
(孙庇间)
泉
(广庇间)
(庇间)
(庇间)
寝殿(主间)
透渡殿
(庇间)
西透廊
钓殿

东三条殿（太田静六复原）

译者注：

① 立蔀：木格子板门，可吊挂。

② 半蔀：上半部可吊挂，下半部固定的板门。

③ 藏人所："藏人"为官名，令外官。藏人所即管理家财与重要文书之处。

④ 主间：日语"モヤ moya"，字"母屋"，主空间之意，与"庇""孙庇"相对的名称，也叫做"身舍"。

⑤ 透渡殿：为寝殿造住宅中的特有名词，指连接寝殿和"对屋"的开敞过廊。

⑥ 庇间（ヒサシ）："庇"在寝殿造住宅里指与主间相对的围绕在主间外围的空间。其四周用门板等围护，其外另设有"缘侧"，与一般意义上的"披"有所不同。

⑦ 涂笼：卧室，寝殿里封闭的用于睡觉的小空间，因墙壁涂泥而得名。

⑧ 台盘所：厨房。

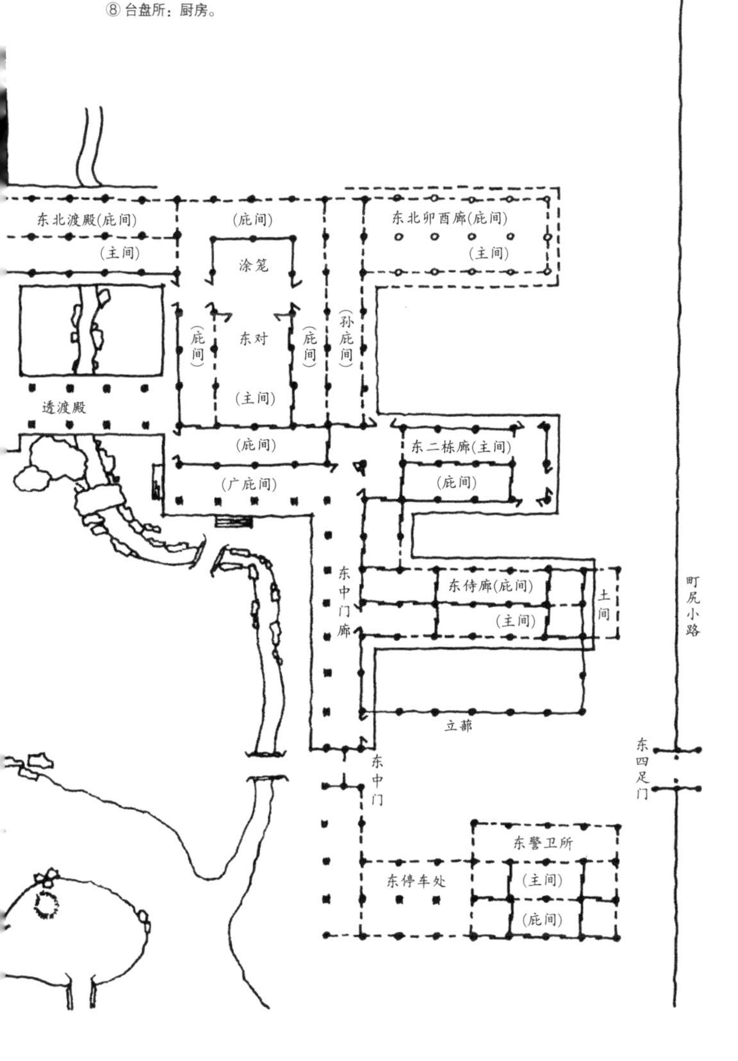

《年中行事》绘卷中所描绘的寝殿造

和平安时代的旧貌相比，只是紫宸殿、清凉殿建筑群的平面形式恢复了平安古制。现在所见的京都御所，是 1855 年（安政二年）依据旧规复原重建的，立面上留有许多江户时代的印记，但平面布局还是依据平安时代的“内里”（宫殿）古制；因此，从这里我们可以想象出平安“内里”及其寝殿的昔日风貌。

另外，我们必须重视古代（7—12 世纪）住宅给予建筑界重大影响的另一个重要方面是佛教建筑的住宅化。佛寺和住宅的接近首先是因为在住宅中营建佛堂和在佛寺中营建住宅的行为，之后，舍宅为寺的例子日益增多。住宅建筑的发展没有因此被“佛教化”，反而是佛寺建筑不断地接受着住宅的影响，而且影响颇为显著，如木材不修饰、不施彩即加以利用，有桧皮屋面和防雨板窗的清秀简洁的佛堂建筑也逐渐增多。此类清新典雅的建筑多见于小型阿弥陀堂，它们对以后的建筑界影响深远。

第二篇　中世

十一、大佛样与重源

日本建筑史上的中世是从平安朝（1180，治承四年）开始，以平氏政权的武将平重衡火烧南都（奈良）的东大寺、兴福寺后两座寺院进行复原重建为时代结束的标志。东大寺的复原重建采用了崭新的宋朝建筑式样，日本建筑界再次出现积极接受中国建筑影响的热潮。日本建筑史上把东大寺重建所采用的式样称为“大佛样”（亦称“天竺样”）；之后传入日本的禅宗建筑形式被称为“禅宗样”（亦称“唐样”）；中世之前平安时代的建筑形式被称为“和样”。

那么，大佛样这种新建筑形式兴起的原因是什么呢？藤原时代亦即平安时代末期建筑的主流顺应当时的时代精神不断向典雅的风格发展；不可否认，这种发展最终使建筑趋向于过度的纤弱——日益增加的装饰要素渐渐地脱离了建筑美的本质，走上了工艺色彩日渐强化的道路。对这样的发展情形，只要看一看中尊寺金色堂(1124，天治元年)便一目了然。于是，作为对工艺化建筑潮流的反思和对抗，自然而然地出现了要求回归建筑性、结构性的美学思潮。在如此的思想基础和时代背景下，大佛样应运而生。

当时的日本已经很长时间中断了向中国委派遣唐使；但是，去中国巡礼进香的入宋僧侣却一直有增无减，他们带回来的文物、典章深受国人的尊崇。随着崇尚中土之风的愈演愈烈，引进宋代文化的规模也越来越大，最终酝酿成熟了引进宋朝建筑形式的时机。

可以想见急欲重建的东大寺伽蓝在工程技术及经济上所面临的绝无仅有的重大困难。这是举世无双的大事业，因此，必须要有堪当重任的指挥者，最后被选用的人是净土宗僧人——重源(1121—1206)。

根据九条兼实的日记《玉叶》可知，重源曾三次跨海入宋，对宋土的风俗民情有着深入的了解，而且，他还不乏在宋参与建筑活动的经历。当时，置众多的名僧于不顾而选择了一介无名僧人重源来担任“大劝进”之职，恐怕就是充分考虑到克服建造大佛殿的技术困难非他莫属的缘故吧。时代造英雄啊。

被任命为“大劝进”之职的重源首先必须克服经济上的困难。世道已不是从前的平安时代，连续遭受大火、飓风灾害的日本哀鸿遍野，瘟疾肆虐；京都路边横尸无数；村镇内腐臭熏天；目不暇接的怪事层出不穷；佛陀、菩萨早已失去了往日的神圣——这是一个“砍碎木佛当柴烧”的时代。在这种极端困苦的状况下，重源为寻求赞助，栉风沐雨走遍洛中、洛外，但结果差强人意。幸亏当其时取得天下的源氏政权源赖朝(1147—1199)的鼎力相助——将周防国(今山口县东南部地区）赏赐给重源，并委任其管理，以周防国的税收供东大寺重建之用。东大寺的重建迎来了一线希望。

重源身先士卒，率领木工涉入深山老林，找寻理想的木料，并对木料的搬运采用了新方法；更在工程中对木工们的工作逐一指点……终于，日本建筑史中的历史性壮举——新形式的大佛殿——大佛样的建造工程顺利完成了。[1]

今天，当我们站在东大寺南大门前抬头仰望，南大门的雄伟风姿传达着大劝进重源重建东大寺时坚韧不拔的精神和睿智的创造力。

大佛样最有特色之处是其建筑结构之美。平安时代的建筑过分追求纤巧秀丽，逐渐失去建筑应有的豪放雄浑之态，横空出世的大佛样以建筑结构原理为起点，再次创造了以建筑结构为依据的建筑之美。

大佛样一反以往的大斗、栱木、散斗逐一叠置的斗栱做法，大量使用了插栱——向前出挑的斗栱不设横向的出挑，仅以横穿于空中的素枋左右相连；为了加强斗栱间的支承力，在补间位置上设置飞昂；废除了飞檐，以恢复一层檐椽的旧制，并于檐端钉封檐板；檐下及室内不设天花板，内部结构为彻上露明造——由巨大月梁组成的梁架完全、彻底地暴露在外。这种刚健有力的结构美正是其创始者重源创造热情的象征。

大佛样除了东大寺之外，在重源所建立的醍醐寺，以及伊贺、纪伊、周防、备中、播磨、摄津等地的分院中也得以应用（其中仅播磨净土寺净土堂尚存）；但是，在重源去世后不久，大佛样这一建筑形式便很快销声匿迹了。某些做法被吸取到了和样建筑中，只有大和及濑户内海沿岸地方的一些建筑中还可看到一鳞半爪的影响。

大佛样迅速消失的原因源于大佛样自身：其简洁朴素、刚健有力的形式回归到了建筑本质之美，这正是大佛样新颖动人的魅力所在；但是，大佛样绝不是一种精巧、稳健的建筑形式，其过分豪放的手法对于偏爱稳健之美的日本国民性来说是不适合的，而且，革新过急的东西往往会带有许多缺陷。大佛样作为时代的先驱者而存在，它为建筑界的觉醒敲响警钟之后，其历史使命也告终，之后，大佛样被更新后的和样建筑所取代也是历史发展的必然。

重建的兴福寺使用了和样，而与之同一时期重建且具有同样传统的东大寺却创造了大佛样，究其原因是重源本人的存在以及新兴源氏势力——而不是朝廷和藤原氏——的全力庇护和资助，才使得大佛样的实施成为可能。

---

1. 该工程中的大木匠为中国匠人陈和卿。——译者注

上、右下：净土寺净土堂
左下：东大寺南大门

东大寺南大门

然而，源赖朝复兴神社和佛寺的运动并没有提出新时代的新方向，不过是建立在对古代旧势力妥协的基础上有所发展；正因如此，大佛样终于没有像禅宗样那样获得广泛的传播。大佛样在具有悠久历史传统的南都，由重建奈良时代的东大寺而兴起的事实是历史的造化使然。

建造大佛样建筑的工匠们曾长期接受和样建筑的熏陶，是具有严谨、保守的传统思想的奈良工匠；因此，将大佛样极盛期的经典作品——东大寺南大门与净土寺净土堂相比较，就会发现南大门在斗栱形式、梁架的构造方法上均有和样建筑元素的存在。这说明大佛样在创建之初就已蕴藏着被和样融合的倾向了，所以 1206 年（建永元年）其创始者重源逝后，大佛样不可避免地迅速走向被和样建筑取代的穷途末路。

十二、禅宗样的传入

在大佛样的全盛期，日本引进最新式宋代建筑式样的时机已经酝酿成熟——“禅宗样”伴随着禅宗传入日本。

将禅宗传入日本的荣西 (1141—1215) 在幕府政权的援助下于 1202 年（建仁二年）在京都建立建仁寺。由于当时日本宗教领袖对禅宗的激烈排斥，建仁寺不得不以天台宗分院的名义加以建设；因此，该寺是否真是宋式建筑式样曾有许多质疑。根据日本南北朝时代（1336—1392）保存下来的伽蓝总体布局图来看，建仁寺的三门、佛殿、法堂、方丈均沿中轴线排列，周围绕以回廊，与此相连、左右分列鼓楼、钟楼、土地堂、祖师堂，东南有浴室，西侧有禅堂、众寮，东侧配厨房，是显而易见的宋代禅宗式样。在荣西 1210 年（承元四年）建造的东大寺钟楼的斗栱上也能找到禅宗样式的特点，就此可以断定建仁寺或多或少地引进了新式样。

无独有偶，曾于 1219 年（承久元年）入宋的俊芿和尚建造了律寺之一的泉涌寺。这座寺院也具有鲜明的禅宗式布局，根据留传下来的古图可知，此寺院的建筑物上有许多禅宗样特点，但也有不用补间铺作之处或在直棂窗上混用的和样手法：可见泉涌寺并不是纯粹的禅宗样。

在继荣西之后传扬禅宗的高僧中不能不提及道元 (1200—1253)。为求道而舍生忘死的道元对新式建筑究竟有多少的关心尚存疑问，就连他创建的永平寺也在远离京都的越前地区。从其后曹洞禅宗的发展状况来看，即使道元当初在寺中引进了宋式建筑，也不可能对首都的建筑界产生太大的影响。

东福寺是依据藤原道家嘉祯二年（1236）的发愿建造，落成于 1273 年（文永十年）。从藤原道家 1260 年（建长二年）撰写的《总处分》可知，这座寺院建筑掺杂着一些密教的影响；但中心部分仍然是禅宗式布局，而对于其建筑单体是否全部为禅宗样式的问题尚有许多疑问待查。从日本南北朝时重建的东福寺的三门上可以看到有插栱，不设扇形斜椽，其形式可谓是大佛样中混入了禅宗样。一般情形下，寺院重建时，都会希望保持当初的式样，而此门重建时，又恰逢禅宗样的最盛期；因此推论如果其原本是禅宗样，重建时还会维持旧貌，由于此寺以大佛样为主，说明它当初本是大佛样，重建时才掺杂进了一些禅宗样。东福寺又被称作"今大佛"[1]，它是继东大寺之后的日本第二大伽蓝，建筑规模十分宏大。对于东福寺克服种种技术困难，模仿耸立在南都的东大寺大佛殿而建的说法是确实可信的，特别是在此寺三门补间铺作上三层素枋、三层令栱的手法，在东大寺元禄年间（1688—1704）重建的大佛殿上也可看到，它暗示着这两座寺院建筑形式间的渊源关系。两座寺院的关联还可以从东福寺开山祖师圆尔弁圆曾做过东大寺大劝进之职的史实中得以了解。至今新发掘的史料确认了建造东福寺的木匠都是重建东大寺时的木匠物部氏的子孙们，从而证明以上的推断正确无误（仲村研，《东福寺木工关系新史料》）。

接下去建造的寺院是 1253 年（建长五年）开始供养的建长寺，它完全摆脱了旧佛教的束缚。该寺的开山祖师是中国宋朝的大和尚兰溪道隆（1213—1278），因此在引进宋式建筑上必然会更进一步。根据留传下来的古图，建长寺的伽蓝布局是典型的禅宗式样。

1282 年（弘安五年）圆觉寺竣工，寿福寺也规模初具，另有一些建设活动是针对南禅寺、万寿寺、净智寺、净妙寺等寺院的创建或者改宗：总之，禅宗寺院建筑普遍地发展起来了。13 世纪末，宋代禅宗样建筑的引进过程告终。遗憾的是，今天能确凿地证明建于 13 世纪的建筑物无一幸存；所以，我们不可能从现存建筑遗物的角度来论述和考证镰仓时代的禅宗建筑。

据复原结果来看，禅宗寺院的伽蓝布局左右对称，井然有序：中轴线上布置总门、三门、佛殿、法堂等；其后部是方丈；起于三门的回廊接于佛殿上，右侧是僧室、东司（即厕所），左侧是库院（即厨房）、浴室；回廊之外，各屋宇之间皆连以游廊。塔在禅宗教义上已属非必备之物；尽管如此，在五山诸寺中仍多建塔刹，如南禅寺多宝塔、相国寺七重塔、天龙寺三重塔、东福寺五

---

1. 相对于东大寺大佛的称谓。——译者注

上：东大寺钟楼
中：东福寺三门
左下：建仁寺平面图
右下：建长寺平面图

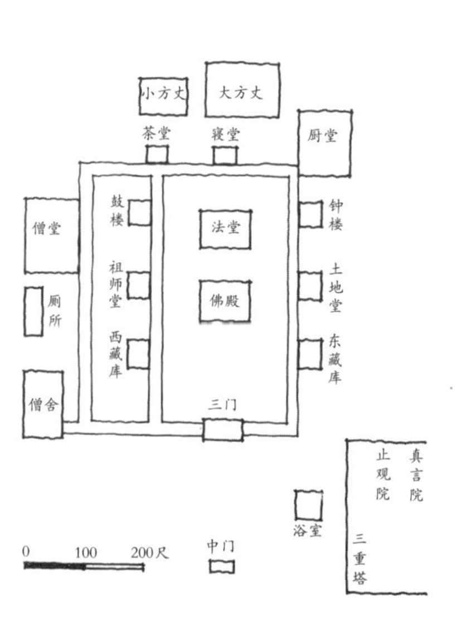

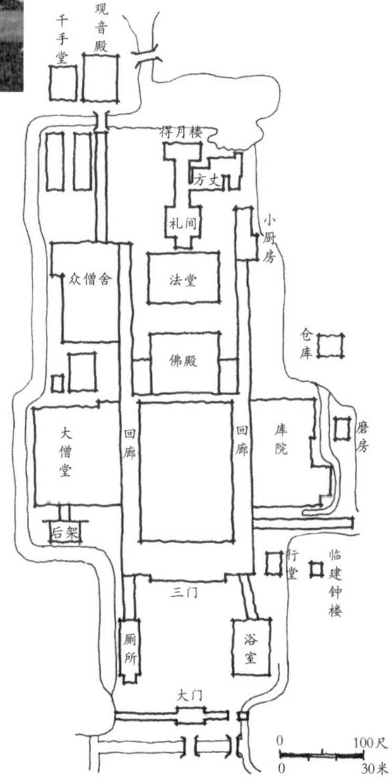

重塔、建仁寺三重塔、建长寺五重塔、圆觉寺三重塔。所有的塔都坐落在远离中心的位置。作为伽蓝布局的特征来说，没有什么值得特别论证之处。

镰仓末期至室町初期的禅宗建筑散布于日本各地，至今均有遗存，其中当以日本南北朝时期建立的圆觉寺舍利殿(原为镰仓尼五山太平寺佛殿)最为典型。

该时期的屋面已不再具有平安时代的平缓坡度，而是需要抬头仰视的那种极度陡峭的势态。越是要强调建筑本身的存在感，越要将屋顶坡度加大，从而营造出屹然耸立的外观。平面中各柱间尺度的大小自明间开始向两侧递减三成，造就了更加紧凑、张力十足的立面。梁柱构架支承着沉甸甸的大屋顶，平衡而稳健，没有丝毫纰漏。在梁柱之上支承着屋顶的是禅宗样斗栱。和样斗栱是在一个大斗上放一根栱木，具有着开朗、舒展之美；禅宗样的斗栱不仅用于柱头，还用于柱间的补间铺作，其层叠有序的斗栱布置交相呼应，表现出斗栱整体的力度和量块组合之美，这种美开辟了结构设计的新境界。建筑内部构架应用了斜置月梁，上昂挑斡，配以大月梁、大童柱。新式结构法以对结构构件的巧妙处理造就了新的结构美，和大佛祥的粗犷风格相比，禅宗样的确是精巧而又严整。禅宗样建筑不仅具有简洁朴素、刚健有力的表现形式，而且具有更加先进的结构构造方式；它反映了时代精神；它以禅宗为坚强后盾，发展成为新建筑运动中的一颗璀璨明星。

圆觉寺舍利殿

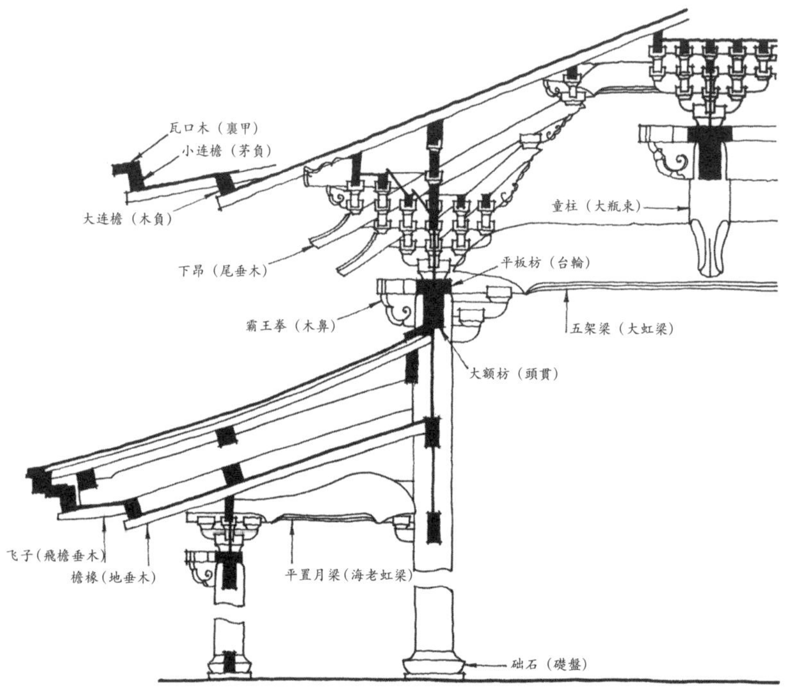

上：圆觉寺舍利殿内部
下：圆觉寺舍利殿剖面图（注：括号内为日文称谓）

这里我们需要注意的是飞鸟时代的建筑和禅宗样建筑所具有的相似之处：这两种建筑在平面上都是明间较尽间的面阔有较大的尺寸差异，在立面上都具有坡度陡峻的屋顶和以之造就的屹然耸立的建筑样貌；然而，随着时间的推移，两种建筑的上述特征都逐渐消弱，趋向平和。

这种变化的原因在于：传入之初的禅宗样体现着中国大陆建筑作为人工建造物刻意呈现出强烈存在感的设计意图。与之相反，日本建筑尽管也是人工建造物，但是仍希望它能够成为自然的一部分，追求一种浑然天成的效果——这是一种协调、融合的观念，不希望建筑本身的存在感被强烈地呈现出来。所以说，这种随时间延续而发生的变化正是从中国大陆建筑风格向日本建筑风格转化的体现。

十三、禅宗建筑的发展

从 13 世纪后半叶到 14 世纪，禅宗在日本迅速发展。在镰仓创建了圆觉寺、净智寺，净妙寺改换了宗庭，寿福寺的规模也日趋扩大；在京都创建了南禅寺，南北朝初期建立了天龙寺，南北朝末期又建立了相国寺——至此“五山制”齐备。之后，“十刹”诸山寺院相应而起，特别是镰仓末年到南北朝时期，不仅创建新寺，还对建长寺、圆觉寺、东福寺进行了重建。禅宗建筑呈现出一派兴旺发达的景象。从五山、十刹诸山佛寺中已知的创建年代来看，15% 的佛寺建造于 13 世纪后半叶，60% 的佛寺建造于 14 世纪前半叶。在此建设热潮中缔造出的禅宗寺院的可观数量使得遗留至今的建筑遗迹数也不可小觑，包括 15 世纪初建造的寺院在内，目前在各地尚可看到的遗迹中有正福寺、永保寺、功山寺、善福院（旧广福禅寺）、清白寺、天恩寺等。

禅宗建筑形式虽然因时、因地会有一些细部上的变化，但就总体来说，一直保持着同一种样貌，这种势态经过漫长岁月洗礼后一直延续到近世。大佛样却不同，即使是同一时期建造的大佛样建筑物之间也有很大的差异。二者呈现出完全相反的势态。

禅宗样建筑传入日本是从建仁寺开始的，到建长寺的建成，历经半个世纪。这种建筑式样的传入不是通过一个人而是通过了几个人的努力，且他们所依据的中国建筑蓝本也不尽相同；但是，日本的禅宗建筑却具有统一的形式，其原因到底是什么呢？

我们不妨先研究一下禅宗样建筑传入时的社会历史背景。当时的国人都希

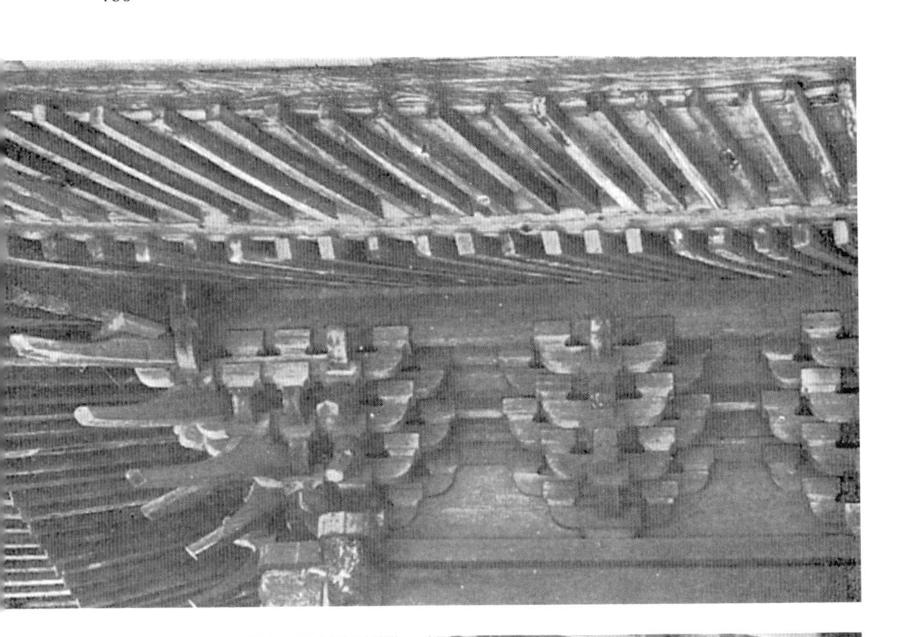

上：圆觉寺舍利殿
左下：银阁
右下：善福院释迦堂内部

望能建造出原汁原味的宋式建筑：在泉涌寺中有这样的记载“唯有此寺惟妙惟肖地直接模仿了大宋之仪”（《不可弃法师传》）；建长寺直接模仿了金山寺；天龙寺建立时，“轰动扶桑，如见大唐”（《梦窗语录》）。这种直接模仿的效果如何另当别论，但当时的国人都希望直接照抄照搬宋式建筑的意愿却确凿无疑。有如此最高理想之时，以充分的准备工作为基础，不管是谁，如果能建造出众人认可的、所谓“真正的”宋式建筑的话，那么，这栋建筑必将被尊崇为后世建造活动的范本。

根据江户时代木工书中 “径山寺之图”的记载，确实存在着那么一种标准式样，至少是在思想意识上存在着这么一种标准。如果站在这种假设的立场上来寻找标准范本的佛教寺院，非建长寺莫属。

镰仓幕府曾试图通过建造建长寺的行动在宗教思想领域内摆脱京都旧佛教的统治而独立。建长寺与建仁寺的不同之处在于：它不只是不受旧佛教的束缚，而且极其重视并积极地创造与旧佛教不同的寺院建筑形式。当建长寺的开山祖师兰溪道隆就是宋朝高僧时，把他亲自领导下建造起来的寺院看成是毋庸置疑的、纯正的宋式建筑也是恰当的判断吧，事实上也的确如此。天龙寺伽蓝平面完全仿照了建长寺；东福寺在复原重建时，曾借用过建长寺的图纸……这些都从侧面进一步验证了建长寺被当作禅宗样建筑蓝本的推断。

以金山寺为原型建立的建长寺长期作为日本禅宗寺院建筑的典范，其形式一直被留传和借鉴，从而塑造出禅宗寺院建筑形式上的同一性，也成为日本文化上的一大特征。这是基于文化源泉只有一个的思想认识以及对权威服从、模仿的民族特性发挥了强大作用的结果。

如前所述，禅宗建筑在日本南北朝 (1336—1392) 时发展到巅峰，之后，由于室町幕府的衰亡以及应仁之乱 (1467) 的影响，京都的禅宗建筑几乎被焚烧殆尽，镰仓的禅寺也因武家政权中心的迁移而出现衰微的征兆。室町后半期，禅宗建筑完全衰败。我们今天所能见到的具有比较完整规模的禅宗伽蓝大都是近世复兴重建之物，保存完好的中世建筑规模的实例已不复存在。

禅宗建筑对和样建筑的影响留待后叙，它给予住宅建筑的影响同样意义深远——导致住宅中出现了楼阁式建筑。

平安朝末期的文献中有一两处谈到有二层建筑的存在。那时，即使有一般所谓的“重檐”建筑也不是供人登高望远之用，只是应外观造型的需要，或观瞻上的高度需要而设；但是，禅宗建筑中，三门的二三层或者方丈的上层楼阁都可登临。也就是说，此时出现了以供人登临、眺望四面八方为目的的多层建筑，与以往为了视觉上的高度而建造的重檐建筑有了本质的差别——这种差别意味着真正楼阁式建筑类型的诞生。这种建筑类型成就了西芳寺的舍利殿、北山殿的金阁、东山殿的银阁，并最终成就了飞云阁那样具有划时代意义的建筑物。

不仅如此，楼阁式建筑还催生了日本近世建筑史上耀眼的明星——天守阁建筑的成型。鉴于此，楼阁式建筑诞生的意义越发重大了。

十四、和样的传统

镰仓时代的建筑界，由于新形式大佛样及禅宗样的传入而呈现出一派繁荣景象；但是，如果深入地考察一下当时建筑界的实际情况，就会发现所谓“大佛样建筑”只不过是一种应用于东大寺重建及重源所经营的七处分院建筑上的特殊式样。东大寺大佛殿的建造对于当时的建筑界来说确实是轰动一时的大事件，但大佛样建筑的数量却不过是当时建筑总量中的极少数。

禅宗样较大佛样更晚传入日本，至13世纪中叶独立成型。13世纪后半叶禅宗寺院的建设逐渐活跃起来；但是，如前所述，13世纪建造的禅宗寺院数量只不过是中世建造的禅宗寺院数量的15%，即相对于宗派林立的寺院总数来说，它们依然只占极少数。镰仓时代的大部分寺院仍是天台、真言和南都六宗寺院，它们均以平安朝以来的传统形式——和样为蓝本进行建造。

上述情况恰好与第二次世界大战前的日本建筑界传入新形式时的近代建筑状况相仿佛。就杂志上发表的作品来看，新建建筑物几乎全都具有国际式建筑样式；但是，这些作品的数量与当时国内建造的建筑总量相比，却不过是九牛一毛。然而，建筑史并不是统计学。尽管新建筑的数量很少，对新生事物与新形式的论述仍需占据许多篇幅，这是理所当然的，只不过需提醒读者不要忘记其绝对数量只是极少数的事实。

另外，镰仓时代的和样建筑绝不是严守古代传统的一成不变的旧形式。镰仓时代和样建筑的典型代表是南都六宗的寺院建筑，其中，可与东大寺重建相提并论的建设活动是兴福寺的复原重建工程。兴福寺恰好与全部用新形式大佛样建造的东大寺相反，完全使用了传统的和样建筑形式。镰仓初期重建的兴福寺建筑大多损毁于后世的火灾，唯三重塔和北圆堂尚存。一般认为北圆堂于1210年（承元四年）完成了上梁工程，而三重塔重建于镰仓初期。

三重塔曾被认为是原封不动地固守了平安时代创建的原样，建筑中洋溢着浓厚的藤原时代的纤细之风。北圆堂因创建于奈良时代，有着更为悠久的历史文脉，因此没有藤原时代的纤弱感。在转角部分出挑的角栱以及柱间阑额之上设置二重令栱与二重素枋的做法，甚至让人怀疑其是否受到过大佛样的影响。在这里似乎可以看出和样建筑的新气息，至少在这里看不到中尊寺金色堂上所见的那种脱离建筑本质的工艺化倾向。

和样的传统以南都六宗的复兴重建为背景，成长为日本建筑界的一大流派，也是历史的必然。

镰仓时代的南都建筑界，伴随着南都六宗（三论宗、成实宗、法相宗、俱舍宗、华严宗、律宗）的复兴，逐渐活跃。奈良时代在奈良创建的诸寺堂塔和伽蓝经过 400 多年的风雨剥蚀，大都进入了需要大修的时期，一旦经济条件成熟，修复和重建工程就会启动。

镰仓时代的佛教建筑遗构在奈良地区有 61 座，占全国同一时代遗构总数的 37%；奈良县辖地室町时代的佛教建筑遗构有 38 座，仅占全国同一时代遗构总数的 14%。由此可见，镰仓时代南都佛教建筑活动是多么繁盛，寺院的重建工程此起彼伏。

进入到新的历史阶段，虽说已经出现了新的建筑形式，但是工匠们祖祖辈辈接受的都是和样建筑的熏陶；天平时代以来的建筑杰作近在眼前；工匠们需要重建和修理的也正是具有着天平时代传统的堂塔建筑；因此顺理成章地，工匠们立足于传统的和样形式去发展创造以适应新的时代。

奈良的和样建筑吸收大佛样的细部处理创造出了新的建筑气象。例如，大佛样木构件出头（木鼻）的做法、框档门（栈唐户）、皿斗等皆被吸取到和样建筑中，给简洁明快的和样之美增添了华丽清新的气息。从其结构部分来看，除了用素枋较多之外，几乎没有其他新结构方法的应用。由于禅宗佛教没有传播到大和地区（即奈良地区），构件比例纤巧的禅宗样木构建筑并没有盛行开来，致使南都和样建筑长期自成一派，一直流传到近世。例如，兴福寺五重塔（1426，应永三十三年）、东金堂（1415，应永二十二年）虽说具有天平时代的传统，其用材比例之粗壮远远胜过北圆堂。固执地坚守旧有形式说明传统力量强大的同时，还说明元兴寺五重塔极有可能是以天平时代的某个建筑物为范本进行过重建。

与奈良和样建筑相反，京都和样建筑直接继承了藤原时代的传统，用材比例细小，保持着纤巧之态。镰仓初期建造的石山寺多宝塔（1194，建久五年）是其中最典型的实例。平安朝末期的建筑用材不只是纤巧，观察一下一乘寺三重塔（1171，承安元年）和金刚寺多宝塔即可明了，它们的用材比例虽不如奈良建筑那样粗壮，却比奈良建筑更加洗练。同样的，京都的大报恩寺本堂（1227，安

← 上：兴福寺北圆堂
下：兴福寺东金堂

上：三十三间堂
中：西明寺本堂
下：西明寺本堂内部

大报恩寺本堂

贞元年)、滋贺县的西明寺、长寿寺、金刚轮寺都如此。

和样建筑绝不是原封不动地保持了平安时代以来的形式，这些建筑中散发出的洗练感应是反映了京都中央地区的影响，其中所呈现出的清新之态并不是藤原贵族衰落时形成的颓废形式，而是在新时代新意识的影响之下形成的新风格。在这里蕴藏着和样建筑形式能够得以新生的生命力，它经历了漫长的室町时代一直被保存下来。

十五、新形式与和样

随着禅宗样的普及，其细部处理手法渐渐地被和样建筑所吸收。有关大佛样是从何时起被和样建筑所吸收的问题，除了1199年(正治元年)所建东大寺法华堂礼堂是特例之外，最早的建筑可能是元兴寺极乐坊禅室。极乐坊禅室使用了较多的素枋，也不乏插栱、木构件出头以及椽子头上钉封檐板的做法；然而，这座建筑的建造年代并不十分明确，一般认为它是镰仓初期或是1190年间（建久年间）建造的。

年代明确的较早实例有法隆寺东院礼堂（1231，宽喜三年）和唐招提寺鼓楼（1240，仁治元年）；但也只限于木构件出头的应用。在元兴寺极乐坊本堂（1279，弘安二年）有木构件出头和框档门的做法，长弓寺本堂（1279，弘安二年）、灵山寺本堂（1283，弘安六年）、药师寺东院堂（1285，弘安八年）紧承其后。从这些实例看，在和样建筑中采用大佛样的细部做法应是从13世纪中叶开始普及。

与之相对，禅宗样细部做法融合到和样之中要稍迟一些，这是因为禅宗样传入日本较大佛样晚，出现若干年的时间差也是必然的。金刚轮寺本堂在佛坛上有1288年（弘安十一年）的题铭。如果将本堂建筑也视为此时期的建造之物的话，根据在月梁下的出跳斗栱以及霸王拳一类的出头，可以说它是和样吸收禅宗样细部做法的最古实例；但是，因其建造年代并不能确定，这个结论依然存疑。长保寺本堂（1311，应长元年）使用了和样用材比例的同时，还使用了补间铺作，而在和样建筑中使用补间铺作是极稀有之例。较长保寺本堂建造年代稍早些的松生院本堂（第二次世界大战中被烧毁，建造于1294年，永仁二年）中采用了转角上的抹角梁、挑斡上端的梁架、大童柱、月梁下的出跳斗栱、木构件出头等做法——大量禅宗样的细部做法。

由此看来，13世纪中叶之前，重源行迹所至的奈良及山阳道地区的和样建筑都吸收了大佛样做法；13世纪后半叶，禅宗样做法开始被广泛地吸收到和样建筑中（山阳道地区的大佛样的影响，也可能是重源死后由追慕东大寺的工匠们创造的）。

如果把吸收了新形式的和样称作“折衷式”，则几乎全部的和样建筑均可划属进这个范畴。关野贞博士把只吸收了木构件出头做法和框档门的新形式称为“和样新派”，而在结构性手法上采用了新样式——如使用月梁，月梁下有斗栱，斗栱向两侧出跳，使用补间铺作或者大童柱等都称之为“折衷样”。

“和样新派”和“折衷样”如何区分，似乎只有吸收新形式或新做法数量多少的分别，很难量化到可以在什么程度上划出一条明确的界限。从现存遗构来看，濑户内海沿岸地方用材比例粗壮的建筑较多，而京都以东地区的用材比例相对纤细；二者正好相反。这可能是因为西部地区和奈良关系比较密切的缘故，例如尾道净土寺的木工全部来自东大寺，奈良的瓦工也经常在播磨地方（今兵库县神户一带）活动。

和样也可以分成“京都和样”和“南都和样”两套体系来考察。被称作“折衷样”的建筑形式都属于南都和样——这不仅仅是各个细部做法采用了什么样式的问题，而是在建筑物的总体感觉上与京都以东地区的建筑有着很大的不同。

前辈学者把南都的和样特意命名为“折衷样”，可能就是以它们酝酿出了不同的建筑感觉为基础。就实例来说，折衷样建筑有本山寺本堂(香川，1300)、太山寺本堂(爱媛，1305)、长保寺本堂(和歌山，1327)、明王院本堂(广岛，1321)、净土寺本堂(广岛，1327)等。继前述松生院本堂之后，尚有观心寺本堂(大阪，1370)、鹤林寺本堂(兵库，1397)，其中观心寺本堂的折衷样最为典型，亦被称为“观心寺样”。

观心寺本堂和鹤林寺本堂常常被当作折衷样的典型实例，这是因为它们采用了月梁、童柱及二斗的做法，而且其手法生动。针对这一点，我本人认为与其以观心寺为代表，倒不如以松生院和鹤林寺为折衷样的代表实例更为恰当；因为这两个寺院本堂的“外阵”梁架之优美已经达到了其他折衷样建筑望尘莫及的境界。

为什么会出现折衷样，这个问题目前还无法进行充分地说明，但是有一点是明确的，即打破了传统形式的自由奔放的大佛样使当时的工匠们再次认识到建筑的结构之美。

在一定的形式体系内不断提高洗练度，这是日本建筑界的传统。自镰仓时代到室町时代，折衷式的发展也同时反映出建筑界追求新形式的强烈愿望。

建筑创新的势态在15世纪初忽然销声匿迹，这和它产生原因不明一样，至今仍然是一个谜。然而，洗练的京都和样和自由豁达的南都和样的发展，无疑为当时墨守成规的佛教建筑界增添了奇异色彩。

在中世的和样建筑中，除了上述佛教建筑外，还有许多优秀的住宅风佛堂值得一提，它们都是平安朝以来的建筑。在住宅之内建立小佛堂或者在寺院之中建造小住宅，这种现象自平安末期不断涌现；同时，越来越多的小佛堂被建造成住宅的风格。这类实例有：平安末期的阿弥陀堂，其遗构至今尚存；镰仓时代的遗构有法隆寺圣灵院（1284，弘安七年）、金刚峰寺不动堂（镰仓中期)、金莲寺阿弥陀堂（镰仓中期）等；室町时代（1336—1573)的实例是法隆寺北室院本堂（1494，明应三年）。这种建筑风潮持续了很长时间。

住宅风佛堂的建筑特征是：在方柱上设置替木或简单的一斗三升；椽木铺放稀疏；采用防雨支吊格门（蔀户）、板门、拉门等；很少开设窗户；屋顶坡度较平缓；柱、桁、栱、椽、月梁等皆抹去小角，构件更具柔和之感。

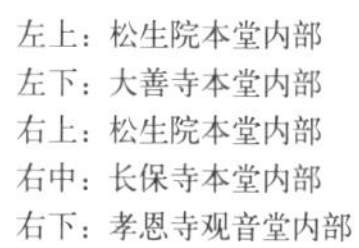

左上：松生院本堂内部
左下：大善寺本堂内部
右上：松生院本堂内部
右中：长保寺本堂内部
右下：孝恩寺观音堂内部

左上：观心寺本堂内部
左中、下：法隆寺圣灵院
右上：鹤林寺本堂内部
右下：金刚峰寺不动堂内部

十六、建筑业者的行会组织——“座”

进入镰仓时代，日本建筑界开始出现了从属于神社佛寺的工匠组织——“座”，例如1186年（文治二年）兴福寺北圆堂上梁时的“寺座”“官行事座”“瓦葺两座”“锻冶两座”等就是这类组织。各种行业的“座”一般来说只为所从属的“本所”服务，是在其庇护下追求垄断性利益的经济性团体。建筑业者的组织也叫“座”，与其他行业的“座”的性质和作用相同。目前我们对于镰仓前半期的“座”的情况还不甚了解；因为，这一时期神社和寺院的建筑工程多是本所的工匠们和其他神社或寺院的工匠们混杂一起共同施工，那时的“座”还不具有工程上的垄断权。

座本来是具有平等权利的座员们的集合体；但是，为了座的管理，会指派某位大木匠（大工）作为座的头目。1286年（弘安九年）营建春日神社时可以看到有御寺（兴福寺）第三、四、五“﨟”之称，可知此时期建筑的座和其他行业的座一样，成员之间出现了阶层等级上的差别。依据“﨟”的顺序来决定座员们的不同等级：大工是“一﨟”，第二个级别是“二﨟”……对于镰仓初期座里的座员们是否已经有等级差别的问题目前还存有疑问。

座员除了从事“本所”的工程外也参加其他寺院的工程。在工程中，座员不是以座里的身份，而是另外分成“大工”“引头”“长”“连”四个阶层。这种阶层组织制度在12世纪中叶开始出现，比10—11世纪形成的“大工”“长”“连”的阶层组织只不过增加了一个“引头”；但是，10—11世纪时的“大工”“长”“连”既是工匠们日常的身份又是施工时的组织形式，而13世纪的“大工”“引头”“长”“连”仅仅作为施工时的阶层组织。根据工程不同，各类组织的前后顺序也可能完全反过来。如上所述，不能把工匠们日常的身份阶层直接当作施工时的组织阶层，施工时需要不同阶层工匠们的协同合作，所以工匠们需要根据每一次工程的具体情况重新划分内部的施工组织方式。

工匠们的收入是根据出工天数来支付的。在进行“上梁”等重要工序的时候，工匠会另外得到奖赏，越是高级的工匠得到的奖赏越多；所以这些施工重要阶段不仅是技术人员要发挥自己高超技能的关键时刻，也与其经济收入直接挂钩。因此，人人都希望成为大工，工匠之间的竞争激烈。

镰仓初期是通过造国司的营造负责人、经济援助人或是寺院内外有权势者推荐的方法来选派工匠。例如1338年（历应元年）石清水[1]造营时各座建筑的

1. 八幡宫神社。——译者注

大工如下：中御前神殿，木工大工伴友弘；西御前神殿，社家大工；东御前神殿，京都番匠末友（木工头推荐）；楼门，南都番匠；小神殿，将军家御大工宗广；西经藏，尾崎番匠（武家“奉行”推荐，“奉行”为官职）。可以看出，当时一个建筑群中不同的工匠组织分别负责不同的建筑，齐头并进地一起施工，平安朝也应该是这种情形。寺工们在与上述组织形式的不断对抗中促成了“座”的诞生。

镰仓前叶，座还尚未发展到拥有施工垄断权的程度，这是由于当时奈良地区的建筑工程量非常大，以一个寺院的小型工匠组织——“座”还应付不过来，需要其他寺院的工匠们共同参与。工匠们这种比较自由的雇用和流动状况给建筑界带来了新的发展契机。

在神社、佛寺中设立“大工职”，并最终确立该职位对社寺工程拥有垄断权的情况在奈良的法隆寺（1261—1263，弘长元年—三年）、兴福寺（1277，建治三年）、春日社（1286，弘安九年）（大河直躬，《关于大工职设立的札记》）以及京都建仁寺（1296，永仁四年）的建造史料中都可以得到确认。“内里”（天皇宫殿）较之则要晚得多，直到1435年（永亨七年）才设立“大工职”，其原因可能在于木工寮、修理职的管理及运行依然稳固有力。

垄断权的建立只靠座员们单方面的努力是不可能实现的。自平安时代以来所实行的分摊给国司负责的营造制度——“造国制”导致“知行国”（具有国司任命权的特定人物统治“国（地方）”）的增加，因而不得不从“造国制”转换为“知行国制”。即便如此，由于庄园的扩大导致国衙收入减少，知行国守任命国守，令其承担营造；但由于没有足够的经济收入支撑，谁也不愿意当国守。最终结果是寺院担任知行国守一职，即寺院自己亲自行使国守的权力，担当营造任务；另一方面，在镰仓中期出现了关卡哨所，将所得“通关料”（关税）捐献给寺院，以此充当营造之资。

普遍来看，日本南北期初期营建天龙寺时，造国制就已经不存在了。例如春日神社在弘安年间的“式年造替”时还是造国制，到下一次永仁年间的“式年造替”时已经变成用关卡所得来的税金进行建造了。营造制度发生了改变，这种建筑经济的根本性转变促使工匠人事的决定方法简单化。造国司不再介入工程营建之事，完全由寺社内部自行决定工匠的选用。以如此的社会背景为基础，“寺座”对工程的垄断权得以确立；此外，奈良在镰仓中期相较初期的工程量锐减，从寺工的角度来看，如果不建立职业性垄断，他们的生计恐怕也难以维持了。

随着寺院对建筑工程自主权的加强，“大工”人选完全由寺内势力来决定了。工匠们竞相投靠有势力的寺院分院，委托他们向自己的工匠组织派来技艺高超的大工。如此一来，在大寺院中渐渐形成了每一分院或坊为一“座”的局面。

当时的工匠除了座以外，还依据血缘和师徒关系缔结而成小团体。直到平安中期为止，无论是木工寮、修理职的大少工还是造寺所的大工们没有出现过把自己的职位让子孙们世袭的做法；那时的基本原则是自由雇用制。平安朝末期，出现了反映工匠间父子关系或是师徒关系的史料记载，很可能正是他们以这些亲情关系为基础形成的一个个小团体。

座和这些亲情团体之间的确切关系至今尚不清楚；但根据一般情况推断，这种亲情团体多半包含在座之内。在院坊一级的座或是小寺院的座中，大概会有某种特定亲情团体独占的情况。“大工职”世袭制的出现正是这种亲情团体势力逐渐加强的一种写照。

“大工职”之所以能世代相传，很大原因是在匠人家庭内部进行职业技能培训有很多方便之处。当子孙没有相应的才能时，就招聘“权（副）大工”，即会出现“（子孙）不担任大工职，因为无能非器之故”（《大乘院寺社杂事记》，明应元年九月十一日）的情况。在法隆寺大工于江户时代(1603—1867)初期撰写的《愚子见记》中，引用了被称做《三代卷》的木构建筑技术书[1]。这本书卷末有延德元年(1489)的记载。虽然该书是否成书于此年尚有疑问，但是，根据1608年(庆长十三年)出版的内容齐备的建筑技术书《匠明》来推测，室町时代应该已经有木构建筑技术书出现。恰值室町中期，“大工职”开始被世袭；所以，可能正是因为世袭的需要才出现了这类秘传的建筑技术书。

建筑业者的座除了木工座以外，尚有桧皮工、粉刷工、盖瓦工、锻冶工等各种不同工种的座，而工匠以外，伴随专业木材商人的出现，材木座也出现了。

京都和奈良遍布众多的神社、佛寺和大宅邸，需要大量建造用木材，仅靠附近各国（地方）的山林很难满足要求，特别是当需要粗大木材时，就必须要到非常偏远的地方去采伐。即使在奈良时代，木材已经需要到近江、伊贺、丹波、播磨等地去采伐；平安时代太极殿（宫殿）的木材是去纪伊采伐的。由于庄园制的发展，伐木地区常有各种势力从中作梗，迫使营造者不得不另建自己的采伐领地，采伐木材的距离因此也变得越来越远。在中世之初重建东大寺时，其用材从遥远的周防国采伐而来就是很好的例证。

---

1. 类似设计、施工法式类书籍，日文称“木割书”。——译者注

中世时，京都和奈良的木材供给地有丹波、伊贺、吉野，另外还利用了濑户内海的海运，从安芸、土佐、阿波等国运送来了许多木材。木材运输都尽可能利用水运。当时的木材集散地是京都的堀川和奈良北方的木津；因此在这些地方就产生了许多材木座。随着商品经济的迅速发展，作为货物运输保管业者的“问丸”[1]开始向木材商人提供买卖代理、提供食宿服务，从而形成了专业做木材生意的“问丸业”。这一时期，向京都提供木材的产地除了上述各地之外，尚有出羽、丰后等地，其中最主要的木材是木曾的桧木。这些木材横穿琵琶湖后于大津、坂本上岸，在木材集散地以及京都有许多的问丸（木料行），其中甚至有专门贩卖某一特定地区木材的专职问丸。

十七、中世建筑的结构与设计意匠

中国宋式建筑的输入使日本建筑再次发生重大变革。这里仅从结构和意匠两方面进行阐述。

结构上，首先是为了加强梁柱间的构架联系，枋的应用增多。在古代对于柱端所受的水平力主要是通过加粗柱子来抵抗。细长的枋之所以能助柱子一臂之力，是因为枋穿插于柱子上可以有效防止柱间构架的变形。那时的人们已清楚地意识到枋在结构整体中的作用。当年藤原道长看到东三条殿中的泉廊没有设置长枋时，曾问“为什么不设长枋？下面又是土层，结构必定薄弱”(《十训抄》)；藤原定家的念佛堂倒塌的时候，在《明月记》中写下了“由于没穿插长枋所致”的经验教训。

从平安末期到镰仓时代，工匠对柱间构架的固定仅以长枋支撑渐感不足，斜撑的使用出现了。在1178年(治承二年)的《东寺文书》中首次见到“斜撑木”一词，法隆寺绘殿舍利殿(1219，承久元年)中也采用了斜撑的做法。

在大佛样和禅宗样中，增强梁柱结构整体性的方法是在各种位置上增加使用枋木。虽然从力学的角度来说，斜撑对结构整体的稳定性更有效，但日本建筑是垂直与水平构件组合而成的木构建筑，在建筑意匠方面倾斜构件是不受欢迎的。为了外观不受影响，往往在真壁[2]中加斜撑后再把表面粉刷成墙壁。由于墙壁会顺着斜撑产生龟裂，为避免外观上的这种裂缝，斜撑被做得非常纤细。

1. 具有运输、货栈及批发的功能。——译者注

2. 柱间的填充墙。——译者注

可能正是出于这种观点，新出现的大量使用枋木的做法倍受国人喜爱。南北朝修理东寺时，有“为防止将来倒塌，新增加了枋木”(《东宝记》)的记载。据此可知，日本南北朝时使用枋木加固柱间结构的做法已经成为共识。

伴随各种枋木的广泛应用，梁下细枋木逐渐变成装饰性构件，完全失去了其结构构件的功能性意义。

中世建筑的用材比例与古代相比日渐纤小。首要原因是大料难寻的缘故；另一个原因则可能是受到禅宗样用材比例纤细的影响。确定柱子开间后等分柱间距离以钉木椽，如果用材比例较粗大，椽距就较大，而由于各结构尺寸的粗大，即使不同开间的椽木间距稍有不同也不会被察觉；但是用材比例细小时，椽木间距变小，间距稍有不同，参差不齐的椽木就会很刺眼。

古代椽木和斗栱之间并无一定的对位设计规定，但到镰仓中期以后，一斗三升的令栱之上一定整齐地对位排六根椽木，即所谓的“六枝挂”的做法。有了规定做法，即使是不同开间的椽木间距也不允许出现尺寸上的不同，所有开间都必须是同一椽距的整数倍数[1]。其决定的方法是：首先大略地确定柱子开间尺寸；然后依据椽木的用材大小决定椽距；再后以椽距的整数倍数确定柱子开间的大小。这种递进计算的方法逐渐成为设计上必须遵循的原则，不可能再如古代那样，以整尺的倍数来定开间尺度(因为不能用一尺这样大的整数来定椽木间距)。这可能也是受到了禅宗建筑的影响。

如前所述，随着建筑内铺设架高木地板的普及，在建筑四周产生了被称作“缘”的出挑檐下平台，即“下檐出”；因此建筑造型上出现了格外强调水平线条的倾向。出挑深远的出檐更加强化了这种倾向。出檐加大的原因之一是檐椽被加长，更确切的原因在于加长了飞子的长度：奈良时代檐椽和飞子的长度比是 2:1；镰仓时代二者的长度比接近 3:2。

屋檐出挑加深的根本原因在于屋架内部出现了桔木（扁担木，秤杆木），桔木使得檐口出挑更加深远。在屋架内另设从外面看不到的承重屋架（野屋根），里面的桔木支撑着草架椽子，使露明椽子的坡度和草架椽子的坡度得以分别设定；从而露明椽子不再受屋面坡度的限制，可以做成任意平缓的坡度。如果露明椽子坡度过陡而出檐很深，檐口则会变得过低；如果露明椽子的坡度平缓，则无此之忧。渐渐地露明椽子演变成檐下平台上类似天花的装饰。

---

1. 在中国建筑中就是“发”的概念。——译者注

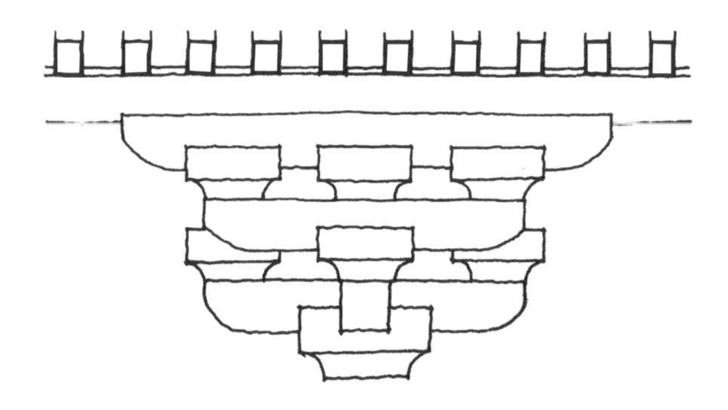

上：六枝挂斗拱
中：长弓寺本堂内部
下：灵山寺本堂内部

与结构变化相适应，中世建筑在室内空间的处理上也发生了改变。古代佛堂的内部空间在屋檐四周部位通常会对露明屋架构件进行若干装饰，中央部分采用折叠升高的平闇手法形成自周围向中间逐步升高的空间形态，禅宗样建筑也采用同样的处理手法。特别在周围带有副阶时，这种处理能够使空间感进一步加强。

与强调立体化的天花处理方法相反，镰仓时代的建筑实例中出现了像法隆寺舍利殿绘殿(1219，承久元年)那样的强调平面化的格子天花吊顶，这种形式大概始现于平安末期。在某些建筑实例中也有在屋檐四周位置折叠升高之后做平格处理，或者在基本是平格的状态下在中央部位做两次折叠升高。无论如何，这些天花处理手法的特征都是强调平面性，与今天住宅建筑内部的处理别无二致。

上述两种天花——在中国建筑史中称之为“平闇式”和“平棊式”——在结构上完全不同。粗看似乎一样，但实际上，平暗式天花是以具有结构意义的构件构成框格而形成的，而平棊式天花不过是草架梁之下的水平顶棚；平暗式天花将大部分或者至少一小部分的梁架外露，而平棊式天花则将内部构架全部遮蔽起来。

屋架结构在室内空间中露明还是被遮蔽的不同处理影响了建筑的平面形式。在平安时代的阿弥陀堂内部有四根金柱，其外槽为进行过彩画装饰的露明屋架，在四根金柱的上部中央做天花处理，于是，四根金柱之上的桁梁承托露明椽，椽上再设梁架。反之，当室内为平棊式天花吊顶时，前后间设草架梁，天花板悬于其下，草架梁之上设承重屋架，草架结构构件在室内根本无法看到；这样一来，四金柱就失去存在的意义了。省略前面的两根金柱，而后面两根金柱的位置也不再受结构的制约，可以向后退，佛坛前面的空间被扩大了，此种平面上的变化正是因为承重屋架设在天花以内草架梁上的缘故。

中世纪建筑意匠的重大变化之一是开始使用雕刻装饰。在古代只使用一些很简单的装饰性雕刻曲线，如驼峰、壶门、悬鱼等，极其简单；镰仓时代中期，如法隆寺圣灵院所见到的那样，驼峰的中心部位成为雕刻装饰的重点。这种变化从镰仓末期到室町时期持续不断地向前发展：最初是左右对称的植物纹样；室町时代出现了非对称图案以及透雕手法的应用；室町末期透雕厚度增加，并出现了动物纹样的雕刻。

以上变化在室内隔板以及木构件梁头、枋端的出头上都有所表现。镰仓时代的一般通行的木构件出头形式是大佛样和禅宗样的标准做法，或者属于大佛样做法而在轮廓上做一些小改变，没有出现动物图案。室町中期，木构

驼峰及额枋出头的细部处理

件出头逐渐被做成接近于象鼻的形状，侧面雕刻也开始立体化，至室町末期开始变得近于兽形。这种建筑装饰化发展的倾向奠定了桃山时代华丽建筑装饰诞生的基础。

十八、从寝殿造向书院造的发展

在平安时代形成的被称为“寝殿造”的贵族府邸具有一定的标准形式，随着时代的变迁，这种形式也在逐渐改变：左右对屋被省略；中门廊变短，而且仅在一侧设置。这些简化后的形式日渐普及。

镰仓时代是武士执政的时代。由于武士原本只是贵族的手下，在贵族的庇护下发展起自己的势力，因而在艺术方面并没有什么特别的造诣和修养。镰仓幕府建立时，先是模仿坐落在奥州平泉的寺院，后来又从京都、奈良迎请了佛师、画师。他们企图继承藤原时代的造形文化，但收效甚微。

在住宅方面，至少是上流阶层的住宅依然采用了以往贵族府第的寝殿造形式。当时，理想的住宅形式唯有寝殿造一种而已，这是理所当然的结果。在《源平盛衰记》中对源赖朝(1147—1199)的宅第有“学京中样式，屋架应起正统形式”的记载，即是佐证。

过去有种看法认为：武士住宅脱离了贵族寝殿造住宅的模式，是依据各地方农村民居的平面为主发展而来的；但是，如《法然上人绘传》中所见，地方武士住宅的平面形式和寝殿造完全一样。如此，将其视为和寝殿造属于完全不同的两个体系的看法就行不通了。以目前的研究，虽然镰仓武士住宅平面的形式尚不清楚，但在文献中却散见有“寝殿”“对屋”等词语的出现，足见其和前代住宅没有什么明显差别，似可认为只是更趋于简单化了。总而言之，因为贵族有寝殿造住宅就认为一定有“武家造”住宅形式的看法是错误的。

住宅类的建筑和其他造形美术不同，也和神社、佛寺建筑不同，此类建筑的最大特征是其空间形式与居住其中的人的生活内容、生活方式密切相关。武士拥有着与贵族完全不同的理想和完全不同的生活方式；因此，他们的住宅不可能与前代完全一样。最大不同之处在于寝殿造住宅需要满足贵族间的仪礼、游宴之需，因而更着眼于住宅建筑之美；相反，武士住宅则必须适应武士日常生活的实用性。于是，武士住宅中出现了寝殿造所没有的南门，而且南庭的使用方法也有所改变——这些是较寝殿造出现的很大改变；此外，有些建筑尽管平面形式无太大变化，但其建筑物本身所具有的意义却已经改变，例如侍卫所、马厩的重要性增强了，而外观上却更加朴素了。

请看足利将军家的住宅。无论是镰仓第三代将军足利义满（1358—1408）北山殿中的寝殿，还是第六代将军足利义教（1394—1441）室町殿中的寝殿，都完全沿袭了平安朝以来的旧传统。据说，1349 年 (贞和五年) 被焚毁的第一代将军足利尊氏 (1306—1358) 的东洞院府第是由鹰司宗雅邸改建而成 (《在盛卿记》)； 1379 年 (康历五年) 建成的足利义满府邸模仿了花山院；设计足利义政的东山殿时，曾经借阅和参考过近卫房嗣邸的“布置图” (《后法兴院记》)……这些实例都说明将军宅邸依然保持着寝殿造的遗风。

然而至室町时代，武士住宅不再只是寝殿造的简化版，这一时期出现了两种发展新动向：

其一是被叫做“会所”的独立性会客室萌芽。在寝殿造住宅里举行节庆仪典时，寝殿的主屋南立面或者说从南屋檐到对屋（即左右两侧的配殿）以及渡殿全部敞开，因向庭院开敞而连为一体的建筑室内外空间被当作喜庆节日的活动场所。平日接待客人时，一般使用的是设于寝殿东北渡殿内的两栋连廊内叫做“出居”的地方，某些时候，好像也用对屋的“南广庇”来接待客人。“出居”远离住宅中心部位接近于入口处(中门廊)，即位于住宅的偏角位置，而且“出居”兼具接待客人和家人日常起居两个功能，也就是说寝殿造住宅里尚未分化出专门用于接待客人的特定空间。

直至室町时代，住宅中出现了被称为“会所”的房间，各种会客活动都在这里举行，其室内也进行了一定的修饰（下述）。作为会客功用的房间，它特性鲜明。

其二，会所的产生致使住宅室内空间出现了新变化，即出现了“床之间”(当时被称做“押板”)、“付书院”和装饰壁板（违棚）。此时正当镰仓时代向南北朝的过渡时期，以上出现的这些室内装饰空间被用来摆设从宋、元传入的绘画和工艺品。它们装饰着会所，并占有极其重要的地位。

装饰壁板及“付书院”是把原来实际摆放的博古架和几案家具等改为在室内空间里预制的固定式的家具组合，而“床之间”的出现与鉴赏绘画方式的改变有密切关联——当时鉴赏绘画的主流从障壁画、绘卷的形式发展到宋元传入的挂轴画形式，因此作为挂轴画鉴赏空间的 “床之间”应运而生。以上新空间在室町时代还没有发展到桃山时代那样成为定型化的空间模式——三者并排设于客厅正面，成为客厅的中心性空间，所以在室町时代，装饰壁板、“付书院”与 “床之间”尚有种种不同的布置形式。

右上：慈照寺东求堂内部
右中、下：《慕归绘》中所描绘的“床之间”
左中：足利义教室町殿（川上贡复原）
左下：东山殿会所（铃木充复原）

译者注：

书院：该住宅类型被命名为“书院造”。图中标注的“书院”与中国文化中的书院或书斋的概念迥异，详见 P143 注 2。

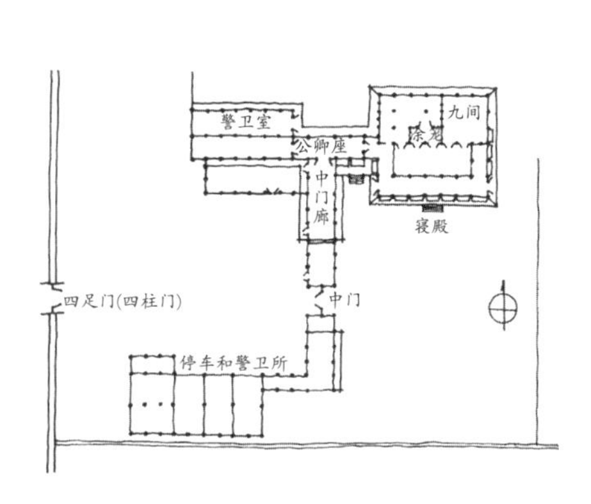

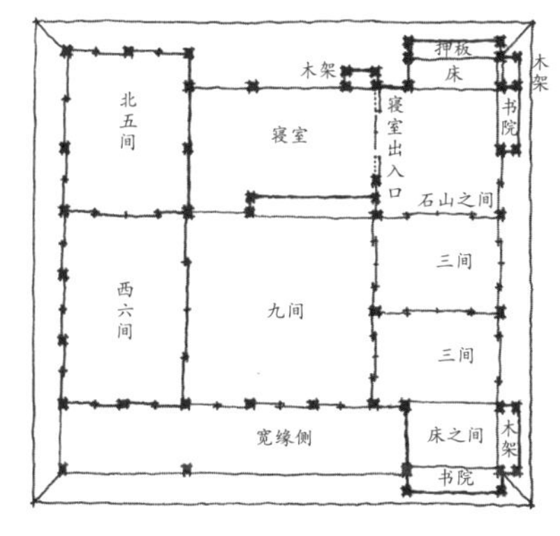

在寝殿造中，根据榻榻米铺席的大小、包边的颜色来表示落座人的不同身份；但是，如果室内满铺榻榻米，铺席所象征的身份差别就会消失，书院造住宅里的榻榻米铺席出现“上段” 的原因即源于此。“上段”铺席通过高出邻接席位一定尺度来凸显落座人的高位身份。另外，在寝殿造住宅里被称为“常御所”的起居室设于寝殿的“北庇”， “北庇”和家丁奴婢们所坐的“孙庇”之间的梁下长枋也有高低区分——这可能是“上段”产生的另一原因。室町时代清凉殿常御所的铺席即处于“上段”，应是建立在这种传统上的做法。

如上所述，室町时代的住宅已经和寝殿造有了明显的不同；但它与下一个时代成型的书院造住宅却有着许多共同之处。

室町时代的住宅特点之一是抛弃了左右对称式布局。平安朝后半期，寝殿造的主流已经不再是左右对称，这一点在前面已经说明；但是，寝殿的设计中心仍集中在建筑物的中央部位。寝殿内座席有着严明的尊卑次序：“涂笼”[1]之前是上座，其对面是下座。这种用法使得寝殿的东西方向出现了上下之分，进而促使寝殿造设计中左右对称的形式开始解体。

室町时代的住宅建筑布局以省去左右对屋（即寝殿造的东西配殿）中的某一方为基本形式，与以往追求左右对称的理念迥异。非对称的布局说明书院造不是从形式出发，而是以实用为主，并借此走向自由式布局。

室町时代住宅的第二个特点是室内出现了隔断。早在平安时期就可以在清凉殿中看到许多隔断，平安末期的住宅中也多有使用；但与中世建筑相比，这种应用还仅限于住宅中的一小部分。住宅室内出现隔断是室町时代住宅的第一个特点所导致的必然结果，它促发了平面的巨变，这也是伴随生活方式复杂化而出现的必然结果。

住宅内出现了隔断，一幢住宅建筑不再像从前那样简单地由一室或二室构成，住宅平面必须根据内在功能所需来决定；因此，平面未必一定是长方形。寝殿造的“主屋”和“庇”的平面构成形式开始解体。

以上两点是寝殿造最大的时代性变化，伴随着这两个巨变导致了如下一些细部做法的改变：

（1）推拉门得到了空前的发展。要把一个集中式平面分隔成若干个小房间，房间之间设固定的门扇会造成不便；为了便于房间的使用，推拉门得到了广泛

1. 寝殿造里没有窗户的卧室。——译者注

的青睐。厚重的板门不适合做推拉门的门扇使用，因此创造出轻快而明亮的遮光纸槅扇门、透光纸槅扇门、板条门和杉板门等推拉门式样。

（2）柱子由圆柱向方柱转化。因为要在柱子之间安装推拉门，圆柱不方便安装，于是，方柱开始普及起来。

（3）满铺榻榻米。自古以来只在宽大室内的局部位置安放榻榻米，房间变小了以后，自然地变成了满铺榻榻米。当然，生活方式的变化是满铺榻榻米的主要原因。在中世的绘卷上，小房间多是满铺榻榻米，可谓是上述说法的佐证。

（4）出现天花吊顶。为了便于室内房间的使用，天花吊顶的做法应运而生。因为把一座建筑物的内部划分成若干个独立的房间，如果只在下部用隔断分隔，空间处理会显得很不彻底，这就促使了天花吊顶的应用。

在以上变化同时，主要的会客房间中出现了“床之间”“装饰壁板”“付书院”等装饰性空间。这些空间的日渐定型化成就了书院造住宅形制的完善。我认为中世住宅正是寝殿造住宅向书院造住宅发展过程中的过渡性产物。

十九、地方建筑界的繁荣

室町时代建筑界最重要的动向是地方性建筑的迅速发展。应仁之乱(1467)以后，甚至出现地方势力凌驾于中央之上的势态。

奈良时代的遗构只在大和一个地区尚存；但平安时代的建筑，特别是平安末期的建筑在各个地方均有很多遗存，京都和奈良与位于其他地方的建筑遗迹各占半数。镰仓时代，由于南都建筑界的复兴，京都、奈良和地方相比，地方的建筑量略占上风；室町时代，地方的建设量增多，约占全国的七成半。这不仅是建设量多少的问题，也是建筑品质的问题。从被指定为国宝级建筑的数量来看，镰仓时代的国宝建筑中，位于京都、奈良的占五成，而室町时代的国宝建筑位于地方的实例竟占七成之多。

如果仅从遗构的状态来判断，由于遗构作为史料的局限性，它们的数量并不能完全代表和反映当时建筑界的实际情况；但大体上用它了解当时的一般性倾向已足够了。上述中央和地方的关系说明了中央政府的衰退以及由于守护“大名”势力而导致地方势力的兴盛。

在这方面最典型的实例是在周防、长门地区大内氏的发展。山口县现存 18 座重要文化财建筑物，加上从山口迁建到外地的 2 座建筑，总计 20 座建筑中，有 17 座建于大内氏盛期，即是 14 世纪末到 16 世纪中期的产物（除了住吉神社本殿，从嘉吉到天文的一个世纪间的产物)，其中12座坐落在大内氏的根据地——山口县所在地，而且几乎全部都是仰仗大内氏的势力所建造。

这些建筑从建筑创作的水准来看，都较室町时代的平均水平高出一筹。其中下关住吉神社本殿(1370，应安三年)、山口琉璃光寺五重塔(1442，嘉吉二年)、广岛不动院金堂(自山口迁建，1540，天文九年)等已被指定为国宝级建筑。15世纪中期以后的佛教建筑中，被指定为国宝的除上述建筑以外，另有金峰山寺本堂、楼门以及根来寺多宝塔、法隆寺南大门、向上寺三重塔等。由此可以推断出大内氏统治下的山口建筑界在全日本占据极其重要的地位。

山口附近地区的建筑界之所以在室町后半期如此兴盛，自然是掌管着长门、周防，以及守护石见、安芸、丰前、筑前各地的大内氏的势力使然。

大内氏作为地方守护，拥有强大的势力，不仅开展对外贸易，濑户内海的水军也俯首于其势力之下，其在经济上堪称富可敌国。有一时期，大内义弘居留京都，同时出任纪伊、和泉的守护。他是对抗幕府的一大势力，不仅是地方武士，还从中央向地方移植文化，而从他对朝廷和幕府的献纳上可以看出其财富之巨。此外，1491年（延德三年）大内义兴（1477—1528）进京时，曾有“行装奢华而壮观”的记载(《荫凉轩日录》)。

当时很多任守护之职的武士上层人物在京都另建大邸宅，大内氏也是其中之一。大内义弘、大内盛见、大内义兴等都曾住在京都。大内盛见在供养兴隆寺（山口县）本堂时，曾拜请京都的造历博士[1]代为择定吉日，供养仪式时的导师也从京都特邀名僧来担任。室町中期，曾受邀去过山口的文化人有连歌师宗祇、东福寺住持了庵桂吾等，另有公卿贵族，如关白尹房、左大臣公赖、权中纳言基规、右兵卫监观世、左中将良丰等人。雪舟曾长期居住于兴隆寺，把这里做为生活的根据地，这也是众所周知的事情。1499年颁行的禁制中出现了严禁地方建筑号称“京都样”的禁令，可见当时这一风潮的流行程度，这也从侧面反映了山口县积极吸取京都文化的盛况。

室町时代在山口有影响的工匠清原吉真、安贞、弘真、贺茂纲家、家真、家纲、藤原兼有、恒兼、兼用等，清原、贺茂等似乎都来自京都；但尚缺乏确凿的证据。在山口县的诸建筑中，琉璃光寺和不动院建筑的清纯洗练程度远远超出同时代其他建筑的水平。这说明设计和建造这些建筑的工匠拥有建筑界第一流的水平，

1. 官职，相当于中国的司天监。——译者注

上：不动院金堂
下：琉璃光寺五重塔

而且从当时社会背景来看，这两处建筑的工匠也许就是从京都招聘而来的能工巧匠。

大内氏和其他守护相比，财力十分雄厚。从山口（县）有“西京都”的别称来看，山口（县）在全国各地方之中享有极其特殊的地位；但是，不应忘记的是不只在山口，在各地方守护们的支持和援助下建造的众多神社和佛寺遍布了全国各地。正是由于守护大名、战国大名势力的高度发展所推动，使得室町后半期的地方建筑界走向了繁荣发展的鼎盛期。

室町时代的建筑界，神社建筑遗构明显增加，这是另一个引人注目的时代特征。遗留至今的寺院建筑中，室町时代的数量是镰仓时代的 1.6 倍；神社建筑遗构中，室町时代的数量是镰仓时代的 4.2 倍，如果只拿地方的神社数量来做比较的话，大约是镰仓时代的 5 倍。

这些神社建筑遗构中，很多是规模很小的地方性神社，如果看一看现今尚存的梁上题记，就会发现许多有趣的史实。一般在题记上都记有发愿主人的姓名以及大名诸侯或是庄园的下司、“公文”等庄官的名字；但在室町时代的题名中，却出现了“下司、公文、御百姓”“氏人等”题字以及“庄官、番头、御百姓”等文句。从老百姓的名字都被记上去的状况可以反推庄官等官名只是名义上的建造人，建造神社建筑的真正实体应当是官员管辖之下的农民们。

能够明确地证明以上推断的最有力的证据有：近江神田神社本殿（1390，明德元年）发愿人记载的是“庄家老人”，山城御灵神社本殿（1470，文明二年）有“愿主地下人等以众力取立之”的题记。

室町时代乡村制的产生说明地方农村组织的大发展。以地缘关系结成的村落共同体由被称为“老人”的有势力者合议制管理，而合议集会多以神社为中心举行。正如梁上木牌题记上有“大人”字样的记载所表明的那样——不是领主建造了神社，而是乡村全体共同担当了建造之责。

也许之前建造过极小、使用年限也不长的镇守村庄神社，随着乡村制的发展，一些坚固、优美的神社被建造起来，因此才能够一直保存到今天。室町时代的神社建筑遗迹在近江一带最多，这是因为在近江地区乡村制的发展最蓬勃，其可观的数量也应该正是那个时代背景的写照。

第三篇　近　世

二十、新建筑与新生产方式

古代社会中的神社、佛寺建筑完全是为祭神、供佛而设，它们并不具备接纳人们入内礼拜的空间。进一步说，正殿、金堂只不过是容纳神体、佛本尊的空间，与神厨、佛柜的性质完全相同。供人们入内进行礼拜活动的建筑物，在神社里是拜殿，在佛寺中是礼堂，这类建筑在古代后期才开始出现。当然那时它们的规模不大，而且只有社会高阶层的人才有可能入内使用，普通人的礼拜场所仍然以室外为主。

在古代时期的建筑界，神社和佛寺建筑享有最重要的地位，而且直到中世仍然保持着其独尊的势头；然而，近世这种情况发生了根本性的改变。当年火烧东大寺、兴福寺的平重衡 (1157—1185) 被看作是佛教的仇敌，在南都佛教信徒的强烈要求下被处以斩首；相反，近世烧毁比睿山、攻打本愿寺的织田信长却如愿攫取了天下。对两个人同样作为的不同评判标准极其鲜明地反映了古代和近世的人们对待宗教截然不同的态度。织田信长曾肆无忌惮地放言："哪有什么来世，除了眼见的东西，一切都不存在，我决心为自己建造地上的天堂。"[1] 近世，宗教的神圣光辉已黯然失色。

因此，在近世的建筑活动中，初期最引人注目的是"城郭"建筑[2]，后来蓬勃发展的是领主们的宅邸建筑。封建领主们不遗余力地营建了他们各自的城郭和宅邸，使其日臻完善之后，才开始思忖神社、佛寺的复兴问题。

此时的神社、佛寺建筑虽有所复兴，但这些建筑活动不过是满足封建领主们政治需要的一种工具，而且他们对灵庙建筑的关注更胜于对神社、佛寺。丰国神庙、东照宫等建筑均在此阶段应运而生。

在中世以前，作为被膜拜对象的神佛少有现世真实存在过的人物；释迦牟尼虽然在历史上确有其人，但人们一直把他当作神话中的人物供奉。与此相反，丰国神庙[3]与东照宫[4]则完全不同——这些庙宇所祭祀的是直到去世的前一天还活生生统率着全军的日本武将——这意味着在近世出现了为人崇信的新的神灵。

佛寺建筑中开始建造与奉祀本尊的本堂规模相当、甚至规模更大的各位开山祖师堂。这种变化使得宗教建筑从单纯祭祀神、佛转变成人神共奉的建筑——

---

1. 出自《路易斯 · 弗洛伊斯书翰》。Luís Fróis 为葡萄牙天主教耶稣会传教士，曾与织田信长谋面。——译者注
2. 并非中国的城市之意，而是领主的城堡建筑。——译者注
3. 用于祭祀丰臣秀吉。——译者注
4. 用于祭祀德川家康。——译者注

这是近世建筑界的一个极为重要的特征。

《大阁记》“丰臣秀吉初为营建奉行事”的条目中，记载着在修理清州城的百间[1]城墙时，经二十余日仍不见完成，于是丰臣秀吉把施工匠人分成十组，各自分担，同时施工，结果一日告竣的传说。在建造墨股城时，事先加工好五万根栅木，组装了十间（长度单位）长屋、十栋橹楼[2]、二千间（长度单位）围墙， 在大敌到来之前，自九月五日至九月八日，三天之内立起一座大城；“天守（阁）巍巍，楼墙高耸，从城楼到长屋，无丝毫遗漏，一夜之间抹泥而成”；攻打鸟取城时，据说只用了十天，就建成了城墙、橹楼、两层城门、护城河等。在书中，作者感叹：“其神速大可与‘文王筑灵台不日而成’相媲美”。

这段丰臣秀吉一日建成清州城的故事说明了当时筑城施工的速度之快。在最近修理姬路城天守阁时，发现了墨迹的文字记录，虽然主体工程的日期不明，但其内部和门窗装修，自底层至最上层全是同时施工。根据题字可知当时强令要求快速施工。

快速施工对于当时随时都可能会爆发战争的不安定状况而言是理所当然的要求；因此，城郭建筑和追求技艺精湛、风格华美秀丽的神社、佛寺、茶室、书院造住宅建筑等存在着本质上的差别。看一看姬路城城墙的石材，就会发现其岩石的种类繁多；但有一个共同点是这些石头都取自附近的山林，都不是需要翻山越岭才能获取的石材。立在石头墙上的天守阁、橹楼、城墙等全部粉刷灰泥。因为把柱子包在墙体内，所以可以缩小柱子间隔，多排几根柱子也没问题，可以此强化结构；同时，因为柱子不外露，即使细小的柱子也能派上用场，不需要从装修效果、艺术设计的角度去选择高级的建筑材料。在松本城天守阁使用的木材有桧木、松木、樱木、栂木（日本铁杉木）、罗汉柏、黑桧木、红松等，树种繁杂，这与主要木材只用桧木的神社、佛寺建筑的用材状况有着天壤之别。

由于城郭建筑的外墙壁是灰泥抹面，所以没有必要对木构件进行精细的加工。墙壁的抹面处理和今天的农村民居建筑外墙完全一样，没有使用专业的泥水匠，只是农民自行操作而成。如果另行安排最后的建筑表层抹面，在附近多召集一些农民来参与打底抹泥，施工速度将大大提高。

如果柱和梁各有一定规格，就按照规定的长短加工。橹楼下面的石垣的顶面既不平坦，平面上也不成直线；但是，在其上搁置地梁，以及立柱架梁之后，

---

1. 此处“间”为长度单位，即 6 尺，约合 2 米。——译者注

2. 类似角楼的防卫性高台。——译者注

姬路城

姬路城

石垣上的建筑就会安然挺立，相应的平面、立面也随之出现。总而言之，一座建筑只要有一名木匠定下规格、尺寸就可以动手施工了，根本不需要太多技术熟练的工匠——这种施工方法切实、合理地符合了快速施工的要求。

综上所述，只要有充足的劳动力，即使没有许多熟练工匠也能迅速建成城郭建筑。这种在技术方面的革新，也体现在营造组织上，即从古代时期以一名工匠为统率，在其领导下推进所有营造工序的方式改变为按照工种分组，施工时各负其责、齐头并进的高效率的方式。

城郭内需要建造领主的府邸；城郭周围需要建造家臣们的住宅。由于工程量巨大，需要大量的劳动力，这已不是一座佛寺或神社的工匠之“座”能独揽的工程量。在这样的社会背景下，中世时期具有垄断性、封闭性的建筑生产组织自然解体，开始出现新的工匠集团——受制于领主，在“御大工”统率之下，由从各地征召而来的工匠们组成的新型组织团体。

城郭内最具特色的天守阁建筑，在16世纪初期其体量还很小，只是类似于在居馆之上的一座望楼而已。到了1576年(天正四年)，据《信长公记》记载，安土城天守阁已经是高达七层的大天守了。在《安土山记》中有“其雄伟不凡的风姿如同织田信长豁达心胸的写照”的语句，这样的文字记述应该不仅仅是形容的词句而已，这极可能意味着织田信长是安土城的决策性设计者。新的设计者与其麾下新的工匠集团的出现使新建筑的诞生指日可待。

二十一、城郭建筑的兴盛

中世后半叶，连年战争促使城郭建筑迅速发展。在类型上，除了防御性的军事根据地——“本城”外，又分化出多种各具特色的城寨：设于领地要害之处，用于军事进攻的“支城”；设于领地边界上的边防性城寨；设于战线之间，供连络使用的中转性城寨；将兵士们集中起来，背水一战的“诘城”以及作为进攻据点用的“向城”等等，城寨的规模日益扩大。

过去领主们利用天险在山上筑城以备战事，平日里则生活在山下的居馆内；但是，连绵不断的战争促使两者合二为一。之后，又因为战争规模的不断扩大，家臣、武士们需要时刻守护在领主左右，因而产生了为他们就近提供居所的需求，导致了山城与平地城结合在一起的“平山城”的出现。随着战争的持续和领主势力的不断扩张，已经不能仅以军事上的需求来选择城郭的地理位置，还必须要顾及促使城郭成为领地内政治与经济的中心；因此，城郭的地理位置不再选择险峻的山地，而是选择平原沃野的中心地带以及交通要冲。当然，在这种情形下，如能尽量利用丘陵的地形特征，不管是从军事，还是从展现领主威势或城郭建筑的壮美度来说，都是非常必要的；因此，平山城被大量地建造起来。另一方面，即使从军事角度来看地形不够理想，但从方便领主统治的需要出发，也建造了许多平地城。它们以城郭为中心，在城郭周围营建家臣、武士以及工商业者的居所，从而发展出近世的一种新兴城市形态——“城下町”。

城郭规模越来越大，平地城和平山城的平面规划受地形限制的程度却越来越小，其轮廓、形状也变得越来越复杂：在城郭的出入口——“虎口”，为了加强防御增加了斗形瓮城及马面；为了遮断敌方视线，避免直接受到攻击，设置了各种板门；为了发挥侧向火力而将堡垒做成各种奇形怪状，城郭也分化为“本丸”“二丸”“三丸”等数层包围的平面形式。

城郭中的各种建筑设施随着城郭建筑的永久化以及因枪炮的传入而导致的

上：松本城
下：名古屋城

战术变化，不仅规模日趋扩大，同时建筑物的耐久性和坚固性也在不断提高：石垣增多；土塀更加普及化；天守阁、橹楼、渡橹等更加发达；为了加强防火、防弹功能，建筑物墙壁的抹面更加厚实——正是所有这样的处理使得近世城郭建筑的设计意匠得以确立。

在城郭的所有建筑设施中，最具特色的是天守阁。天守阁最初只是一座瞭望台，出于能清楚地瞭望城内外敌我阵容的目的而建。天守阁相当于军队里的司令塔，对散布在城内外的自家将士来说必须要清晰可见；所以，天守阁设于城郭中央的本丸之内，并被建造成多层建筑的样式。由于天守阁也是防御战中最后的堡垒，不仅设于城中心的要害之地，其结构也最为坚固。平时，城郭建筑是领主们的居住之所，其建筑形式也必然成为领主威望与实力的象征；无论是和平时期还是战争时期，它都是部下与领主们生死与共的精神核心；因此，以天守阁为中心的城郭建筑必然追求雄伟壮丽的外观。该建筑群以多种样式屋顶的山面组合为正立面，如把歇山式屋顶、“唐破风”屋顶[1]、“千鸟”屋顶[2]的山面组合在一起，使建筑形态错综复杂，再配以各种形状的窗、箭孔以及大小不同体量的天守阁、橹楼、渡橹、土塀等。形态各异的建筑群体与千变万化的细部共同构成了城郭建筑的独特美，这种美主要源自其功能的需求。城郭建筑在日本建筑史中占有极其重要的地位。

在以天守阁为中心建造起来的建筑群中，供领主日常生活使用的殿舍分别位于本丸、二丸、三丸之内，均是豪华的书院造宅邸，并充分地运用了雕刻、绘画、工艺等造形艺术装饰。

天守阁的起源可以追溯到室町时代末期；但是，如上所述，近世的城郭建筑形式是从织田信长建造安土城时才得以正式确立。安土城反映着其时代精神，甚至可以更进一步地说，它的建筑形式彻底地反映了织田信长的个人英雄主义风貌。这种形式被丰臣秀吉的伏见城、大阪城所继承，继而各地的武将们也纷纷效仿着营建各自的城郭建筑，将城郭建筑的发展推向了顶峰。然而，在德川家康完成了统一日本的大业后，为了维持中央集权的封建制度，他颁布了除保留“大名”（诸侯）居住的本城外，其他城郭一律拆除的命令。1615 年（元和元年），德川家康再次制定“一国（地方）一城”的制度和严禁建造新城的命令。

---

1. 日本特有的屋顶形式。山面屋檐为优美的曲线样。——译者注
2. 类似硬山屋顶加短檐的三角形屋顶。——译者注

上：犬山城
中：彦根城
下：丸冈城

盛极一时的城郭建筑遭到重挫，在“大名”的本城内也几乎严禁任何形式的新建和改建，甚至连日常维修也要在幕府的严格监督下方可进行。大名居住的本城，是大名管辖地区的政治中心和精神中心，本城在这一方面的意义虽然丝毫未减，但由于统一后的日本长年无战事（因此没有修城的必要）以及诸藩内经济的困乏，使得大城郭的维修工程难以维持，再加上幕府的严格限制，城郭建筑的发展至此告终。

明治维新的大变革时代，大多数城郭建筑被当作封建堡垒的中心遭到破坏，第二次世界大战时又损失了许多；然而，桃山时代所营建的姬路城、松本城、彦根城等数处名城，至今仍在全国各地遗存。它们作为武家文化的象征，成功地反映出其时代精神与文化特征。

城郭建筑以白色为基调，高雅别致，既展现了领主的威势，又没有过多的浮夸，这是基于财力有限的缘故。但正因如此，反而促使城郭建筑形成了日本建筑的一个重要特征——建筑表面不外露柱子，全部是白壁粉墙。虽然可以做出与神社、寺院特征迥异的大面积白色墙面，但事实上却让白色的墙壁面积随着城郭建筑高度的增加而大幅度递减。各层设置的屋檐和山面屋顶将立面划分成若干小部分，建筑形式与其说是追求耀武扬威的体量感，倒不如说是在追求紧凑、严密的安定感以及造型丰富的变化之妙，这就是城郭建筑的显著特点。

二十二、书院造住宅的发展

在城郭内营建的领主们的居住之所，即居馆，都采用了书院造的形式。书院造住宅和古代（7—12 世纪）的寝殿造邸宅一样都具有一定的规制，其典型的平面形式由江户幕府大栋梁世家的平内家秘传书籍——《匠明》可知。《匠明》所描绘的图形不是什么特定邸宅的平面，而是当时武家[1]住宅的标准平面。

关于基地的尺寸在图上没有注明，不甚明了；但根据内部的布置情况，参照京都町内宅基的划分原则，估算出大约是一町（40 平方丈）的规模。

在基地周围绕以围墙和长屋，四面辟门，以东向为正面。一进入御成门，附近一区便是会客用部分：以大广厅为中心建筑，御成御殿是供宾客留宿的地方；在东南有标明“数寄屋”的茶室及其附属的“书院”[2]。会客用的部分约

1. 武士上流阶层。——译者注

2. “书院”有时指书院窗，同“付书院”；有时指书院造住宅里接待客人的房间，即有“书院窗”和“床之间”的客厅。——译者注

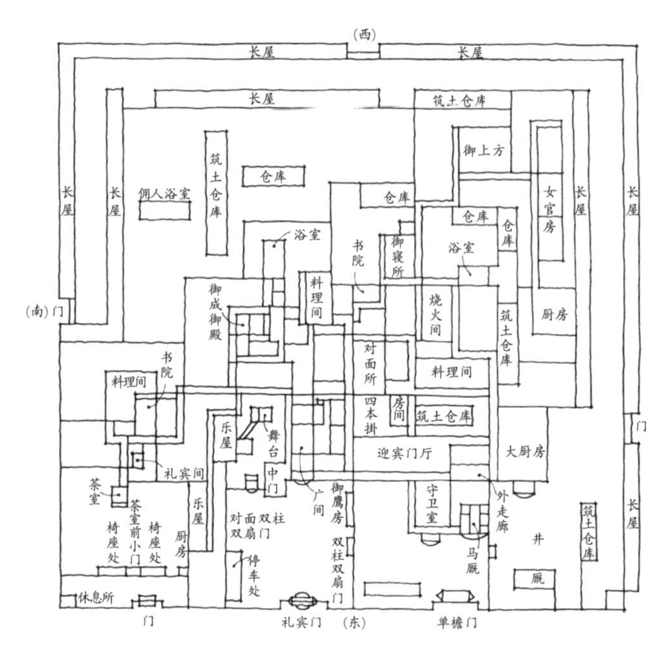

书院造平面布置图（据《匠明》记载）

译者注：

① 长屋：为家臣居住的房间。

② 迎客门厅：此处门厅日语为“式台”或者“色代”，二者发音相同，为 shikidai。“色代”指迎接客人的行礼行为；“式台”指此门厅地坪与室内地坪呈台状高差。在书院造住宅中，这里是主人最初迎接客人，行简单见面礼之处。

③ 四本掛：书院造住宅中被称为“式台”（或“色代”）的房间内墙壁上设有挂刀、箭等武器的位置时称为“四本（根）掛”。（图中标在了庭院中，实际上是房间内的空间）

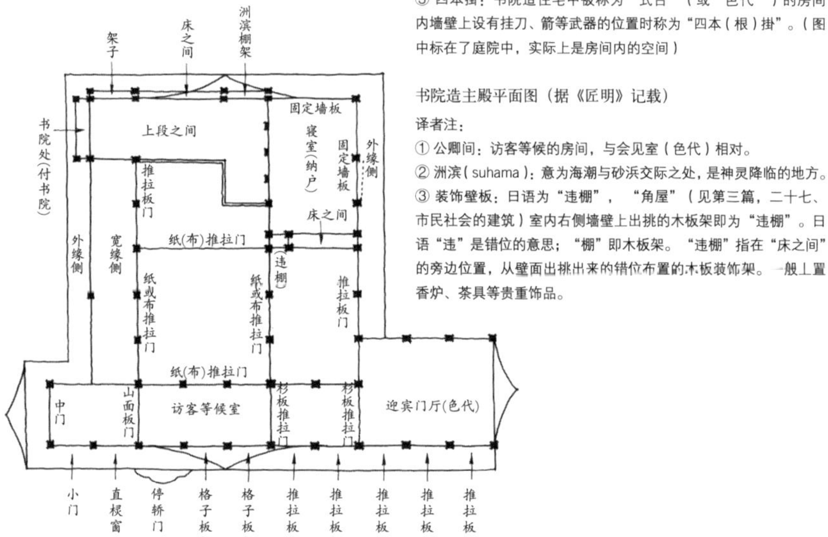

书院造主殿平面图（据《匠明》记载）

译者注：

① 公卿间：访客等候的房间，与会见室（色代）相对。

② 洲滨（suhama）：意为海潮与砂浜交际之处，是神灵降临的地方。

③ 装饰壁板：日语为“违棚”，“角屋”（见第三篇，二十七、市民社会的建筑）室内右侧墙壁上出挑的木板架即为“违棚”。日语“违”是错位的意思；“棚”即木板架。“违棚”指在“床之间”的旁边位置，从壁面出挑出来的错位布置的木板装饰架。一般上置香炉、茶具等贵重饰品。

占整个住宅面积的三分之一，是书院造住宅的一大特色。

接近中心部分的图面上写着“御寝所”“书院”“对面所”，这里是主人生活起居的地方；西侧的“御上方”应是夫人的起居室。在会客用房和家眷生活用房之间，以警卫室、厨房等附属房间进行联系。

此种住宅的标准平面大体由会客空间、家眷生活空间和佣人活动空间三大部分组成。以佣人的活动空间把前二者联接起来，是近世武家住宅典型的构成形式，也可以说，这是书院造住宅的最大特点。

在《匠明》的这幅“书院造配置图”中，并没有清晰地表明每个单体建筑平面的详细布局。而在书中此图之前，另有一幅被称为“广间”或“主殿”的建筑平面图。

当时被称为“广间”的建筑物，不只是因为其房间面积大，如果用今天的话来说，应是“客厅”的意思。这幅平面图中的主要房间是供会客使用的“广间”“御成御殿”“对面所”等。其他主要建筑物的平面形式估计也和此建筑平面类似。

正如《匠明》“书院造主殿平面图”所示，其后部“上段之间”“床之间”、装饰壁板、“书院”等都被做成凸出或者凹进的小空间。书院对面的墙壁设有叫做“帐台构”的推拉门。“上段之间”为宾客和主人落座的地方，而次间则设侍从们落座的席位。“帐台构”推拉门后面的房间被称为“纳户”，显然是用于休息的卧室。南侧有开敞的廊子。东南角有被称作“中门”的凸出部分，这是寝殿造住宅中门廊的遗痕。

在寝殿造住宅里中门廊起着门厅的作用，因而书院造即使简化了寝殿造，中门廊也无法一下被省略掉；实际上，此时门厅的功能已经开始向附设在东北角的“式台”（即图中发音相同的“色代”）转移。中门廊只在上流社会节庆时作为出入口使用，日常的出入使用“式台”。中门廊最终为式台所取代。从《匠明》中我们了解了书院造住宅的平面形式，具有完全相同平面形式的实例，如圆城寺光净院客殿（1601，庆长六年）。根据此客殿的室内装修和外观，可以推知《匠明》所载“书院造”室内和室外的构成样式。

具有同样平面形式的书院造，如在光净院客殿、劝学院客殿（1600，庆长五年）中所见，除了绘画装饰着的纸屏槅扇以外，在初期时，室内装饰并不多。在现存于神社、佛寺中的近世初期书院造建筑上，还可领略其当初的风貌；但是，在领主们城郭内营建的住宅与之截然不同。由于这些住宅是为了充分显现领主们的权势与威严，所以室内外装饰极尽奢华。

奢华的书院造实例最早有织田信长在岐阜城和安土城内建造的住宅，遗留至今的实例只有京都二条城里的二之丸殿舍（1639，宽永十六年）。目睹京都二条城或者在第二次世界大战空袭中被烧毁的名古屋城的殿舍，就会知道：这些书院造住宅室内都使用了金碧辉煌的障壁画来做装饰；枋木、天花等建筑构件上的所有金属件全部被镀金；天花上施以彩绘；推拉门上方“栏间”施以雕刻……室内不仅光彩耀人，而且极尽绘画、工艺之能事。

奢华的书院造住宅是领主权势在建筑艺术上的显现，而领主们争先恐后、不遗余力对住宅进行装饰的行为造就了桃山时代建筑装饰的最大特色——用金无度。在近世，金的生产量突飞猛进。中世时期几乎见不到金制小钱，而到近世，根据《庆长见闻集》一书的描述，连城市里的普通居民也持有大量的金制小钱，正说明两个时代在这方面存在的巨大反差。

对黄金的迷恋之情渐渐在整个社会上弥漫开来，崇尚黄金的世风成为近世文化的主要特征。建筑也无法幸免，在建筑装饰上大量使用黄金成为此时的主格调。如果在金色打底的纸推拉门上绘制淡彩小画，金底不能衬托绘画反而会喧宾夺主；因此，金底纸推拉门上多采用尺度较大、色调浓重的绘画——一种绘制的线条、色块儿凸起于画面的彩绘。这种绘画形式成为近世障壁画的主流。

相对于浓妆艳抹的障壁画，平面式的建筑雕刻无法与之相称，只有用雕凿较深的圆雕，并施以浓色重彩，才堪与障壁画相呼应、匹配。

住宅的奢华装饰，必然也被应用到灵庙建筑上。事死如事生，新发展起来的灵庙是祭祀领主祖先的建筑。子孙们要继承先祖的威仪，借助先祖的威力，祈求家族权势的永久昌盛；因此，把祖先作为神来祭祀的灵庙建筑和大名的居馆相比奢华度毫不逊色，甚至有过之而无不及。

崇尚装饰之风也影响到了神社和佛寺建筑。如仙台大崎八幡宫（1607，庆长十二年）、京都北野神社（1607），在这些实例中建筑雕刻技艺得到了十足的发展，建筑雕刻成为神社、佛寺表达其宗教威严的唯一手段。

促成这种建筑装饰倾向的基础是室町末期建筑向禅宗样转变以及和样建筑日趋装饰化的走向，桃山时代的奢华建筑装饰之所以能蔚然成风，正根源于此。

上：劝学院客殿
下：西本愿寺唐门门扇雕饰

上：二条城大广间内部
中：西本愿寺书院内部
下：园城寺光净院客殿

二十三、茶室的产生

茶从中国传入日本应是相当古老的事了，但茶在日本的广泛流行却是在中世中叶以后。镰仓至室町初期的上流社会盛行品茶聚会活动——与会者轮流品尝几种茶，看谁能猜中茶名，在日本称之为“斗茶”。以“唐物”[1]名品作为“斗茶”得胜的奖品，赢得的名品被展示在主客厅中。这项活动风靡一时。足利义教和足利义政之时，以茶待客的现象多了起来，在主客厅的次间设置茶水炉室，同时在这里装饰种种茶器——它们作为主客厅的配套装饰受到了特别重视。从茶在日本的发展历程看，最初禅宗和尚们在日常生活中就有饮茶的习惯，来客时也以茶相待；其茶室形式多不甚明了，但应该不会像公卿家、武家所见那样，在饮茶空间里摆设豪华高贵的中国式装饰品，而应是更加简单朴素。

把斗茶、客厅旁加设茶水炉室、禅僧日常饮茶三种行为方式融为一体的是村田珠光(1423—1502)。村田珠光所开创的茶室建筑虽然保持了书院造客厅室内装修的特点，但相较装饰着华丽绘画推拉门的书院造客厅，它更加简朴，多少带有一些草庵风的意味。这种形式的茶室经过武野绍鸥(1502—1555)传到千利休(1522—1591)，是千利休创立了真正草庵风茶室的建筑风范。

村田珠光和武野绍鸥追求的茶室理想境界可以用“冷瘦”或“枯寒”等词语来表达，这也是室町时代普遍存在的艺术理想。这种从否定的角度上提出的审美思想[2]，却具有比肯定的说辞更加肯定的意义，是“幽”“玄”“美”深化后才能达到的更高境界。人们认为，为了达到理想的艺术境界，要有高级茶器的对比才能更为有趣，而不用高级茶器的境界被称为“侘”[3]。当时的社会状况是“虽说赞赏‘侘’之风雅，但是不备齐优质的茶器则绝对不能举办茶会”[4]，即实质上“侘”的艺术理念最初在社会上遭到了一定程度的排斥。

千利休继承了“冷瘦”“枯寒”的审美思想，并加以发扬光大，他把追求“枯木逢春”的意境作为自己的目标。“春”这一新的肯定性美学内容正是室町时代与桃山时代审美观的区别所在，千利休以此深化了日本的茶道美学。千利休的“侘”较前辈村田珠光和武野绍鸥的“侘”更加鞭辟入里：前二者的“侘”，配合使用贵重名器，茶室要做成四叠半（4.5 个榻榻米）大小；千利休的茶室里

1. 中国宋、元、明时代的茶器、画卷等工艺品。——译者注
2. 提倡质朴之美、残缺之美。——译者注
3. wabi, 简朴、不完整之美。——译者注
4. 据《山上宗二记》。山上宗二为千利休的高徒。——译者注

即使使用中国名器，茶室大小也只是三叠或二叠，甚至不使用名器，而只用普通的现烧茶碗，品茶的地点也用草庵式茶室和“露地”[1]代替了以往的豪华书院造建筑和华美的庭园，并在草庵和“露地”中有了美的新发现。彻底地探究这种新的美学，最终悟出“一杯茶中有真意”（《南方录》）的至高境界。

千利休创立的茶道艺术不是厌世隐遁的人的“侘”，而是在二叠大小的茅屋茶室中展现比极尽奢华之能事的丰臣秀吉聚乐第里的生活更加美好的生活。在追求终极之美的思路上，它与使用雕刻和绘画构筑终极之美的桃山建筑的意义完全相同，也正因如此，千利休创立的茶道完全符合了桃山时代人们的爱好和志趣。千利休所创建的茶室表面上以田园风格、山间情趣为表现主题，但其真正的内涵却是城市性、文化性的，就其本质来说是一种更高级、更奢华的艺术。

对茶道美无限追求的最成功的表现反映在茶室平面的变化上。茶室中，以“侘”之美学为目的，点茶的动作幅度要尽量小。为了更便于集中精神，茶室面积逐渐收小，从四叠半减小到四叠、三叠、二叠，或是使用大小为标准榻榻米四分之三大的“大目叠”榻榻米，使用这种榻榻米建造所谓“四叠大目”“三叠大目”“二叠大目”的茶室，最终创造出被称为“一叠大目”的极限空间。对于二叠大小的茶室，正如史书上的描述——“草庵茶室就应该是这种样子”（《南方录》）——表达了千利休茶道的理想境界。虽然就茶室的榻榻米叠数而言没有太多变化，但是它们与床之间、地炉、躏口[2]、中柱、中板[3]等进行多样组合后，在不足 3 坪（9.9 平方米）的小空间中竟能做出百种变化。

茶道崇尚不完整的形式，尊崇有缺憾的美；因此，茶室的形式讲求不规则，在平面和造型上尽量避免对称。即使在平面为正方形的四叠半、二叠大小的茶室中，也通过床之间、开窗、天花等处理力求打破对称。非对称的形式不纠结于稳定感，自然地产生空间流动，产生出与茶道美学所追求的“侘”与“寂”的相反效果；然而，通过茶室中面和线巧妙组合而创造出的均衡感平衡了茶道美学的要求。

茶室采用了日本民居的形式，为了酝酿出草庵风格的氛围，多用未经过度加工的各种自然材料，如使用局部保留树皮的木柱或者完全保留树皮的木柱、竹竿、苇席、砥草（木贼草）、泥土等，所有材料都保留着其固有的形状与色彩。材料本身所具有的沉静的中性色彩极为适合表现“侘”（质朴、不完全之美）与“寂”

---

1. 窄小而简朴的庭园。——译者注
2. 茶室的入口，为一小方口，成人仅可跪坐、匍匐而入。——译者注
3. 茶室内铺设的小面积木地板。——译者注

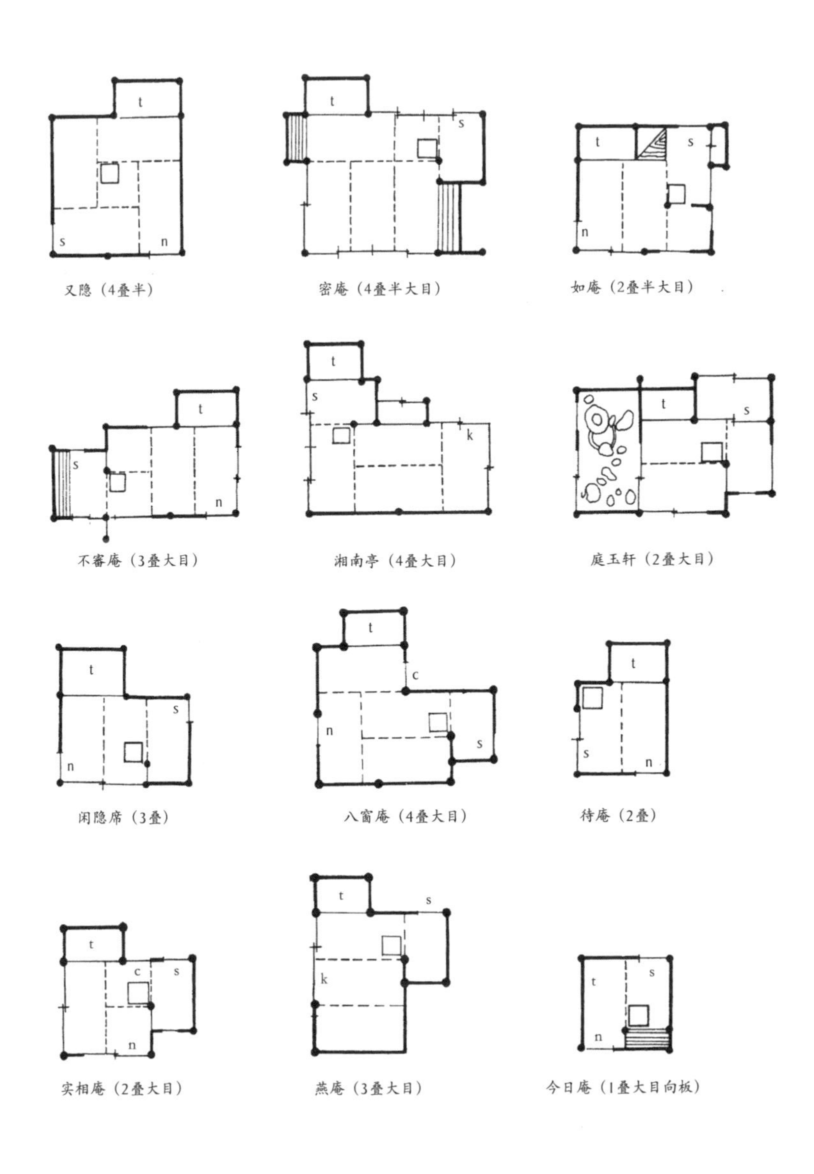

图例:
t—床之间
s—茶道口
c—服务口
n—躝口
k—贵宾口

茶室平面图

译者注：

大目：指标准榻榻米四分之三大小的榻榻米。

上：待庵内部
中：密庵内部
左下：如庵内部
右下：金地院八窗席

上：如庵
下：桂离宫书院

（静寂），而且种类繁多，在满足茶室构成之美的要求之外，更加意味深长。此外，在这些中性的灰暗色调中，墙面上开设的纯白的日本格子窗显得更加清净、纯洁。由于茶室中多处设小窗，室内光线的明暗变化消除了人在狭小空间中的局促感，这种小中见大的方法十分值得关注。

贵族住宅和普通民居在结构以及其他方面均有很大差别。在贵族住宅中用方柱；墙是可反复拆装的纸隔断（纸推拉门等）；在开口部把柱间全部敞开，几乎完全不用窗户。与此相反，普通民居则多用土墙，是封闭性空间；柱子使用抹角圆柱或是直接使用原木为柱。创立草庵风格茶室的千利休虽然是很富有的商人，但城镇商人的住宅也比较狭小，它们不属于贵族住宅的体系，而属于普通民居的住宅体系。草庵风格茶室可以说是千利休等人根据自身实际生活的住宅为原型，加以提炼、升华而创造出来的。

在具有静寂、祥和气氛的茶室中品茗，对于身处变幻无常的乱世中的人们来说是莫大的慰藉，是不可或缺的一种精神娱乐；因此，茶道以及茶室建筑在这一时期取得了长足的发展。竟然有人到了拿一国领土来换取一个茶器也毫不后悔的地步，足见茶道是如何深入人心。

茶室所具有的独特风韵逐渐被住宅建筑，特别是别墅类建筑所吸取，从而产生了被称作“数寄屋造”的平易轻快的新形式书院造住宅，其中最著名的实例就是举世称赞的桂离宫。

茶室风格也波及城市民居，如商人和工匠们的住宅，这些住宅也出现了看似平常，但实际上建筑花费巨大的现象。苛求自然材料和手工制作的高价值观在社会上泛滥，导致天保改革时期不得不针对城镇工商居民发布特别禁令——严禁城市居民建造费工、费钱的茶室风格住宅。窥一斑而见全豹吧。

二十四、书院造住宅的普及

桃山时代的豪华住宅直到江户幕府开府之后还在继续发展。各地方诸侯设在江户的府邸的奢华程度甚至超过了桃山时代，并且影响逐渐扩大到中下级武士阶层。武家经济以稻米为中心，建立在有限的生产力基础之上。确立近世的封建制度之后，为了制度的延续，幕府力求俭朴节约，尽可能缩减开支；因此，幕府常常颁布倡导勤俭节约的政令。在建筑方面，宽永年间幕府针对中级武士阶层发出禁止奢侈令，具体为：“在造屋方面，近年末流无名小辈之族的房屋亦过分奢侈，甚为华丽。自今以后，必须根据各自身份的高低、遵照身份规矩，

建造相应的房屋。”(《德川禁令考》)

明历年间(1657，明历三年)，壮丽的江户邸宅在大火中一夜间化为灰烬。江户幕府不失时机地颁布了建造府第宅屋的制度与命令，规定了各诸侯宅基府第的规格和形式；然而，接二连三频繁发生的大火使建筑屡建屡废，之后，就愈加没有财力建造以往那样豪华奢丽的住宅了。于是，简朴的书院造住宅开始盛行。桃山时代和江户时代在建筑史上的分水岭正是以明历年间的大火为界。

随着工商业的发展，庶民阶层得以振兴；因此，近世也是庶民阶层振兴的时代。在士（武士）、农、工、商的身份制度中，处于城市生活最底层的商人和手工业者们虽然身份低微，但随着货币经济的发展和工商阶层社会实力的壮大,出现了“虽说法令是用来管制商人的,实则当今已是商人做主的天下”的状况。此时，城市里工商阶层的住宅早已不是茅茨土阶，反而显示出大有超越武士宅邸豪华度的倾向。1668 年(宽文八年)，幕府又针对城市居民发出住宅禁令，规定住宅内部一律禁止使用长枋木、付书院，禁止漆饰栉形雕刻和栈框、装裱唐纸[1]，主客室也不准使用绘画屏风门等(据“德川禁令考”)。此禁令与针对中级武士阶层发出的禁令内容一致，由此可见：此时一部分庶民阶层住宅的奢华程度已经与武士宅第的水平持平，从中亦可得知床之间、装饰壁板、付书院等室内装修形式已经普及到城市一般工商阶层的住宅中。

在这个时代，宣扬“成由勤俭，败由奢”的儒家思想不仅是为倡导勤俭节约，更是为了维持传统的封建等级秩序；因此，幕府对一般庶民阶层的管制愈加严格。然而，幕府终究压制不住经济实力越来越强的商人们。碍于法令的限制，巨富豪商们的宅第仅外观简朴，其内部的装饰、摆设却日益华贵。元禄时代的一则幕府布告内容就很好地说明了这一现实，布告曰:“今后，营建邸宅时，不仅外观上要保持简朴，住宅内外都不得乱施奢华。”

社会发展的大趋势非一纸禁令所能阻止。伴随着商人们的奢华日甚一日，终于迎来了商人文化的全盛时期。江户幕府在对住宅府第的诸多建造限制令屡屡受挫之后，于著名的天保改革中(1841，天保十二年)颁布了比以往更加严厉的命令——凡不合于制令的营建物，限期拆除。当然，这种命令根本就不可能执行，事实上也没人执行，天保改革注定失败是历史的必然。

如此这般，书院造住宅不再是统治阶层的专享，拥有床之间、装饰壁板、付书院等建筑处理手法的主客厅逐步定型化，并被使用到了商人住宅，甚至是

1. 带花纹的装饰性门、窗纸。——译者注

上：桂离宫古书院
下：慈光院

农民住宅中。至此，形成了今日常见的和风式住宅平面和装修风格，确立了延续至今的和风式住宅的设计意匠，这一点很值得关注。

由于幕府颁布各种禁令限制，促使富有商人的宅第在外观上保持朴素无华，并在室内也摒弃一切表面性装饰的同时，把钱用在了追求材料质感和施工技法的高超上。这样的审美追求与日本尊崇清纯的民族性相吻合，从而创造出了装饰极少、简洁质朴的住宅形式，并对材料和施工倾注了最大程度的关心。

通过这种方式创造出来的近世和风住宅，至今仍保持着其独特的传统，主要特征如下所述：

（1）平面的通融性

室内满铺榻榻米地席，几乎完全不设置固定家具，这样可根据家具的不同布置方式把同一个房间作为客厅、起居室、茶室、书房或寝室等各种不同功能的房间使用。其通融性还不只表现在实用性方面，在室内空间意匠方面也是如此——完全可以依据床之间悬挂的轴画与插花的变化酝酿出各种各样的空间氛围。这种功能和空间意匠上的通融性反过来也是导致庶民阶层的住宅一直停留在极小规模上的原因。

（2）庭园和住宅密切结合

房间不是用固定的墙壁围合成的封闭空间，而是使用可反复拆卸和安装的隔断墙（推拉门等），一旦拆卸了隔断墙，房间就全部向周围开敞。这样的做法非常适合潮湿、闷热的日本气候，同时，这也是日本人自然观的一种体现，即庭园不是镶嵌在窗框内的景象，庭园与客厅、檐廊没有本质区别，应是贯穿一体的空间。

（3）材料之美

在和风住宅中，建筑材料保持自然的状态，发挥着材料本身所具有的美。世界上像日本人这样能深刻地理解木材纹理、材料光泽之美，并深深沉迷其中的国家与民族并不多见。

（4）实用之美

以实用为宗旨的家具虽然非常简单，但是具有洗练之美。室内不需要进行任何特殊的装饰，室内的结构构件和材料不仅完全符合其本身功能要求，同时也起着意匠性的装饰作用。

（5）质朴清纯的艺术趣味

室内空间一尘不染，只在床之间挂一轴画、插一瓶花而已；室内空间的设计意匠集中在床之间，除此之外，全无装饰；各种材料都显露出其本身的自然纹理和灰色调的自然色彩；透过纸窗柔和的白光，影子疏疏朗朗地落在干爽的榻榻米铺席上——所有这些造就了简洁质朴、沉静祥和的空间感觉。

（6）规格化

和室以榻榻米铺席的领数来决定房间的大小，对室内地坪位置的枋木及梁下枋木之间的内框净尺寸也有统一的高度规定。各种推拉门、窗等室内装修木作都实现了规格化。日本近现代住宅建筑规格化的时代特征在这里已初见端倪。

二十五、近世的工匠们

中世不仅有隶属于神社、佛寺的工匠，各地方的将军与领主门下也设有各种各样的“大工职”，以管辖其下属的工匠。中世末期，各大诸侯门下出现按照年度支付俸禄的专业工匠，由他们领导领地内的工匠随时根据战事要求迅速地投入建造工作。

曾在中世活跃的各种职业中的行会式组织——“座”在近世遭到了普遍否定，工商业者们热衷于另行结社，建筑业的座也不例外。由于建筑行业中工程庞大，而此时期又都是与佛寺、神社无关的城郭、殿舍建设，必然引发脱离神社、佛寺的控制，另行结社的问题。室町末期，佛寺、神社势力衰落，一个神社或者寺院里不可能继续保留太多的专业工匠，工匠们不得不分散各处另谋高就，寺院或神社一旦有重建工程时，再从各地召集人手。1602年（庆长七年）重建京都东寺金堂，在东寺大工藤井某之下，就有纪伊、信浓、大和、播磨等地工匠应招参加；在建造香取社（1607，庆长十二年）时，除了香取的工匠以外，还有京都、奈良、伊势、堺、奥州、上野的工匠集结而至——这些都说明当时工匠的组织状况已发生了显著变化。

为了满足城郭、城下町的营建及佛寺、神社的修筑需要，诸侯们对工匠给予特别恩准——允许他们与武士共同居住在城下町内，以方便随时差遣。织田信长和丰臣秀吉等人之所以废除匠人的座，并不是要破除工匠组织的封建性，其目的同样在于方便根据自己的需要重新组织匠人。他们同样不允许工商业者的自由发展，只不过是为了修筑城郭、城下町时，便于召集和管理工匠，才特别允许工匠们按照工种集中居住，并因此出现了诸如“大工町”等冠以工匠工种名称的供匠人集中居住的城区。

集中居住在城下町的工匠们获得了免除各种杂役的特权，但为此他们必须每年为诸侯们无偿劳动数天。这些特定区域居住的匠人们在初期有大量的工程时，可以自由参与其中；但主工期一过，工程量就变得十分有限。为了维持生计，匠人们产生了独占工程，协定统一的雇佣价格和缩短劳动时间的要求，新的行会性质的组织应运而生。对于领主来说，如此既能确保劳动力，又能抑制租赁工资额度、固定劳动时间，从统辖与管理的角度上看也不失为一项良策；因此，匠人组织里出现工头（年寄）、协统（肝入）等御用匠人，一般工匠全部归其统辖。

诸侯们为了确保军事性建筑生产的劳动力，选用具有实际领导才能的工匠任命为“大工头”。“大工头”等职位的工匠们逐渐变成“被官大工”，他们和诸侯结成了主从关系；他们的地位从工匠们的代言人转变为封建的技术官僚，如京都的中井家、江户的木原家、铃木家等就是其例。

在江户幕府，建筑工程中的官职有“作事方”和“小普请方”等官职，江户城、日光东照宫等许多幕府直辖的工程以及和幕府关系密初的建筑工程都由从属于“作事方”和“小普请方”的工匠们承担。“作事方”里属于技师的人有“大工头”“大栋梁”“大工栋梁”“肝入”等官职，诸侯们给这些技师支付俸禄，并提供宅第。技师掌管诸作匠人之事，其任职人数依据年代不同而不同。

大工头：铃木、木原、片山

大栋梁：甲良、平内、鹤、辻内、石丸

大工栋梁：大谷、沟口、依田、柏木（二家）、清水、小林、村松

以上各家都是子承父业，其他人无论有怎样的才能也不会得到任何晋升职位的机会。这种统管方法不单实施在人事管理制度上，在技术传承方面亦然。优秀的技术都以秘传的方式传承，传男不传女，只单传特定继承人。如此状况严重地桎梏了匠人们的自由创作热情。桃山时代至江户时代初期，各地工匠协同进行工程施工时期的建筑水平远超之后的建筑水平，这说明建筑施工的组织方式对建筑艺术成就有着重要影响。

自中世以后发展起来的“木割术”——木构架营造技术到近世初期已趋于成熟，形成了一整套建筑设计与施工上必须遵循的法式。木割术针对木结构各部构件的比例、尺度进行了量化、体系化的规范，其形成的完整技术体系也促使学习和掌握木构技术更加便捷。然而，随着木构营造技术的体系化，特别是随着这些体系化的技术以祖传秘籍的方式进行世袭，后继匠人们创新的活力日渐枯竭——一味地遵守家传古训，不再权衡各种构件间的和谐比例，不再追求意匠的创新之美；一味地使用绘画、雕刻等繁琐装饰来增加建筑美的深度，使建筑完全陷入虚假、庸俗的装饰堆砌之中。建筑技术与艺术自此停滞不前。

从艺术价值上看，中后期的近世建筑恰好与初期时的建筑状况相反，出现

了一定程度的衰退。如果将中后期的近世建筑限定在更小范围的技术层面上看，由于庶民阶层的兴起，建筑需求量扩大，技术工匠的总数量在此时期有显著增长。

对于具体每名工匠一天之内所能完成的工作量目前还没有相应的研究成果；但是，根据工匠之间的竞争度以及工程量增多的状况来判断，近世时期的劳动效率明显提高了。最能说明这种情况的是匠人们的劳动姿势发生了改变：古绘卷上描绘的施工中的工匠形象直到中世为止，都是弯腰或者坐着，而近世的画卷上出现了如同我们现在常见的以站立为主的工作姿势。也就是说，劳动效率的提高导致了施工姿势的时代性改变。

此外，劳动工具有了显著的进步。虽然一般的木工工具早在古坟时代就已经相当先进，今天常见的各种工具那时大体上都已具备；但是，直到中世为止，还没有大锯和台刨，它们直到近世才出现。

早在上古时代就已经有锯了；但是，那种锯是供横向截断木料用的工具，还不能用来纵向切割以将木料加工成板材。要想将粗大木料加工成薄板材，大家都沿用着古老的“打楔子劈裂法”——这种方法只适用于纹理顺通的木料。由于这种加工方法并不截断木料纤维，而是顺着木料纹理自然劈开，因此，从板材的强度与美观度来说，无可挑剔。

随着建设需求量的日益增加，木材呈现出供不应求之势。最初仅去伊贺、近江附近的山林采伐就足敷应用；然而，滥砍滥伐之后，人们不得不到更远的丹波、吉野、美浓等地的山林去采伐。木材供应不足，必然导致一材多用，因此促成了木料纵向切割技术的发展——发明了纵向木料切割工具。文献中记载的最早实例是室町中期的《下学集》里出现的名称——“纵拉大锯”。

此时期还出现了进行木材表面加工的台刨（平刨），而以前只有枪刨[1]。在木材表面找平刨光方面，枪刨远远不及现在的刨子（台刨或者称推刨）。与台刨同时出现的还有加工槽口用的各种槽刨，也就是说，出现了很多方便使用的新工具。凭借这些新工具，精细加工能够做得又快又好。新工具的出现不仅促使工作效率提高，还促进了各种榫卯结构的发展，使建造较以前各时代更为精巧细致的作品成为可能。

这里有必要特别说明江户时代工匠组织的变化情况。江户时代后期，幕府越来越重视严控建筑工程的费用支出。建筑工程开始实行承包制度，最早的实例见于1642年（宽永十九年）美浓南宫神社的营造工程。由于实行了工程承包制，

1. 铁头，端部如矢，木柄，用“锛”的方法平整木材表面，因此木材表面会留有印痕。——译者注

在幕府任职的建筑技术官员们的职责逐步转移到“如何能压低工程承包费”“如何挑选更便宜的工程队承包工程”等事项上。在幕府末年的《中井支配栋梁奉叹愿口上觉》中有如下记载：“近来，在管理幕府建筑工程时，精力都放在了怎样减少工程费用上，每天尽用来检查工程预算书等，而工程最最重要的规矩准绳之设计合理否之类的技术检查根本无暇顾及。”

由于高职位的建筑技师疲于应付事务性的工作，组织内部的最高技术负责转移到了低一级技术官员 “栋梁”的身上。稻垣荣三（太田博太郎的弟子，东京大学建筑史专业教授）指出，明治维新以后，在幕府中任职的建筑技术官员里没有任何一人能够适应新时代脱颖而出——其中原因就在这里。

二十六、城市的发展

日本古代（公元 7—12 世纪）的城市都是以政治为中心的城市，城市随着政治中心而转移，又随着政治中心而兴衰。国衙所在地[1]的城市随着古代律令制的废弛逐渐衰落。中世除了新兴的政治城市镰仓以及古代遗留的城市奈良、京都外，曾出现因经济发展而成形的新兴城市，如寺院、神社门前形成的商业区——“门前町”，佛教寺院周边信徒和有经济特权的工商业者们集中居住的“寺内町”以及港湾城市等；但是，武士阶层得势后，他们的居住地随之变成新的政治中心，应政治之需的地方城市又普遍发展起来。

如在“城郭建筑”一节中已经叙述过的那样，山城和居馆合二为一，导致出现“平山城”；诸侯们要求自己的家臣、下属集中居住在城郭周围，导致出现了“城下町”。城下町（包括城郭在内）不仅是军事中心，也是诸侯在其领地内行使其统治权的政治中心，同时又是经济中心。这里不仅聚集着众多武士，也聚居着众多工商业者，随着诸侯势力的不断扩大，城市日趋兴盛。

日本最大的城下町当然是将军的驻扎地——江户（今东京），其极盛期人口数量高达百万以上，堪称是当时的世界第一。城下町的人口数量根据统治当地的诸侯的收入高低而不同，因此，大藩[2]城下町的众多人口也就在情理之中了。在江户之下的大藩金泽、名古屋、仙台、鹿儿岛等地中，金泽、名古屋的人口数均在十万之上；仙台、鹿儿岛、熊本、广岛的人口数达六七万。此外，日本

---

1. 各地方政府所在地。——译者注
2. 即大诸侯管辖的领地。——译者注

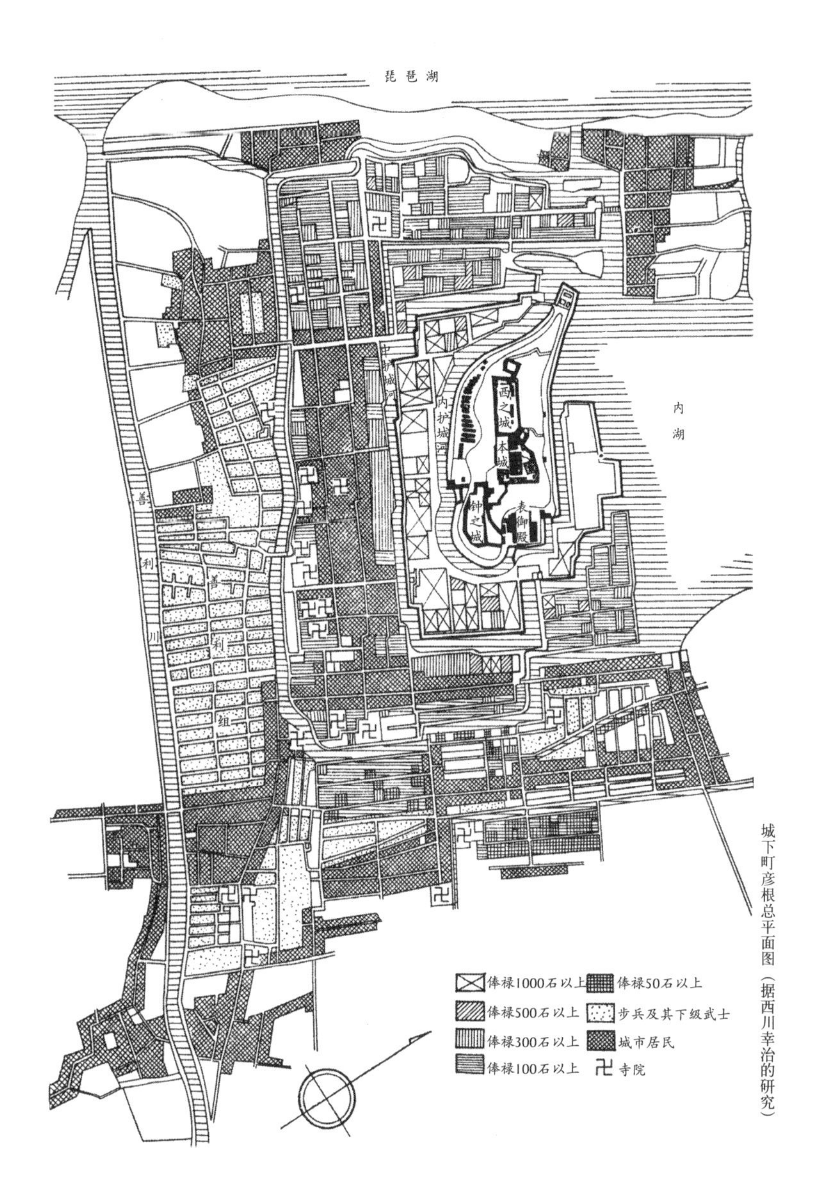

城下町彦根总平面图（据西川幸治的研究）

译者注：

① 本城：供城主及家族居住，以及战争时作为最后防御、抵抗的主城。

② 表御殿：城郭里进行公务和举行仪式的正殿。

③ 钟之城：有报时钟的城，城内有大广间之御殿及御守殿。

④ 善利组：“组”是“足轻”级别的下级武士们组成的居住单位或者训练单位。此处指该级别武士们的居住区，大约 750 米 x 300 米的地带。

全国尚有几十座城市人口数在一万以上。

城下町和自然成形的中世城市相反，从一开始就是按照规划建造起来的。城郭背负大河或湖泊，这是应防御之需。一般来说，市街地设在城郭的正门，也就是大手门前方；但是，随着人口的增长，市街地开始向城郭四周扩展。

城下町内有武家宅邸、神社、寺庙区域、门前町和町家[1]。武家宅邸里，诸侯重臣的府邸安排在城郭内；中级武士的住宅环绕城郭布置；下级武士的住宅被安排在最外围，如同城郭正门前的町家街区一样密集。

城下町的主要街道一般与城郭各方向的城门连通，偶尔也有道路呈放射状设置的例子。大多数的城市街区、道路用地的划分方法都和京都的棋盘式布局一样；但是，基于军事上的考虑，在许多地方故意把道路设计成弯曲、凹凸或者错位的形式，以防止敌人弓箭和枪炮的进攻长驱直入。道路也因此设计得很狭窄，一般只有四—五间[2]而已。

城下町的居民由领主（诸侯们）的家臣团体及为他们提供生活必需品的工商业者组成，这是具有消费性城市特征的政治性城市。它不仅是该地方的经济中心，也是商业中心。随着商业的蓬勃发展，城下町的商业特征逐渐增强。

近世城市发展的主流是城下町；但是，随着交通和商业的兴盛，从中世时期起，商业性城市日渐增多，如在大量商品转运基地出现港湾城市——这里桅樯如林，物品辐辏，客商云集，货栈繁荣……一派生意兴隆的景象，其中最大的港町首推大坂（今大阪）。大坂虽不像江户那样拥有百万人口，但最盛时也超过了四十万。城里占人口大多数是工商业者，这一点和城下町中武士、町人各占一半的状况有所不同。大阪是纯粹的商业性城市。

“门前町”是商业城市的另一种类型。中世时，神社和佛寺仍拥有自古以来的庞大庄园，借以养活数千计的僧侣或神职人员，同时，来神社、寺院参拜的民众也数不胜数；因此，以这些人群为主要消费对象的市场得到了极大发展，并逐步发展成为“门前町”。这一时期该类城市欣欣向荣。曾以古代首都平城京而繁荣的奈良自平安迁都以后逐渐衰落，此时却因为兴福寺和春日神社门前町的形成而再度繁荣。之后，伴随神社、佛寺势力的衰退，门前町让位于城下町，在近世再也没有展现出更大的发展。

伴随着工商业的兴盛，城市规模逐渐扩大，城市住宅问题及防火问题也随

1. 以工商业者为主的城市住宅区。——译者注
2. 长度单位，参见 P136 注 1。——译者注

之而来。

城下町的人口由武士和町人（商工业者）组成。就户数来说，武士家占三成，町家占七成；但是，武家因社会地位高，府内不仅有自身的家属，还包括其名下的众多家臣和奉公人（杂役、佣人等），所以就人口总数来说二者约略相同，在某些城市中，武家人口甚至占大多数。从宅基用地来看，武家（中上级武士）府邸不像町家住宅那样密集，二者的用地户数比正好相反，城市内土地的七成以上是武家府邸的宅基用地。

关于武士住宅，以江户一地为例："旗本"级[1]的武士根据其俸禄多少，住宅基地的大小为 70 坪[2]~3000 坪不等；诸侯级别的武士住宅基地大小为 2000 坪 ~7000 坪，而武家另设在郊外的住宅另当别论。一般这些住宅用地中一定包括其下属家臣们和奉公人等的住宅用地，所以其用地面积也决不是很宽裕。武家府邸中，往往沿街布置家臣们居住的长屋；在住宅前部设置"上段""一之间""二之间"等会客用空间以及主人使用的房间、办公性建筑等；在住宅后部设置夫人和侍女等起居的房间。因此，尽管 7000 坪听起来相当宽阔，实际上，由于高俸禄的武家里家臣人数众多，宅基地内除了留有几个小庭园外，应该是屋檐相连的密集状态。

毫无疑问，町家街区比武家府邸更加密集。江户的下町[3]由于住家密集，一旦一处发生火灾，火势就会迅速大面积蔓延，使当时本已薄弱的消防能力捉襟见肘。在二百二十余年间，烧掉长达二公里以上城市街道的大火灾发生了近百起，据此可以想象其火灾发生的频繁程度。为了防止火灾的发生，幕府发布防火条例，对失火者给予严厉惩罚，并加强消防能力，设置消防储水槽（亦称天水桶）。在建筑方面，设置避火带（满足消防要求的空地等），加宽道路，如设置"广小路"等，以控制火势蔓延。

然而，上述办法仍然无法有效防止大火灾的发生。防止火灾最有效的办法是如何能把一幢幢易燃的木构建筑转变成防火建筑。鉴于当时城市住宅都是木板屋顶或是稻草屋顶，都是易燃材料，幕府积极推行城市住宅全部改用瓦顶；鉴于传统的墙壁多采用木板壁，或是将木柱暴露在外的真壁造，幕府奖励改用灰浆粉刷起来的"涂屋造"。然而，普通市民无法完全靠自己的财力承担将住宅改造成瓦屋顶、灰泥墙的费用支出，幕府推行的防火政策进退维谷。之后，

---

1. 将军直属的家臣集团中，一年的俸禄在一万石以内的武士，有自身的领地和衙署。——译者注
2. 1 坪约 3.3 平方米。——译者注
3. 庶民居住的商业区。——译者注

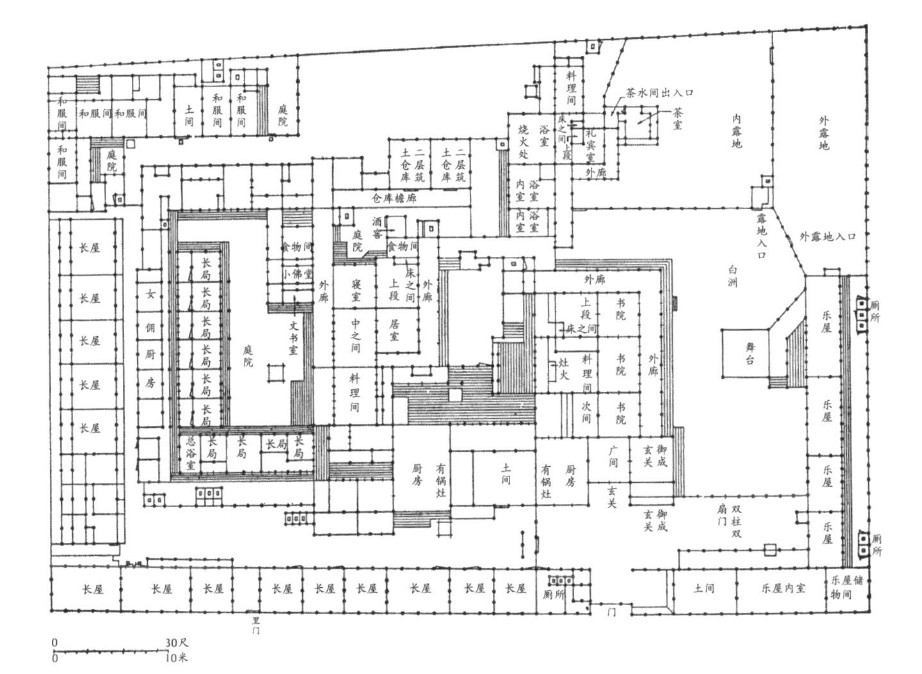

“春日局”府邸平面图

译者注：

① “春日局”府邸：为江户幕府德川家光将军的乳母的住所。“春日局”为朝廷对其乳母的封号。

② 御成玄关：为幕府将军巡幸时使用的玄关。

③ 露地：对茶室、草庵庭院的特别称呼。

④ 白洲：有舞台的院子里铺设白色鹅卵石，称为“白洲”。

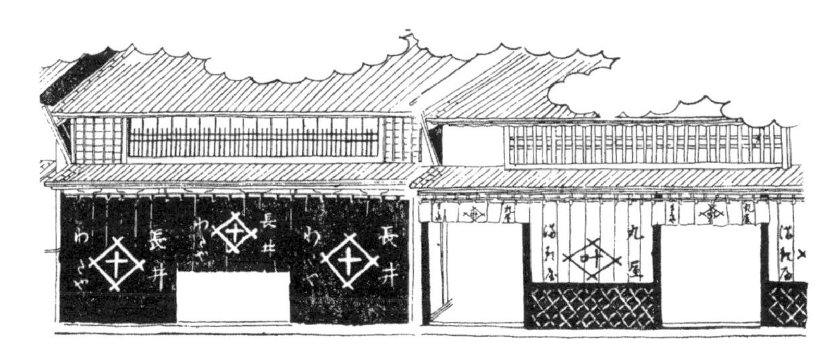

江户的町家（据江户名所图绘）

幕府采取划分地段，颁布法令强制实行或是采取发放防火贷款等办法，以期尽快落实防火新政。正因如此，自享保年间（1720）开始，江户瓦屋顶、涂屋造的城市住宅逐渐增多，主要街道的沿街建筑几乎全部改换了这种防火做法，形成了江户町家的特有风貌。

二十七、市民社会的建筑

江户时代后半叶的建筑，值得一看的遗迹很少，这是因为建筑工匠们忘记了如何去追求建筑各部件的优美比例，只是一味地被祖上传下来的木构营造技术的法式（木割）所束缚。工匠们对建筑美的追求也只限于建筑装饰。江户时代后期的建筑装饰既没有桃山时代的那种华丽绚烂，也不具备桃山时代的那种简洁洗练，完全坠入虚张声势的炫技之中，细部处理也变得俗不可耐。

然而，从整个建筑界来看，这一时代仍然具有其他任何时代都无可比拟的特点，那就是这时的建筑营造既不为神仙、佛陀，也不为领主、诸侯，而是为了广大的庶民百姓。由于商业的发展，市民阶级的家境逐渐殷实，到近世更加富裕起来，甚至出现了在经济上较诸侯、藩主更为富有的大商人。广大市民需要有娱乐、休闲的公共场所。

这种公共性建筑空间最早出现在中世以后的寺院中，如善光寺或者浅草寺本堂。中世时的寺院本堂不再只是供奉佛像的场所，人们由以前必须在本堂外进行礼拜转变成穿着木履直接入内进行参拜；因此，本堂已不再是庄严的宗教道场，它转变成了市民祈祷夙愿以偿的地方，或者也可以说是一种休憩空间。

建筑物规模大、装饰多，意味着建筑工程费用的高昂，同时也从侧面说明神社、寺院的香火兴旺，财源滚滚；所以，无论礼拜对象是神仙也好，是佛陀也罢，神社和佛寺都不再有建筑上的其他追求，只努力地装点和修饰。

剧场作为市民的娱乐性建筑出现了。剧场在桃山时代还只是临时性建筑，到江户时代就变成了常设性设施，到江户中期以后规模变得相当庞大。早期的剧场是“劝进猿乐能场”[1]的形式，往往是露天的，并不是完善的剧场建筑空间。17世纪末，即元禄时期，剧场周围的竹篱笆变成了木板围墙，舞台也扩大到三间，而且在舞台的右侧扩充出配唱人落座的位置；舞台和观众席之间开始用拉幕分隔；“桥挂”[2]变宽；观众席中的竹席式包厢有的高达三层；正面观众席之上设

1.“劝进”意为鼓励向佛寺进香钱，“猿乐能场”即为上演“猿乐能”的场所。——译者注

2. 能乐剧场中最有特色的演员出场用的桥式通道。“桥”的形式寓意着挂在两端截然不同的生死世界。——译者注

角屋

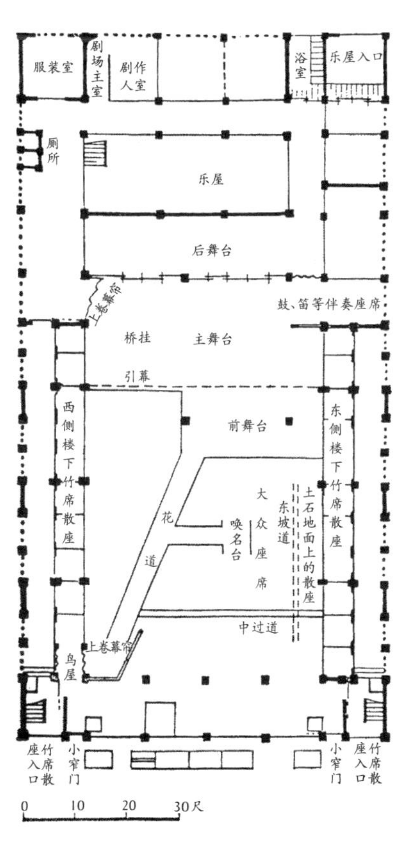

左下：中村座剧场 A.（元文年间，1736—1741. 须田敦夫复原）

译者注：

① 引幕：从两侧拉开的大幕，与以上卷方式起落的大幕相对。

② 鸟屋：为演员们登上“花道”出场时用的房间名称。

右下：中村座剧场 B.（元禄年间，1688—1704. 须田敦夫复原）

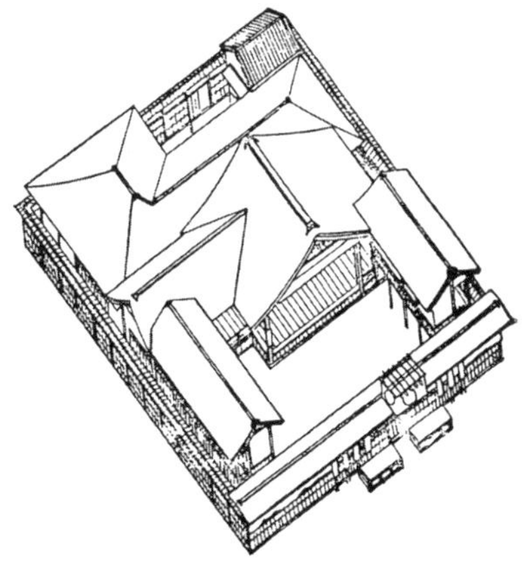

有木板屋顶。

歌舞伎发展出具有自身特性而又完整的舞台形式已是18世纪中叶的事了。歌舞伎舞台首先废除了象征着能舞台特征的“大臣柱”及其上的山面朝外的屋顶，也就是说，省略了能舞台上原来的柱子和屋顶，只剩下平台，这样舞台变得开敞宽阔，并发展出歌舞伎独有的“花道”[1]、升降台、旋转舞台、小地道出入口及转换布景台等机关设备。至今尚存的拥有江户时代观众席的剧场建筑是琴平的金丸座，仅此一座而已。不过，歌舞伎舞台在农村分布很广，江户末期的舞台在各地均有遗存。

与剧场建筑同时得到发展的还有各个城市的声色场所，即欢乐街，或被称为“游郭”，如江户的吉原、京都的岛原、大坂的新地、长崎的丸山等。各地的游郭都得到了很大的发展。17世纪末，据说在大阪新地有游女2200余人，而在同一时期的江户吉原，也不乏“昼如极乐，夜如龙宫；珍味齐俱，香艳盈室”的史料记载。可惜这些酒楼、菜馆在逐次火灾中均化为灰烬，唯有岛原的“角屋”（典型勾栏院建筑）尚存，借此可以追想当初豪商巨贾们寻欢作乐的场景。

原来只为神道与佛陀服务的建筑变成了为平常人服务的建筑，这是江户时代建筑发展的最鲜明的时代特征。另一个重要的通俗化建筑类型是学校建筑。虽然这一时期的学校主要还是为武士阶层设置，并非为平民百姓服务，但是，学校建筑作为通俗化的一种新的建筑类型出现在日本历史上还是第一次。

说起学校建筑，其实最早可以追溯到平安时代的“综艺院”，但那是极为特殊的建筑。近世，在日本各藩属的领地内为培养藩士掀起了办藩学的热潮，因此出现了藩学学校建筑。18世纪末，其发展数量之多，设备之完善达到了令人瞩目的程度。

江户时期的学校建筑一般是由讲文习武的讲堂、教授所、教官及学生宿舍等几部分组成。教室的形式有大讲堂——一个大厅中许多人一起上课，另有以学寮为中心分成许多小教室，基本上是这样两种形式。因为依据儒家思想而设，所以一般学校都设有祭祀孔子的圣庙。遗憾的是这些学校建筑大部分都在第二次世界大战的空袭中被烧毁，剩下的往往是原来学校建筑中很小的一部分，唯有在备前（藩名，今冈山县东部）冈山藩的乡学校闲谷黉中还完整地保存有圣庙（1684，贞享元年）、讲堂（1701，元禄十四年）等主要建筑单体，由此可知江户时代学校建筑的具体形式。

---

1. 经观众席通向舞台的供演员出场用的架高通道。——译者注

上：闲谷黉全景图
下：闲谷黉讲堂

二十八、城市住宅（町家）与农村住宅

城市中，既有统治阶层鳞次栉比的豪华大宅邸，也有下层人民的简陋长屋式住宅，二者并存。贫富差距自古有之，平安朝，与优美的大寝殿造式住宅形成强烈对比的就是木板盖顶的粗陋庶民住宅。那时的城市发展还没有近世这般发达，虽然在居住水平上存在着显著的贫富差异，但就日常生活本身，特别是在环境卫生上，由于当时周围还都是空地，所以并没有出现近世城市那般恶劣的状况。

平城京中住宅以一町（四十丈）为一个街区。把一町分成十六等份，以十六分之一为一份宅基地，即宅基地的标准大小为宽五丈深二十丈。在《正仓院文书》中可以查到当时抄经师的宅基地是以上标准宅地大小的二分之一或者四分之一，据此推测，当时普通庶民的宅基大小当在一町的三十二分之一或是六十四分之一范围内。

一处宅基地中建一二幢房子，其具体规模尚不明确，但每幢建筑的面积当在10坪左右。据正仓院所藏史料《右京计帐》中的记载，当时每户人口约为十到二十人，大约是一人一坪。

平安京城内住宅用地的划分实行了“四行八门制”，即把每一町的东西向四等分，南北向八等分，以此划分出的每一份额地块上分配一户户主，以此为标准；因此，每一户的住宅用地大小为南北五丈、东西十丈。由于平城京已出现大小为标准宅基地一半的宅基用地，所以不难想象平安京也很快地出现了比标准宅基地更小的宅基用地。一般来说，标准宅基地面阔五丈，进深十丈，在南面和北面分别设有道路，即一块标准宅基地大多是两面邻接道路。这种模式使日后把一块标准宅基地在南北方向上平分为两块宅基地成为可能。随着城市的日益繁华，东面（或者西面）临街的宅基地块，往往又被纵向分割成二等份，出现了面宽二丈五尺、进深十丈（约7.5平方米 × 30平方米）的狭窄条形宅基地。如此狭长的宅基地划分方式促成了栉比连檐的町屋出现。

自平安朝末期到镰仓、室町时代，町屋的情况从古画中可以略知一二。它们都是面阔三间，其中两间是用挂钩吊着的板户窗[1]，另一间土墙上开设出入口。一进门是土地面的房间，窗下的室内地面都铺设木地板。如果用前述宅基土地划分的标准来考察此类住宅，则柱间距约为2.5米，建筑面积约为20坪，占宅

---

1. 日语为“蔀”，在柱子上设有安装凹槽，窗可拆卸。——译者注

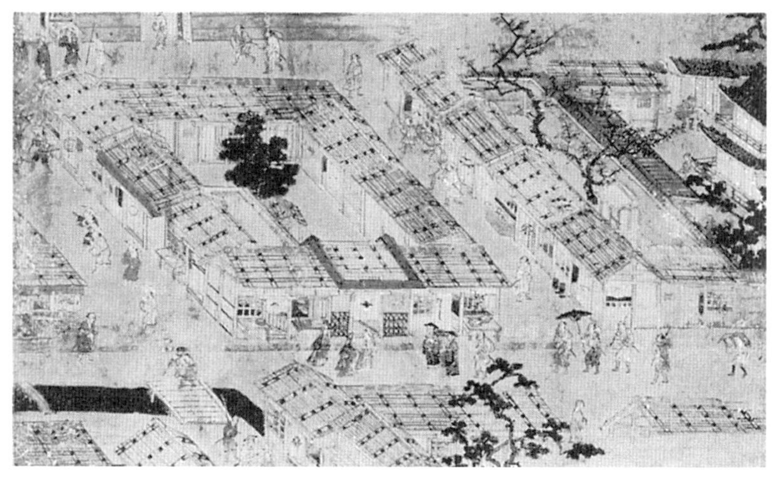

上：《年中行事》绘卷，《信贵山缘起》绘卷上的民居
下：洛中洛外屏风上的民居

基面积的三分之一。铺有木地板的室内空间被划分成前后两部分：前部是起居室，后部是卧室。

城市中聚集着各个消费阶层，为了满足消费的需要，建立市场进行物资贸易。平安京发展的初期就设有市场，曾勒令严禁在市场以外的场地从事买卖活动。随着商品种类的增多，卖出买入量的增大，城市中出现了市场以外的小卖店。平安朝后期，在三条、四条、七条等处都设有小卖店。这些小卖店在窗外临街处加设木地板面，或是把一间柱距的板户窗全部打开以方便向外摆放商品。这种町家平面被沿用了很久，直到近世仍被因袭，成为现今关西地方上能看到的町屋住宅的原型。

中世时的城市庶民住宅以奈良为例，面阔3米左右的占大多数，可见其规模极小。京都的住宅从洛中洛外的屏风画中也可窥见一斑，尽皆面阔二间，进深二间的小建筑物。宅基地尽管面阔狭窄，进深却很大，所以在道路围起来的一个街区中，不沿街的中心部分留下了很多空地。

城市庶民住宅在近世得以蓬勃发展，屋顶开始铺瓦，二层楼的住宅增多，其具体情况可从“南蛮屏风”[1]和“职人尽绘”[2]中了解。在奈良县橿原市今西宅的梁下发现了庆安三年(1650)的“栋札”[3]题字，从而确定了今西宅是已知确切建造年代的近世初期的町家实例，非常宝贵。今西宅的做法被称为“八栋造”——一种屋顶叠加繁复的建筑形式。这里的“栋”指正脊；“八”是虚数，意为“多”；“八栋造”一般以歇山屋顶为主屋顶，前后左右再叠加其他方向的小屋顶[4]。今西宅同时又是豪壮的“涂笼造”[5]，是一种屋顶全部铺设筒瓦的乡镇住宅：其面阔八间（长度单位）；一侧是面积较大的压实土地面的交通内庭；铺设木地板的房间有八叠、十叠、八叠；沿进深方向排成两列六间房子，后面似乎另有房间。由此可知，当时乡长或町长级别的乡绅住宅规模不可小觑。奈良县五条市栗山宅里有庆长十二年(1607)的“栋札”题字，是目前所知年代最古老的民居。它和今西宅具有相同的平面形式，有压实地面的“土间”以及八叠、十叠大小的房间各三间，这些房间也是沿进深方向排成两列六间，中央夹着的一间暗房间。有所不同的是：在今西宅中有低矮的二层（一般做储藏）楼形式，栗山宅则只有一层；今西宅在土间临前方道路的一角设有叫做“下店”的店铺

1. 描绘葡萄牙人旅居日本的风俗屏风画。——译者注
2. 以各类工匠工作时的情景为主题的绘画。——译者注
3. 上栋时放置的木牌。——译者注
4. “八栋造”其实是神社和住宅模仿近世城郭建筑的繁复屋顶而出现的一种新建筑形式。——译者注
5. 近世时期，外露木柱、木板墙、椽檩头等全部涂上灰泥以防火的做法被称为“涂笼造”。——译者注

小间，而栗山宅没有。所有这些都表明栗山宅是更为古老的形式。

町家建筑中，富裕阶层的住宅在近世初期得到了相当的发展，而普通町家一般更加狭窄，面阔多在两“间”（约 3.6 米）之内，从现存的町家中也可以粗略了解当时的状况。纵然是规模小，町家一般临街而建，状况还不至于太差。一旦走进町家住宅的后面，你会看到混杂一处、不见天日的拥挤“长屋”[1]。

江户长屋的规模正如常言“九尺二间”那样，面阔九尺，进深二间（12 尺），仅仅 3 坪之地，全家人擦肩并足地挤住在一起。长屋之间是需要踩着排水沟的盖板才能勉强侧身通过的狭窄胡同。一栋长屋有几户到十几户不等，厕所、垃圾点、水井全部集中在一个地方，各户共同使用。长屋的房租平均每坪 2—3 文；但随着物价高起，房租也急剧上涨。幕府为了救济贫民，屡屡下令禁止乱涨房租，但始终没有推行任何从根本上解决问题的政策，致使住宅问题旧态依然地一直拖延到明治以后。

关于中世农村住宅的史料极为稀少，据 1310 年（延庆三年）伊势的例子来看，其规模小自 1.5 坪起，大的可达 35 坪。其中大多数农村住宅用地规模均在 5 坪左右，鲜有超过 16 坪的例子（参见伊藤郑尔《中世住居史》）。

目前对中世农村住宅的平面布局不甚了解，可能只有一间土间，或是分成“土间”和“板间”[2]两部分。农村住宅里村长或富有阶层的代表性住宅实例有保存在兵库县神户市内被称为“千年老宅”的箱木宅。在这座住宅里，最古老部分的面积大约二十余坪，它由“土间”“纳户”和“大厅”等三室组成。此处的“纳户”即为寝室，“大厅”则相当于贵族住宅中的“出居”，是起居兼会客用的房间。

近世，各地均保存有不同人氏和不同家族的家谱，并逐渐公诸于世，据此可知近世初期的农村住宅的规模。以宽永三年（1638）肥后的农村住宅实例来看，村长级别的“名主”住宅里自家人加上佣人近三十人，但其主屋规模也不过是宽两间半（15 尺），深五间（30 尺）的样子。1654 年（承应三年）信浓地方上农村住宅的主屋规模也在 20 坪以内或者比前者稍大。农村住宅室内一半是土间，因此如果是 20 坪左右的农村住宅，铺了地板的居室面阔也不会超过二间（12 尺）。

当农村住宅规模超过 30 坪时，设置木地板的居室有三间，也就是所谓的“广厅”形式，它产生于近世初期。由于农村宅基地相对宽裕，木地板房间可达四室之多。在近世初期的大阪河内地方的地主住宅吉村宅里，除了居室部分外，

---

1. 长排连栋木结构住宅。——译者注
2. 铺木地板的房间。——译者注

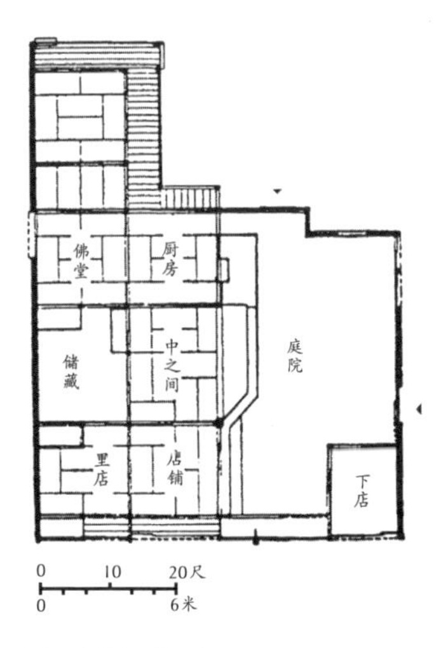

左上：吉村邸（大阪府）
左中：长野县秋山乡的民居（丰中民家集落博物馆提供）
左下：今西邸（橿原市）
右下：今西邸平面图

另外设有专门用于接待客人的迎客空间，而且这一部分的建筑做法采用了书院造形式，据此可知书院造的影响已经渗透到农村上层家庭的住宅中。

吉村宅的木结构做法也与城市里上流住宅的相同。前述信浓地区农村住宅的例子大部分是掘地立柱的结构方式，而在东北诸藩曾屡有禁止铺设木地板的政令；可见在落后的农村地区，住宅结构依然处于相当原始的状态，大多数人家也依然保持着在土地面上作息的古老生活方式。

关于土间里的日常生活实例，在《日本民家史》(藤田元春 著)和《建筑四十年》(小仓强 著)中均有描述。最近，从长野县秋山乡迁建到丰中民居集落博物馆中的农村住宅的室内全部是土间形式：其平面为长方形，在一个角上围成卧室，中间二处掘地立柱；屋顶及外壁盖有茅草。该住宅建造年代不甚明了，估计可能是18世纪后半叶的作品。对比近畿那样住宅发达地区和秋山那样住宅发展滞后的边远地区，民居的发展进程相差悬殊；但是，即使在信浓地区，建于1680年(贞享年间)的驹根市竹村家住宅也设有床之间、装饰壁板、付书院的客厅，明显来自书院造的影响。因此，可以推断18世纪初期，即使是在落后地区，村长、乡长级别的农村住宅里也出现了专用的会客空间。

综上所述，由于在农村住宅的发展过程中，地方性差异很大，因此不可能对日本民居的发展过程进行全国统一的时间断代。但是，依然可以说民居的发展规律是：从掘地立柱向础石立柱发展；室内地面从土地面向木地板、榻榻米逐级发展；室内房间数从一间逐步发展到二间、三间直至现存最多的四间田字格式平面。

就劳动工具来说，在今井地区的今西宅中可以确认对台刨的应用，而比今西宅晚三十余年建造的伊那地方的竹村宅里，在客厅中使用了台刨，在居室中使用了手斧。可见在这一时期或者更晚一些时候，下层住宅中仍然一直使用手斧进行木作加工。

四周立柱的民居平面布局从以往每间（约1.8米）必设柱子，其中半间设墙、半间设出入口的做法发展到一整间全部被辟为出入口。出入口安装两扇板门或者一整枚纸槅扇，其外可另设防雨窗板；再后发展到柱子间距扩大至一间半或两间，柱间安装推拉门、板门、家具等。

住宅内部柱子的平面布局也发生了变化。由于使用了梁或者家具类构件作支撑，柱间距扩大，主要受力部位的柱子需要相应加粗，因此，建筑中心处的柱子变得十分粗壮——这就是人们常说的“大黑柱”的诞生。

民居建筑的发展历史是通过第二次世界大战以后的研究才逐渐搞清楚的。

最近，东京都、北海道、大阪府、京都府以及其他各“县”[1]都在积极开展民居调查。即使没有“栋札”或者墨迹题记，目前也基本能推断出民居的建造年代，包括城市住宅的町屋在内，很多民居建筑被指定为“国家重要文化财”。

二十九、西洋建筑的传入

1543年（天文十二年），葡萄牙人来到了鹿儿岛以南的种子岛。1549年（天文十八年）弗兰西斯科·沙勿略在九州传播基督教，并在日本建造了第一座基督教的教堂。

此类初期的教堂只是在日本旧有的建筑上架设十字架，对内部设施也只是稍加改造以适应教堂建筑的使用功能，并不是真正意义上的西洋建筑（冈田章雄，《南蛮习俗考》）。这种状况持续了很长时间，直到17世纪西洋建筑的正式传入。由于丰臣秀吉对天主教的镇压，1639年（宽永十六年）颁布了锁国令，以致西洋文化只能从一个小小的长崎岛如涓涓细流般地流入日本。

江户时代后半期，虽然“洋学”兴盛，但并未波及到建筑界。就管见所及，只是本多利明（1744—1821）在《西域物语》一书中介绍过西洋住宅。在《经世秘策》中为了有效避免火灾发生而提倡发展石构建筑，并建议大量使用钢铁和玻璃。

18世纪后半叶，西洋各国相继入侵亚洲，当然也不可能不牵涉到日本。日本沿海地区经常可以看到西洋船只游弋，呼吁加强海防之声甚嚣尘上，使原来从医学层面兴起的洋学逐步转移到军事科学上。

为了改进青铜大炮的性能，向钢铁大炮发展，日本各地大力兴建用耐火砖砌筑的反射炉，用以冶炼钢铁。例如佐贺藩（1850—1851）、韭山（1853—1858）、萨摩藩（1852—1857）、水户藩（1854—1856）的反射炉等，这些都是日本最早的砖结构建筑。

科学技术的发展促进了炼钢厂、机械厂的建立。长崎制铁所（1857—1861）就是日本最早的真正现代化工厂建筑，工厂建筑是以石结构和砖结构为主的建筑群。

此前，萨摩藩曾经建立过以反射炉为中心建筑物的化铁炉、玻璃工厂等，但这些建筑在1863年（文久三年）遭到英军炮击而坍塌，时隔不久即被着手复建，并于1865年（庆应元年）全部竣工。它就是现存鹿儿岛的尚古集成馆——石结构，

1. 在行政级别上相当于中国的“省”。——译者注

平瓦屋面，屋顶结构中应用了西洋式桁架。

以上石结构建筑物的设计、施工详情已不得而知，但在九州有长崎和谏早的拱券石桥（俗称眼镜桥）、熊本的通润桥、鹿儿岛的玉江桥等，建立这些桥凭借的都是在江户时代发展起来的石拱券结构技术。毫无疑问，这些技术奠定了西洋式石结构工厂建筑的建造基础。

随后出现了长崎小菅的造船船坞(1866，庆应二年开工)、横须贺制铁所(1865，庆应元年开工)等。现存小菅造船船坞卷扬机楼的结构应用了西洋式钢桁架。

如上所述，工厂建筑最早引进的是西洋式桁架结构，日本工厂建筑作为引进西洋新结构和新技术的建筑典范值得大家关注。

随着日本开放各处港口，在各开港城市里为居住在日本的外国人服务的各种设施也日益增多。横滨建立了俱乐部饭店(1873，文久3年)，品川设立了五国公馆(1862，文久二年)和延辽馆(即外国人迎宾馆，1866，庆应二年)等。毫无疑问，这些建筑都具有西洋式的平面和外观。此外，在长崎建造了大浦天主堂(1862—1864，文久二年—元治元年)。初期西洋风建筑留存至今的只有大浦天主堂、格拉巴邸(1865，庆应元年)、鹿儿岛纺织厂的技师馆(1866，庆应二年)。从这些实例可以看出它们虽是木结构的西洋风格建筑，但其屋顶结构仍然沿用着日本传统的和风结构手法。

使用同样方法建造的建筑中，还有明治初年在各地建造的小学校建筑，例如松本的开智学校、佐久的中込学校等，它们都是运用了江户时代以来日本木结构技术建造起来的具有西洋式外观的建筑。

以上两种建筑倾向直到明治初期依然持续，而引进真正的西洋式建筑已是明治维新之后的事。1874年(明治七年)日本明治政府聘请沃特鲁斯和鲍安皮尔等“雇佣工程师”来日，聘用他们运用西洋建筑技术着手建造中央政府的各个机关大楼。

1877年（明治十年）日本政府聘请英国建筑师康德尔来日。康德尔在参与工务省内建筑设计工作的同时，还在工部大学校(今东京大学工学部前身)担任教职——这是日本引进西洋建筑学教育的开端。康德尔自来日一直到1920年(大正九年)在日本去世，期间共主持了七十余项建筑工程设计，并在工部大学校培养了以辰野金吾为首的诸多建筑家。日后，这些第一代日本建筑家设计了日本银行大楼、赤坂离宫等当之无愧的正统西洋式样的建筑。长达四十五年的明治时代正是工部大学校的学生们拼命学习、吸收西洋建筑艺术与技术的时代。

上：大浦天主堂
下：三菱旧一号馆

附录 A 日本建筑史文献[1]

1. 附录中论著与论文的时间标注采用的是日本纪年法，日本纪年与公历纪年对照如下：

明治元年——1868 年 1 月 25 日起；

大正元年——1912 年 7 月 30 日起；

昭和元年——1926 年 12 月 25 日起；

平成元年——1989 年 1 月 8 日起。——译者注进行建筑史研究时，首先必须要清楚了解对于自己想要研究的课题，前辈学者们已经研究到了何种程度。为了便于做此类调查，需要有完善的专著目录和论文目录；但是，目前的状况是：日本建筑史的任何一个研究领域都没有完备的文献目录。在这本书里不可能将有关日本建筑史研究的所有文献都罗列出来，只能从中选择一些笔者认为比较重要的，并附加了解说。我期望在不远的将来能够制作出更加完善、完备的文献目录。

本书收录的仅仅是与日本建筑史研究直接相关的文献。根据研究的进展状况，有时还必须参阅考古学、美术史、宗教史、经济史以及其他一般性历史论著，其范围相当广泛。本书无法一一涉及所有门类，只在文献目录的开端列举了部分重要的一般性历史类文献，希望读者能够根据这些线索更深入查询。

本书选择研究文献的标准：第一，是重要的研究成果；第二，尽可能选择最近发表的研究成果；第三，以单行本的研究成果为主。这样的选择标准是因为新的研究成果读者相对容易找到，而在新成果的著作中可以找到对已有重要研究成果的引用信息，借此可以由新知古。

在研究成果比较薄弱的领域，有些文献的重要程度不高，但也被列举出来；在一些研究成果丰厚的领域，即使是重要的文献，由于篇幅所限也不得不割爱。对于研究文献的选择和评价，一定会因人而异；因此，不加分析和评论，只把所有文献都罗列出来的方法最为客观，可以避免评论带来的偏颇。为了避免刚步入研究之门的年轻人浪费时间，采用的就是这种方法。

另外，我摘选了刊登在论文集里的研究成果，即收录了论文集的目录。目前国内的文献目录都不收录论文集里的成果，这种做法使我感到非常的不便，因此我特意收录了论文集的成果。（在论文名下附有“其他”字样的，表示除了所刊载论文以外还有数篇同类论文。许多是学者自行印刷的研究成果，大部分是学位论文，其中的内容在《建筑学会论文集》《建筑史研究》等出版物上连载发表。）

一、论著目录

在本书文献目录中，基本上收录的是建筑史方面的单行本；所以，建筑史方面的单行本有这一份目录就足够用了。本目录没有涉及一般性历史、美术史、宗教史、地方志、寺庙志等，关于这些方面的资料需要另外查找；但由于目前还没有这些领域既往研究文献综合且完整的目录，查找只能分别使用各专业的文献目录了。杂志论文处于同样的状况。比较方便使用的文献目录有以下几种：

《东洋美术论文目录》（二册，至昭和 20 年为止）

美术研究所，昭和 16、23 年，美术研究所出版

《日本东洋古美术文献目录》（昭和 11—40 年）

美术研究所，昭和 44 年，中央公论美术出版

《日本经济史文献》（八册，明治—昭和 53 年）

本庄荣治郎，昭和 8—62 年，日本评论社 / 清文堂

关于第二次世界大战之后的文献目录，《建筑史研究》杂志也附有文献目录。《东洋美术论文目录》虽然存在不收录单行本以及建筑方面的文献多有遗漏的诸多不足，但由于此杂志主旨明确，文献收集范围广泛，因此使用非常方便。《东洋美术文献目录》在昭和 25 年以后停刊，查找之后的文献必须使用《美术年鉴》。《经济史文献》虽然以经济史为主体，但广泛地刊载了地方志或一般史料，在目前还没有日本史综合目录的状况下，《经济史文献》的利用价值变得更高。历史关系方面的文献主要有以下几种：

《日本古坟文化资料综览》（一、文献目录）

斋藤 忠，昭和 27 年，吉川弘文馆

《日本石器时代综合文献目录》

石器时代文化研究会，昭和 33 年，山冈书店

《综合国史论文要目》

大冢史学会，昭和 14 年，刀江书院

《佛教学关系杂志论文分类目录》（二册）

龙谷大学，昭和 6、36 年，龙谷大学

《神道文献总目录》

国学院大学，昭和 38 年，明治神宫

《法制史文献目录》（昭和 20—34 年）

法制史学会，昭和 37 年，创文社

《综合国史研究》（三册）

栗田元次，昭和 11 年，同文书院

《日本县别（各县）地志目录》

西岗秀雄，昭和 30 年，好学社

《昭和〇年（某年）的国史学界》

代代木会，昭和 5—19 年，筑波家

这本文献是年鉴，记录了历史学界的最新动向，其中也收录了论文成果，即刊载在论文集里的文章；因此，第二次世界大战前历史学界的文献状况凭借这本年鉴就可以大体把握。最近《史学杂志》也刊登文献目录和学术动向，但与美术相关的文献却很少。除此以外，当然可以利用历史专业各种杂志的总目录，但历史杂志的不足之处是：很少刊登最新的研究成果。

《建筑史论文目录》

太田博太郎，昭和 26 年，建筑研究所

此目录是没有正式出版的个人印制本，很难入手。此书的文献收录顺序按照杂志种类排列，没有对论文内容进行分类，因此使用起来不太方便，但其优点是：广泛地搜集了与建筑史相关的文献。

《建筑史研究》杂志中下列刊号里附有文献目录：

2/3 号（昭 20—24 年）；5 号（昭和 25 年）；9 号（昭和 26 年）；13 号（昭和 27 年）；18 号（昭和 28 年）；20 号（昭和 29—31 年）；28 号（昭和 32—33 年）；31 号（昭和 34—35 年）

第二次世界大战后，与建筑史相关的论文多刊登在《建筑学会研究报告》或《建筑学会论文集》（现在合为一刊，即月刊《建筑学会研究报告论文集》），以及《建筑史研究》（季刊）上，此外，《佛教艺术》（季刊）也时有刊载。此时期建筑史方面的论文很少在美术史、考古学和一般性历史类杂志上刊登——这和战前的情况正相反。第二次世界大战前，因奈良建筑遗迹较多，除了在建筑史研究会主办的《建筑史》杂志上刊登研究成果以外，在《佛教美术》《东洋美术》《梦殿》《国华》《美术研究》《考古学杂志》《史迹名胜天然纪念物》等杂志上刊登的建筑史论文远远多于在《建筑学会论文集》上发表的数量。根据自己要查找资料种类的不同，有时需要以后者为主去查找。

二、概说书

关于日本建筑史概说性质的书籍至今已经出版了约三十余种著作，但内容详尽又可资信赖的著作举荐以下两种：

《日本建筑史》（《建筑学大系》4-I）

昭和 43 年，彰国社

这本书由多位建筑史专家共同执笔撰写而成：古代部分由福山敏男执笔；中世部分由太田博太郎执笔；近世部分由藤冈通夫执笔；“结构和设计”由太田博太郎执笔；“建筑生产”由渡边保忠执笔。书中对参考文献进行了详尽的注释，对于研究的帮助很大，使用方便。

《世界建筑全集》I（《日本》I 古代）

昭和 36 年，平凡社

古代的建筑（太田博太郎）；伊势和出云（太田博太郎）；奈良诸寺（浅野 清）；天台真言宗诸寺（福山敏男）；寝殿造和京都御所（藤冈通夫）；神社建筑的发展（谷 重雄）；都城和宫城（泽村仁）；寺院遗迹的发掘（工藤圭章）；法隆寺的论争（村田治郎）；古代建筑生产发展的几个阶段（渡边保忠）；古代建筑的空间构成（井上充夫）；古代建筑的结构（铃木嘉吉）；佛像和建筑（町田甲一）；瓦（坪井清足）；御堂和御所（杉山信三）；贵族的生活（猪熊兼繁）；寝殿造之庭与作庭记（田中正大），年表；参考文献

《世界建筑全集》2（《日本》2 中世）

昭和 35 年，平凡社

中世建筑（太田博太郎）；镰仓再建东大寺大殿的形式（太田博太郎）；禅宗样的传来及其发展（太田博太郎）；和样与折衷样（伊藤延男）；中世的神社建筑（太田博太郎）；从寝殿造到书院造（川上贡）；俊乘坊重源（铃木嘉吉）；禅宗寺院诸堂（横山秀哉）；佛堂平面的体系（伊藤延男）；中世工匠社会的发展（大河直躬）；中世“斗拱组”的发展（大森健二）；设计意匠的变迁（伊藤延男）；禅院之庭（田中正大）；中世末的京都（铃木充）；中世奈良的町屋和住宅（伊藤郑尔）；年表；参考文献

《世界建筑全集》3（《日本》3 近世）

昭和 34 年，平凡社

近世建筑（藤冈通夫）；城郭（藤冈通夫）；住宅（藤冈通夫）；茶室（太田博太郎）；民居（伊藤郑尔）；社寺灵庙（太田博太郎）；安土桃山时代艺术和武将的理想（丰田武）；城下町及其居住（西川幸治）；障壁画（山根有三）；利休和建筑（堀口舍己）；幕府建筑和作事方（大河直躬）；木割书的出现（伊藤要太郎）；榻榻米的划分与定制（内藤昌）；学校（城户久）；近世之市民生活（高尾一彦）；剧场的跨度和地下空间（小泉嘉四郎）；烟花柳巷的繁荣（藤冈通夫）；回游式园林（田中正大）；桥梁（关野克）；年表；参考文献

此书共有三册，分古代、中世、近世各一册。每一册也都配有概说和十几篇专项论文，卷末附以参考文献和年表。由于文献仅限单行本，对研究者来说深感不足，但年表却较以往详尽得多，颇资利用。

《日本建筑史要》（二册）

天沼俊一，昭和 2 年，飞鸟园

此书在第二次世界大战后以“日本古建筑提要”为名曾经再刊，历史价值很大。此外，比较简单的著作有：

《日本的建筑》

足立康，昭和 30 年，创元社

《日本的建筑》

大冈实，昭和 43 年，中央公论美术出版

《图说日本文化史大系》（小学馆）里的建筑照片相当多，也可起到概说书的作用。非概说性质的书，以及从整体上论述建筑特征与作用的论文集，为了便于查阅也在这里列举如下：

《日本建筑和艺术》（上）

关野贞，昭和 15 年，岩波书店

日本建筑如何接受大陆建筑的影响；日本建筑的发展演变史；佛寺建筑；特别保护建筑（文物建筑）解说；日本工艺史概论；日本古瓦纹样史

《日本建筑的研究》（上 / 下）

伊东忠太，昭和 17 年，龙吟社

法隆寺建筑论；古代建筑论；自日本建国之初至明治之前的建筑史；明治以后的建筑史；日本神社建筑的发展；日本佛塔建筑的沿革；日本建筑的变迁；本邦梵钟说；我之日本建筑史观；飞鸟时代建筑；天平时代建筑；桃山时代建筑；江户之建筑；本邦佛教各宗之建筑；五重塔之塔心柱；南都（奈良）海龙王寺藏五重塔模型；多宝塔；

善光寺；神社及其建筑；工匠的祖神及其神社；伊势大神宫；从建筑的视角来看伊势神宫；严岛及其建筑；关于明治神宫建筑的设计；京都阿弥陀峰丰公庙之建筑；从美术看日光；从建筑看德川家灵（墓）庙；平安京/大内里及内里的建筑；江户城的保存；明治以来东京市街建筑的变迁；关于飞鸟建筑纹样的起源；关于天平时代装饰文样的论述；奈良时代的建筑纹样

《日本建筑史的研究》

福山敏男，昭和18年，桑名文星堂

春日神社的创立及其社殿的布局；年中行事画卷中的所谓平野祭图；八坂神社本殿的形式；八坂神社的塔；八坂神社的门楼；奈良时代兴福寺西金堂的营造；兴福寺西金堂遗物的遗传；大和法华寺；奈良时代法华寺的营造；奈良时代石山寺的营造；关于荣山寺八角堂的建立年代；室生寺的建立年代；清水寺/长谷寺/石山寺等的礼堂建筑；信贵山缘起画卷中所见的建筑；最胜四天王院及其障子绘

《日本建筑史研究》

福山敏男，昭和43，墨水书房

神社建筑中的外来影响；出云大社产生；成立的考古资料；出云大社的社殿；关于伊势神宫正殿创建的探讨；关于伊势神宫中的八重 ；热田神宫的土用殿；伏见稻荷大社的社殿；香取神宫的本殿；严岛神社的社殿；圣德太子时代的寺院；飞鸟寺的创立；丰浦寺的创立；四天王寺创立年代；葛木寺在厩坂寺之位置；法隆寺问题管见；法隆寺的创立；中宫寺的创立；橘寺的创立及其伽蓝布置；崇福寺和梵释寺的位置；大安寺和元兴寺在平安移建时代；兴福寺的建立；东大寺的各种仓房建筑和正仓院宝库；新药师寺和香山寺；野寺的位置；宇治平等院完成之前；宇治平等院小御所；六胜寺的位置；年中行事绘卷的推定法胜寺最胜会图；石上神宫的七支刀；江田古坟发掘大刀和隅田八幡神社藏镜的铭文

《日本的建筑》

太田博太郎，昭和43年，筑摩书房

关于原始居住建筑的体系；日本建筑样式之产生；平安京；平安贵族之居住生活；歇山式正殿建筑之产生；镰仓时代的建筑和工匠；宋样和和样；金阁和银阁；“城郭”和书院；桂离宫；江户的消防问题；建筑遗迹调查的发展；平城宫遗迹的发现

《日本史迹的研究》

上田三平，昭和15年，第一公论社

平城宫；荣山寺行宫；船上山行宫；二条离宫；周防国衙；齐尾废寺；山田寺；国分寺之塔；法隆寺；城轮栅；金崎城；牧城；一乘谷城；龙冈城；大阪城之采石场

《建筑史论丛》

村田治郎 编，昭和22年，高桐书院

关于法起寺和法轮寺三重塔复原设计考（浅野 清）；奈良时代的“黑木造”（关野 克）；关于庆长年间营造的紫宸殿；仁和寺金堂的研究（藤原）；丰前小仓城天守考（城户）；美作津山城天守复原考（藤冈通夫）

《京都史迹的研究》

西田直二郎，昭和36年，吉川弘文馆

神泉苑；淳和院；栗栖野瓦窑址；万屋町发现碧瓦；大宅寺；嘉祥寺；法性寺；五大堂；法胜寺；知足院；崇德天皇庙；小野乡之寺社；银阁寺之西指庵；妙敬寺；聚乐第；御土居；河阳宫；金色院；九品寺；八幡神社；金刚院；檀林寺

《近畿古文化论考》

橿原考古学研究所，昭和38年，吉川弘文馆

“高床式”建筑考（网干善教）；前方后圆坟筑造规划的发展（上田宏范）；日本古代劳动力的运营（西

诘仲男）；藤原之宫役夫所作之歌（吉永登）；平城京的特殊条里（里坊）制（秋山日出雄）；建筑遗迹调查的发展（浅野 清）

《日本古代遗迹的研究》（概说）

斋藤 忠，昭和 43 年，吉川弘文馆

宫城遗迹；国衙遗迹；城栅遗迹；寺院遗迹；村落遗迹；烧窑遗迹；坟墓遗迹；经冢遗迹；主要文献目录；主要遗迹一览

本书收录了所有遗迹，并有文献目录，非常便于使用。在建筑史家们的随笔散记中有许多值得参考的东西，特别是天沼俊一先生的作品，有纪行、报告以及许多照片，作为研究资料十分实用。在这里列出他的随笔集：

《日本古建筑行脚》

天沼俊一，昭和 17、19 年，一条书房

刀田山鹤林寺；高野山之国宝建筑；严岛神社五重塔及多宝塔；北陆之旅；歧阜爱知之行；定光寺和永保寺；黑谷之钟楼和阿弥陀堂；貘；垂脊之垂兽；释尊寺观音堂之佛厨、牡丹、蝴蝶；猫等建筑雕刻中所表现的“松、竹、梅”

《成虫楼随笔》

天沼俊一，昭和 18 年，一条书房

南禅寺方丈外檐下的枋间雕刻花板；佛岩攀登记；佛岩宝箧印塔；多治速比壳神社本殿拜殿手夹（类似雀替类的梁下装饰板）；蜂鸟；蜻蜓 · 大蜻蜓 · 和样拱木 · 唐样拱木 · 月梁上的驼峰数量；土用殿；旅行所见石灯笼杂谈笔记；石灯笼上所应用的散瓣莲花谈；泉北行；二条城二之丸御殿花板上的螳螂；官币中社严岛神社末社荒胡子神社本殿；圆光寺本堂柱的铭文

《续成虫楼随笔》

天沼俊一，昭和 21 年，高桐书院

敦贺市及其近郊的古建筑；和歌山纪行；重美石灯见学谈；岩船寺三重塔；灵山寺之国宝建筑；鸱尾（下）五种；花头子拱木和彩绘拱木；滋贺县野洲町稻荷神社藏驼峰部件 · 并附境内古宫神社社殿；续和歌山纪行；驼峰间动植物雕刻装饰；塔之基台；二条城二之丸御殿唐门楼上的凤蝶雕刻；本远寺释迦堂；松殿山庄；四天王寺的烧失与复兴（上）

《续续成虫楼随笔》

天沼俊一，昭和 22 年，明窗书房

锦织神社和兵主神社；关于古建筑细部之二三；甲信旅行记；续续和歌山纪行；村社志那神社本殿；四天王寺的烧失与复兴（下）

天沼俊一先生刊载在各种杂志上的文章如下：

当麻寺之舍利容器——《考古学杂志》

地主神社；明王院；智恩寺多宝塔；秋 寺；海龙王寺——《艺苑》

醍醐寺药师堂 · 经藏 · 清泷堂；荣山寺八角堂；安乐寺塔；远照寺释迦堂——《佛教美术》

富贵寺大堂；善光寺金堂——《历史和地理》

谈山神社十三重塔；松生院本堂；梅田（善福院）释迦堂；最胜院五重塔；久津八幡拜殿；飞 国分寺本堂；安国寺经藏；琉璃光寺五重塔；严岛五重塔；照莲寺；宝积寺三重塔；道成寺——《东洋美术》

樱井神社拜殿；山口市之国宝建筑——《建筑和社会》

妙心寺——《德云》

三、与中国、朝鲜相关的论著

毋庸置疑，日本建筑的源流在中国大陆。第二次世界大战以前，以伊东（忠太）、关野（贞）两位博士为首开展了日本建筑与东洋建筑史的关联性研究；但是，由于战后后继无人，加之不能自由地出国考察，此项研究一蹶不振。然而，这项研究的重要性并未因之减弱，特别是在中国，国家积极致力于文化遗产的调查与保护，已经发现了多处宋朝以前的木构建筑，但这些新资料目前还未能得到充分利用。我认为现在已经到了由新一代研究者重振这一研究领域的时候了；因此，在本书中除去该项研究的相关论文外，我还选择了针对中国、朝鲜建筑与日本建筑关系研究的单行本，列举如下：

和中国建筑相关的书

《大陆建筑对日本建筑的影响》（《日本的建筑和艺术》所收）

关野 贞，昭和 15 年，岩波书店出版

此书作为概说性质的书籍，全面地总结论述了日本与中国建筑的相互关系。

《中国建筑对日本建筑的影响》

饭田须贺斯，昭和 28 年，相模书房

此书对两国间建筑形式的每一个细部都进行了详尽的比较，是难能可贵的研究成果；但是，对日本建筑的研究尚嫌不足，对日本建筑细部历史发展的研究不充分，只要中国建筑有类似的细部，就立刻武断地认为这些细部来自中国建筑的影响——对这点我不能苟同。

与朝鲜建筑相关的书

《日本朝鲜比较建筑史》

杉山信三，昭和 21 年，大八州出版

要想了解日本建筑与中国、朝鲜建筑的关联，就必须了解中国和朝鲜建筑的历史；所以，在这里有必要列举相关文献。概说性研究有：

《世界建筑全集》4（东洋篇）

昭和 35 年，平凡社出版

《中国建筑史》（《建筑学大系》4（旧版）所收）

村田治郎，昭和 32 年，彰国社

《世界建筑全集》4 中“东洋建筑篇”的可贵之处在于附有相当详细的文献目录。战前的论著中，可资列举的都收集到以下论文集里：

《大东亚建筑论文索引》

村田治郎，昭和 19 年，清闲舍

最近的一些研究成果大都收集在下面建筑杂志特集之中：

《东洋建筑史的展望》

昭和 44 年，《建筑杂志》1005

东洋建筑史研究展望与课题（村田）；中国石窟的展望（福山）；宋营造法式的价值（竹岛卓一）；从原始住居到新罗建筑（金）；朝鲜的中世建筑（杉山）；中国的西域 · 西藏和云南的建筑（平井 / 八木）；中央亚细亚的伊斯兰建筑（石井）；佛教寺院建筑的形成和发展（西川）；新中国发表的重要文物建筑（伊藤 / 泽村 / 关口）；韩国现存重要建筑（金）；中国的文物建筑保护和古建筑的审批制度（宫泽）；东洋建筑史文献目录（1936—1966）

四、专业术语解说

对建筑术语陌生的人应该占绝大多数吧。在建筑概说类的论著之末都附带有相关建筑术语解说，可资利用，很方便，但常流于说明太过简单。一般人需要更详细的解说，有图示和照片者更佳。此类著作中比较实用的有：

《古建筑入门讲话》

川胜政太郎，昭和 41 年，河原书店

《古寺细见》

近藤丰，昭和 42 年，大河文库

《看古建筑的方法》

伊藤延男，昭和 42 年，第一法规

还想了解更详细内容的读者，可以使用：

《日本建筑辞汇》

中村达太郎，明治 39 年，昭和 6 年改版，丸善

战后虽然也出版了一些辞典类的书籍，基本上都以《日本建筑辞汇》为基础编撰，但关于木结构建筑术语的解说还不及这一旧作。遗憾的是这本辞书里没有涉及古代（7—12 世纪）的相关术语，因此在古文献中出现的古代用语就得靠研究者自己查找了。另外，这类旧书早已绝版，现在很难买到。关于术语解说的论文中，值得记住以下几篇：

《中古时代建筑平面图的表记方法》

足立康，昭和 8 年，《考古学杂志》23（8）

这是将明治以后把“屋身桁行三间，庇四面”的平面图表记方法（即简称为“三间四面”的平面）完全误解为“面阔三间，进深四间”的错误看法纠正过来的论著。在今天，正确的理解已变为常识，但在此论文出现之前，由于对术语的错误解释，造成了一些想象不到的错误。此外，关于术语解说的论文还有一些，重要者如下：

《床之间的意义》（《中世住宅史研究》所收）

野地修左，昭和 30 年，日本学术振兴会

《床的意义及其变迁》（《中世住宅史研究》所收）

野地修左，昭和 30 年，日本学术振兴会

然而，对前一篇论文吉永提出了质疑，对后一篇论文太田提出了质疑，如下：

《针对慈照寺东求堂“床”的问题回答野地先生》

吉永义信，昭和 26 年，《建筑史研究》6

《奈良时代“床”的意义》

太田博太郎，昭和 28 年，《建筑学会研究报告》21

《关于铺木板的地面》

太田博太郎，昭和 28 年，《建筑学会研究报告》22

五、建筑物的目录与图录

《综合重要文化财目录》（建筑物篇）

昭和 53 年，文化财建造物保存技术协会

这是一个目录，仅记载了年代和结构形式，详情未记。在此之前有：

《国宝建筑物略说目录》

川上邦基，昭和 14 年，古建筑庭园研究会

附有简单的解说。很多建筑在此书之后被批准指定为国家重要文物建筑，该书今已绝版。

《日本建筑精华》（三册）

岩井武俊，大正 8—11 年，便利堂

书中每个项目必配一张照片和一千字左右的解说，使用起来很方便，可惜记录截止年为大正 11 年（1922），所以只收录了这一年之前的被指定文物建筑。

关于国宝建筑的书籍另有：

《国宝事典》

文化财保护委员会，昭和 43 年，便利堂

这本书方便实用。《修理报告书》《国宝建筑物》《日本建筑》等对单体建筑来说都是很好的参考文献，这本书将它们都收录到相应的参考文献处。

总体说明类的书籍有：

《日本建筑史图录》（六册）

天沼俊一，昭和 8—14 年，星野书店

这本书尽管收录了许多重要建筑，但每座建筑物照片要么不充分，要么过多，成为一大缺憾；不过，该书对了解建筑细部构造很有帮助。

最近出版的有：

《国宝》（1—6）

文化财保护会，昭和38—42年，每日新闻社

《原色版国宝》

文化厅，昭和42—44年，每日新闻社

《国宝重要文化财指南》

太田/町田，昭和54年，每日新闻社

《日本建筑指南》

北尾春道，昭和37—39年，彰国社

奈良（上/下）；关东；关东/东北/北海道；京都的古建筑

《国宝》中的每座建筑必附一张平面图和一千字左右的文字介绍，但没有刊登建筑物的立面图；解说文由官厅机关编撰，不太精准，似嫌不足。《日本建筑指南》每座建筑都附有一张照片和一段解说文，收集了几乎所有的重要文化财建筑物，使用起来很方便；但是，解说词也有很多不足之处。《原色版国宝》是《 国宝》系列书籍的普及读物，照片相同，文字解说过于简单。

战后，以国宝建筑所在的都、道、府、县为类别，先后出版了各种目录或图录；但大多数太过简略，不便于研究者们使用。根据所在地出版的文物建筑解说书籍如下：

《京都美术大观》（建筑/茶室）

藤原义一，昭和9年，东方书院

《古建筑巡礼》（奈良）

服部胜吉，大正14年，木原文进堂

《长野县文化财图录》（建筑物篇）

太田/桥本/伊藤，昭和30年，长野县

《大阪府文化财图说》（建筑物篇1—3）

浅野/竹原，昭和35—38年，大阪府

《神奈川县建筑史图说》

大冈实，昭和37年，神奈川县建筑士会

《镰仓的中世建筑》

关口欣也，昭和42年，镰仓国宝馆

《四国地方的文化财》

昭和39，《佛教艺术》53

四国的古建筑（铃木）；四国的城郭建筑（藤冈）

《山阴美术》

昭和41年，《佛教艺术》60

山阴的神社建筑（福山）；山阴的佛寺建筑（浅野）；伯耆大寺的发掘（浅野）；松江城天守阁（城户）；菅田庵和向月亭（中村）

此外，图集之类皆可成为研究参考；但无论何种建筑史或美术史图集，其所列举的建筑都是一样的，所附照片也很少，因此能成为建筑研究参考的并不多，特别是刊载建筑平面、立面、剖面图的书更少，以上因素都影响了书的使用价值。《日本建筑史要》（天沼）其下卷刊载的全是图形，可资参考。另有：

《御所离宫照片及实测图集》

川上邦基，昭和17年，古建筑庭院研究会

此书是关于仙洞御所、桂离宫、修学院离宫、二条城建筑的重要资料。以下两书也很重要，可惜目前已经无法入手：

《文样集成》

建筑学会，大正2—15年，建筑学会

《特别保护建筑物及国宝帖》

明治43，内务省

六、结构与设计意匠

下面将与建筑结构和建筑设计相关的资料进行综括和收录。天沼俊一先生关于日本建筑细部研究的论著在战前曾被广泛阅读，其连载有：

《古建筑研究入门指南》

天沼俊一，大正9年—昭和6年，《史林》5（1）—16（4）

战后有：

《日本建筑细部变迁小图录》

天沼俊一，昭和19年，星野书店

此书介绍了日本建筑细部变迁的概要。具体内容是把建筑细部照片依据年代顺序排列起来，加以解说，并总结了各个时代的特征。参照本书，可以根据建筑细部进行年代鉴定，另外前面已收录的近藤丰先生的《古寺细见》也可参考。

自昭和10年（1935）开始，伴随着古建筑修理工程的开展，结构设计研究迅速发展起来；但其成果交流还只局限在相关专业人员之间，没有论著公开出版发行。建筑学大系日本建筑史中的“结构和意匠”（太田博太郎）就是对最新结构研究成果的概括和总结；前文收录的大冈实先生所著《日本建筑》中可以看到作者对于建筑设计的诸多见解。总体来说，有关日本建筑意匠与设计的论文数量相对很少。

《日本建筑意匠的特殊性》

大冈实，昭和14年，《国华》586

《日本的艺术和自然》

渡边让，昭和16年，《画说》50

《日中建筑曲线的成立》

谷 重雄，昭和17年，《建筑史》4（3）

《日本建筑的特质》（本书所收）

太田博太郎，昭和37年，彰国社

《日本建筑的结构和设计特征》

浅野 清，昭和28年，《美术史》9（3）

《日本上代建筑中的空间研究》

井上充夫，昭和36年，油印版

建筑实体的优越性；为了主体性的专有空间建筑；为了客体使用的特定空间的成立；为了客体的内部空间的诞生；具有中、近世特征的建筑空间之发生

《日本建筑的空间论展望》

昭和40年，《建筑杂志》949

对近代建筑空间的认识（桐敷）；古代神殿建筑的空间特征（渡边）；从古代到中世的佛堂建筑的演变（伊藤）；中世建筑内部空间的变质过程（浅野）；做为生活空间的寝殿造（稻垣）；近世的早期建筑（大河）；日本的都市（小寺）；解析几何学性空间和位相几何学（拓扑学）；性空间（井上）

《蟇股[1]试论》

伊藤延男，昭和43年，《佛教艺术》68

以下专著以古代至中世的建筑技法为研究对象，提出：侧脚、角柱的生起，六铺作出三跳斗拱的形成，六枝挂的产生，轩的规矩，草架屋顶结构的产生等各种技法问题，并进行了总结和归纳。具体有：

《木割 · 规矩》（《日本建筑技术史》所收）

乾 兼松，昭和36年，学术振兴会

相关论文有：

《斗拱组织及其表示法》

铃木义孝，昭和14年，《建筑学研究》93

《奈良时代建筑屋顶结构的复原研究》（及其他二篇）

浅野清，昭和18—19年，《建筑学会论文集》29—31

《古代建筑的结构》（《世界建筑全集》I所收）

铃木嘉吉，昭和36年，平凡社

《古建筑柱的侧脚问题》（及其他六篇）

大冈 实，昭和14—17年，《建筑史》1（2）—4（5）

《枝割的发展：特别是“六枝挂”斗栱的诞生》

大森健二，昭和30年，《建筑史研究》21

---

1. 即中国木构建筑上的结构构件“驼峰”。——译者注

《中世斗拱组的发展》（《世界建筑全集》2 所收）

大森健二，昭和 35 年，平凡社

《中世建筑在结构和技术上的发展》

大森健二，昭和 36 年，油印版

使用尺度；作为建筑物营建标准使用的“椽分”枝割制度；木构梁架结构的合理化；上部结构重量的支承法；地板及天花；向拜

《日本塔类建筑的柱间尺寸和枝割制》

浜岛正之，昭和 43 年，《建筑学会论文报告》143

近世建筑方面的著作以伊藤要太郎的“木割”和内藤昌的“叠割”[1]研究为主，他们各自发表了众多论文。内藤《间的建筑性研究》（1—21）发表在建筑学会研究报告中，其他主要成果可以归纳成以下专著：

《木割书的成立》（《世界建筑全集》3 所收）

伊藤要太郎，昭和 34 年，平凡社

《叠割》（《世界建筑全集》3 所收）

内藤 昌，昭和 34 年，平凡社

关于木割书及其他木工技术书主要有伊藤的研究，在他本人建筑全集年表中也罗列了相关的很多研究成果。

《大工技术书》

内藤 昌，昭和 36 年，建筑史研究 30

专著的末尾附有详细的论文目录，资料收集非常全面。

木割方面的著作还有传说是室町末期成书的《大工斗墨曲尺之次第》一书（造神宫司厅旧藏，日本学士院编，《日本建筑技术史》所收）。此外，还有甲良宗贺的《工匠式》（1637），沟口林卿的《纸上蜃气》（1758）等。另有《爱宕宫笥》（1699），以及贺茂规清的《火之用心的方法》（1837）等和消防有关的著作。今后还需要修订包括“土藏造”以及“家相风水”等内容的广泛意义上的建筑技术书目录。关于墙壁的专著有：

《日本墙壁的研究》

川上邦基，昭和 18 年，龙吟社

《日本墙壁的历史性研究》

山田幸一，昭和 36 年，油印版

奈良时代的左官（泥水匠作）工程；平安；镰仓时代左官工程；自中世至近世初始有关左官工程的匠作组织与技术；城郭建筑中涂笼的发展；茶室建筑中砂墙的发展；江户时代日本式墙壁做法的确立

山田先生也研究左官的组织机构问题，也许列入下一项“建筑生产”之中更为合适。

---

1. 以榻榻米的标准大小为基准设计建筑平面的方法。——译者注

在关于建筑细部的论述中，有许多关于“瓦作”的内容。如下：

《日本古瓦纹样史》（《日本的建筑和艺术》所收）

关野 贞，昭和 15 年，岩波书店

《造瓦》

岛田贞彦，昭和 10 年，冈书院

前者是叙述古瓦纹样变迁的历史，后者则记述了造瓦的方法和技术。关于瓦的论文和图集很多；但是，随着战后发掘与调查的大力推行，出土古瓦数量增加，研究也得到进一步发展，因此出现了要求修改战前古瓦年代断定的新说法。最新的论文有：

《瓦的历史——试论法隆寺出土古瓦群的技术史意义》

浦林亮次，昭和 35 年，《建筑史研究》28

《屋面瓦的变迁》（《世界考古学大系》4 所收）

藤泽一夫，昭和 36 年，平凡社

《续古代的技术：屋面瓦》

小林行雄，昭和 39 年，塙书房

《古瓦》

住田正一 / 内藤政恒，昭和 43 年，学生社

在《考古学大系》卷末附有瓦的相关文献目录。

七、建筑生产

关于建筑物建造过程的研究主要是从生产组织方面来着手进行的。战前的研究有奈良时代的“造寺司”、中世的匠人组织“座”、近世的“职业伙伴”等成果，这些研究都是从经济史学的视角进行考察的，取得了相当高的成就。在建筑史家方面，有福山依据正仓院所藏文献进行的研究。概述性的研究论著仅有《 建筑学大系日本建筑史》中的“建筑生产”一项（渡边保忠），而通史性的论著则有：

《匠人的历史》

远藤元男，昭和 31 年，至文堂

《日本匠人史的研究》（论集编）

远藤元男，昭和 36 年，雄山阁

关于原始工艺的备忘录；古代前期的手工业生产样式；部及其相关的各种问题；古代建筑史的一项考察；关于奈良朝的手工业；关于飞驒（日）贡工；庄园制发展时期内手工业生产的诸问题；十二世纪前后手工业者的经营与生活；关于中世匠人的工资报酬和生活；中世工业劳动的种种形态；中世的匠人 / 社寺 / 工钱 / 匠人组织——座的考察；中世匠人组织——座的垄断形态；中世手工业的诸问题

《日本建筑生产组织研究》

渡边保忠，昭和 34 年，油印版

日本建筑史上的建筑生产及其生产组织的系统考察；关于建筑的职业部与归化人[1]的活跃；律令制国家制度下的用工制度；关于木工寮的官制；飞驒工考；在工匠史上古代建筑生产构造及其向中世发展的过程；建筑工匠工钱的历史性变迁；建筑工匠在劳动时间上的历史性变迁；大工语义的历史性变迁

《日本的工匠》

伊藤郑尔，昭和 42 年，鹿岛出版会

《本朝木工调度考》

铃木义孝，昭和 18 年，《建筑学研究》100

《匠人诗歌赛及匠人题材的风俗画》

铃木义孝，昭和 18 年，《建筑学研究》114—116

《工具 · 材料和施工》（《日本建筑技术史》所收）

乾 兼松，昭和 36 年，学术振兴会

《日本科学技术史》

矢岛 / 关野编，昭和 37 年，朝日新闻社

筑城（城户）；建筑（关野）

《体系日本史双书产业史》一、二

昭和 40 年，山川出版

建筑 古代 / 中世（中村）；近世（太田）

《图说日本木工具史》

中村雄三，昭和 42 年，新生社

关于建筑材料方面的研究有如下论著提供参考：

《关于古材的研究》

小原二郎，昭和 33 年，千叶大学工学部研究报告

《日本的林业》

岛羽正雄，昭和 22 年，雄山阁

关于奈良时代的建筑生产，正仓院的文献记载可以提供详细资料：

《关于造寺司的社会经济史性的考察》（《上代寺院经济史的研究》所收）

竹内理三，昭和 9 年，大冈山书店

《石山寺在奈良时代的营造》（《日本建筑史研究》所收）

福山敏男，昭和 18 年，桑名文星堂

《法华寺在奈良时代的营造》（《日本建筑史研究》所收）

福山敏男，昭和 18 年，桑名文星堂

1. 指来自朝鲜半岛或者大陆的外来匠人。——译者注

以上是最基本的研究成果，此外还有：

《劳役和租庸调》（《律令财政史的研究》所收）

村尾次部，昭和 36 年，吉川弘文馆

《雇役制的建立》

青木和夫，昭和 33 年，《史学杂志》67（3），（4）

《关于日本上代工匠的研究》

野间清六，昭和 18—19 年，《国华》637—640

《部民的研究》（《日本古代史各问题研究》所收）

井上光贞，昭和 24 年，思索社

《官差杂役的研究》

弥永贞三，昭和 26 年，《史学》60（4）

《秦氏之研究》

平野邦雄，昭和 36 年，《史学》70（4）

《关于造东大寺司内的工人组织》

清水善三，昭和 39 年，《佛教艺术》55

《关于样式工的研究》

直木孝次郎，昭和 38 年，《续日本纪研究》9（12）

平安时代的研究成果如下：

《成功荣爵考》（《律令制和贵族政权》2 所收）

竹内理三，昭和 33 年，御茶之水书房

《寺院知行国之消长》（《寺领庄园之研究》所收）

竹内理三，昭和 17 年，亩傍书房

《从工匠的视角来看藤原建筑界》

太田博太郎，昭和 16 年，《建筑史》3（1）

《关于鸟羽殿胜光明院的研究》

小林文次，昭和 19 年，《建筑史》6（1）—（3）

《关于十世纪营造史的研究》

大河直躬，昭和 35 年，《建筑学会论文集》64

中世的建筑生产组织以座为中心。战前有远藤元男、丰田武等的研究，远藤的研究收在前述《日本匠人史的研究》中，其他尚有：

《长谷寺的罹火及其复兴》（《中世社寺和艺术》所收）

森末义彰，昭和 16 年，亩傍书房

战后，大河直躬的研究明确了大工职、座、座众的身份关系，厘清了匠人承包工程时的组织形式，其成果发表在《建筑学会论文集》与《建筑史研究》上。

《关于中世建筑制作组织的研究》

大河直躬，昭和 36 年，油印版

"大工 / 长 / 连"的组织研究，镰仓初期兴福寺营造及其工匠的研究，中世初期建筑工匠血缘组织的研究；"大工 / 引头 / 长 / 连"论；中世大和番匠名一览

《关于室町幕府御用大工的研究》

大河直躬，昭和 35 年，《建筑学会论文集》66

《关于大工一职建立的研究笔记》

大河直躬，昭和 34 年，《建筑史研究》27

《镰仓初期兴福寺的营造及其工匠的研究》

大河直躬，昭和 37 年，《建筑史研究》31

以上研究因为史料的局限，都以奈良工匠为研究对象。

《关于"座"之研究》

赤松俊秀，昭和 29 年，《史林》37（1）

《东福寺大工关系的新史料》

仲村 研，昭和 35 年，《史林》43（2）

《中世手工业的二三问题——以建筑生产为中心》

仲村 研，昭和 37 年，《史林》45（4）

以上研究展示了与建仁寺、东福寺与"座"相关的历史信息。日后，特别是一旦发现与禅宗建筑相关的资料，将会进一步推动中世建筑样式史的研究。最近发现的木材商史料都是中世时期的事例，具体有：

《中世商业史的研究》

丰田 武，昭和 31 年，岩波书店

在这本著作中有对问丸[1]的研究，另外，有必要参考经济史概说方面的论著。关于近世建筑生产关系方面的研究，战前有：

《江州甲贺大工结伙》

黑正 严，昭和 5 年，《经济史研究》8

《近世匠人史话》

远藤元男，昭和 21 年，诚文堂

《关于江户幕府工程营造的职制》

田边 泰，昭和 10 年，《建筑杂志》598

《关于江户幕府"大栋梁"甲良氏的研究》

田边 泰，昭和 11 年，《建筑杂志》609

1. 港口木材批发店、仓库。——译者注

《日光东照宫的营造》（《江户建筑丛书》所收）

大熊喜邦，昭和 22 年，东亚出版

战后的研究成果主要以铃木关于日本各地的职制研究为主：

《京都御所在江户时代的营造史概说》（1—9）

平井圣 / 铃木解雄，昭和 33 年，《建筑学会研究报告》42

《江户时代中期助役组织的考察及其他》

铃木解雄，昭和 35 年，《建筑学会论文集》66

《近世匠人的历史性作用》

铃木解雄，昭和 36 年，《建筑杂志》893

《幕府建筑和工程承包人》（《世界建筑全集》3 日本Ⅲ 近世 所收）

大河直躬，昭和 34 年，平凡社

《建筑预算技术的历史性发展》（1—9）

西 和夫，昭和 41—43 年，《建筑学会论文报告集》120—149

八、住宅建筑（1）：概说 / 古代

概说

日本住宅史概说直到昭和 10 年左右，市场出售的一直都是江户时代名著——泽田名垂著写的《家屋杂考》（《故实双书》所收）的翻版。此后有：

《寝殿造的考究》

前田松韵，昭和 2 年，《建筑杂志》491—492

《近世武家时代的建筑》（岩波讲座日本历史）

大熊喜邦，昭和 10，岩波书店

作为通史有田边泰先生写的《日本住宅史》（雄山阁出版，风俗史讲座丛书之一，昭和 10 年）。这本书是日本住宅史研究的第一部著作，其后住宅研究大为盛行。关野克先生的《 日本住宅小史》（相模书房，昭和 16 年）等著作，取代战前以佛教建筑为中心的研究局面。战后，住宅史成为建筑史学界研究的中心课题。先后出版了：

《图说日本住宅史》

太田博太郎，昭和 23 年，彰国社

《日本住宅史》（《建筑学大系》37 所收）

太田博太郎，昭和 45 年，彰国社

可以说这些都是对当时住宅史研究成果的总结，但随着此后研究的逐步积累与深化，很多地方需要修改。此外，住宅研究还应当参考《日本建筑史》（建筑学大系）中的有关内容。在一般性历史著述中对住宅的分析仍沿袭战前时一些错误说法的现

象时有出现，需要加以注意。与住宅关系密切的家具等生活器具方面的书有：

《日本住宅调度（家具）史》

江马 务，昭和 19 年，大东出版社

作为生活史的著作有：

《日本生活史》

猪熊兼繁，昭和 27 年，世界思想社

这两本书都很有特色，对贵族生活部分的研究非常具有参考价值。

原始住居

从绳文至古坟时代的住宅研究专著，最全面的是：

《上古时代的住宅："埴轮家"的研究》（《日本古代文化研究》所收）

后藤守一，昭和 17 年，河出书房

《上古时代的住居》（《人类学先史学讲座》所收）

后藤守一，昭和 15 年，雄山阁

主要论述的是竖穴的方方面面，作为研究资料的利用价值颇高；但是，大多数内容时间久远，其后的许多新发现需要再行补充。在《日本考古学讲座》（河出书房）或《世界考古学大系》（I—4）（平凡社）诸著作中也都分别论述了各个不同时代的居住问题。

《日本全史》I 原始（集落和住居）

斋藤 忠，昭和 33 年，东大出版会

《日本建筑史》（古代；住宅）《《建筑学大系》4— I》

福山敏男，昭和 43 年，彰国社

这两本著作中的注释很多，使用方便。战前，建筑史家的论文有：

《日本古代居住遗址的研究》

关野 克，昭和 9 年，《建筑杂志》591

《关于铁山秘书高殿的研究》

关野 克，昭和 13 年，《考古学杂志》28（7）

战后则有《建筑杂志》774 号，775 号（昭和 26 年）所刊：

《尖石的石器时代住居及其复原》（堀口舍己）；

《登吕原始住居遗址上的原始住居想象复原》（关野 克）；

《平出聚落遗址上的住宅复原》（藤岛亥治郎）；

《关于竖穴住居的研究》（石原宪治）；

《原始住居结构形式之一》（村田治郎）；

《古代住居的系统研究》（太田博太郎）。

另有以下各项：

《出云大社和古代住居》（1—6）

堀口舍己，昭和23年，《古美术》194—200

《关于竖穴住居的复原》（《日本建筑》所收）

太田博太郎，昭和43年，筑摩书房

《建筑的各种原始形式》（《考古学大系》16所收）

村田治郎，昭和37年，平凡社

《建筑杂志》所刊诸文章是先请各位作者对复原房屋进行报告和讨论，之后请各位执笔并提交稿件。虽然时光已久，我想作者们的基本观点应经得起时间的考验。另外，有众多的各种发掘报告书，列举主要相关书籍如下：

《登吕》（二册）

昭和24、29年，每日新闻社

《平出》

昭和30年，朝日新闻社

《伊豆山木遗迹》

后藤守一，昭和38年，筑地书馆

《高床式建筑考》（《近畿古文化论考》所收）

网干善教，昭和38年

《馆址—东北地方集落遗址的研究》

江上/关野/樱井，昭和33年，东大出版会

其中网干先生介绍了唐古出土的高仓图，江上先生等的"馆址"虽然时代稍后，但因为和竖穴有关，所以也列在了这里。此外还有：

《胁本埋没家屋调查概报》

秋田县教委，昭和40—42年

因为是被埋房屋，因此结构保持完整，是了解房屋结构的珍贵的实例报告。

《庄园村落的遗构》

镜山猛，昭和35年，《史渊》81

这是对福冈县濑高地方发现的平安—镰仓时代居住建筑遗址群的研究，值得重视。

古代宫殿建筑

关于古代的宫殿建筑有里松固禅氏的《大内里图考证》，这是个不朽的业绩，直到今天仍有很高的利用价值。在明治时代有：

《平城京及大内里考》

关野贞，明治40年，东京大学

昭和十年（1935）进行了两处遗址发掘，记录如下：

《藤原宫址传说地高殿的调查》（一、二）

岸熊吉 / 足立康，昭和 11、16 年，日本古文化研究所

《法隆寺东院的发掘调查》

昭和 23 年，国立博物馆

这两项考古发掘调查，查明了藤原宫的朝堂院和斑鸠宫的一部分平面布局。

《大极殿的研究》

福山敏男，昭和 30 年，平安神宫

这是战后刊行的战前研究成果。最近进行了难波宫 / 长冈宫 / 平城宫的发掘，发现了大极殿的遗迹，取得了丰硕成果。调查还在进行之中，最终的报告尚未出来，只对此发表了部分成果：

《都市的出现》（《世界考古学大系》所收）

工藤圭章，昭和 36 年，平凡社

《都城和宫室》（《世界建筑全集》1 所收）

泽村 仁，昭和 36 年，平凡社

《难波宫遗址的研究》（一 — 五）

山根德太郎，昭和 31—40 年，难波宫址显彰会

《平城宫址》

昭和 32 年，文化财保护委员会

《平城宫迹（1）· 传飞鸟板盖宫迹发掘调查报告》

昭和 36 年，奈良文化财研究所

《平城宫迹发掘调查报告》（2—4）

昭和 37—41 年，奈良文化财研究所

《长冈京和宫城的遗迹》

福山敏男，昭和 38 年，《佛教艺术》51

《日本古代的政治和宗教》

井上 熏，昭和 36 年，吉川弘文馆

宫城十二门的门号和乙巳之变；造营省和造京司；道慈；紫香乐宫

《平城宫》

龟井胜一郎 编，昭和 38 年，筑摩书房

《日本的都城遗迹》（《佛教艺术》特辑）

昭和 38 年，《佛教艺术》51，

古代宫都概观（岸）；斑鸠宫和传飞鸟板盖宫（浅野）；难波宫（泽村）；平城宫（坪井 / 工藤）；长冈宫（福山）；隋唐的都城（冈崎）；长安的大明宫（小野）；平城京发掘座谈会

《大津宫址的研究》

肥后和男，昭和 4、6 年，滋贺县保胜会

《紫香乐宫址的研究》

肥后和男，昭和 6 年，滋贺县保胜会

《日本的考古学》7 历史时代 · 下

昭和 42 年，河出书房

奈良时代以前的古京（泽村）；平城京和平城宫（工藤 · 河原）；平安京的变迁（铃木）；地方的官衙（福山）；古代的城寨（伊东 / 镜山）；中世 · 近世之城（城户）；神社（福山）；寺院（浅野 / 铃木）

作为平安时代的研究除藤冈的《京都御所》之外，还有：

《清凉殿的皇家装饰》

岛田武彦，昭和 13 年，内外出版社

这虽然是一本小册子，但它是了解古代室内装饰的宝贵资料。

古代住宅

作为奈良时代的住宅，法隆寺传法堂的前身建筑物和藤原丰成的板殿是最富盛名的实例，对这两栋建筑的复原研究有以下两篇论文：

《关于法隆寺传法堂之前身建筑物的复原研究》

浅野 清，昭和 19 年，《建筑学会论文集》33

《在信乐藤原丰成板殿复原考》

关野 克，昭和 11 年，《建筑学会论文集》3

平安时代的住宅即所谓的寝殿造，主要以太田静六的论文为奠基性的研究成果：除了《东三条殿的研究》（太田静六，昭和 16、17 年，《建筑学会论文集》21，26）外，还有《掘河殿 · 闲院内里 · 鸟羽殿 · 平安末期的贵族住宅研究》发表在《建筑学会论文集》上；关于钓殿、道长邸、法住寺殿、泉殿、定家邸的研究发表在《考古学杂志》上；清盛邸发表在《史迹名胜天然纪念物》上；闲院邸发表在《建筑史》上；花山院第及平安镰仓时代的“里内里”[1] 发表在《建筑史研究》上。其他学者的论著尚有：

《最胜四天王院及其“障子画”》（《日本建筑史的研究》所收）

福山敏男，昭和 18 年，桑名文星堂

《公家（贵族）住宅的发展及其衰退》

太田博太郎，昭和 16 年，《建筑史》3（3）

---

1. 天皇御所毁于火灾后，借用城市中贵族的住宅做皇居，称之为“里内里”。——译者注

《法住寺殿的规模、位置及研究》

杉山信三，昭和 31 年，《建筑史研究》23

《法住寺殿寝殿之北面御所的研究：书院造上段间和帐台构的构成起源考察》

岛田武彦，昭和 26 年，《建筑学会研究报告》15

《院之御所和御堂——院家建筑研究》

杉山信三，昭和 37 年，奈良文化财研究所

院家建筑；仁和寺的院家建筑；白河御堂；鸟羽殿及其御堂；法住寺殿及其御堂

其中府邸建筑的平面图主要是依据各位主人的日记复原出来的，战后才开始利用这些宝贵资料，并开始注重探究住宅各房间的使用功能。

《寝殿造的会客部分》

稻垣荣三，昭和 24 年，《建筑学会研究报告》4

《平安时代后期寝殿造的使用方法》

野地修左 / 多渊敏树，昭和 32 年，《建筑学会论文集》57

这方面的研究成果还不能说是足够丰富。此外，下面的研究对了解寝殿造的各个部件尺寸非常有帮助，是十分珍贵的史料：

《关于寝殿造邸宅营造文书》

福山敏男，昭和 31 年，《美术研究》184

九、住宅建筑（2）：中世 / 近世

中世住宅

中世住宅处于从寝殿造向书院造的过渡时期，这是个产生了许多有趣研究课题的时代。对这一时期的研究成果，目前已发表了许多重要论文，同时也遗留下不少悬而未决的问题。

《君台观左右帐记的建筑性研究——室町时代之书院与茶室建筑考》

堀口舍己，昭和 17 年，《美术研究》122—126

《洛中洛外屏风画的建筑性研究》

堀口舍己，昭和 18 年，《画论》18

以上两篇论文是关于书院造住宅形成历史的重要文献。堀口在前一篇论文中复原了东山殿平面图，但是许多学者对其中常御所、会所等北半部平面复原图存有质疑。

《中世住宅史研究》

野地修左，昭和 30 年，日本学术振兴会

一、围绕东求堂展开的各种问题的基础研究（关于东求堂古指图的研究；床之间的建筑意义；东求堂在住宅建筑史上的地位；东求堂在茶室史上的地位）；二、御饰书的研究（关于相阿弥传的研究；御饰书的书志学上研究；对其本质的历史性批判，其产生的历史性理解）；三、余论（中世住宅建筑中房间称谓；床的意义及变迁）

堀口先生所用的史料把“御饰书”当作是伪书，考证“床之间”历史上就是铺设木板的“板间”。我不同意以上说法，也不认为“御饰书”是伪书；吉永先生曾对堀口东求堂的研究进行了若干反驳。总之，目前对东求堂的复原应该以修理报告书为基本参考。

《日本中世住宅的研究》

川上 贡，昭和 43 年，墨水书房

一、镰仓后期内里和院御所的研究（大炊御门殿；富小路殿；常盘井殿；二条高仓殿；二条富小路内里）；二、镰仓后半期洛外院御所的研究（龟山殿；持明院殿；伏见殿）；三、镰仓时代公卿住宅的研究（近卫殿；一条殿；今出川殿）；四、室町时代的内里和院御所的研究（土御门殿；内里小御所；仙洞御所；伏见宫御所）；五、足利将军御所的研究（等持寺和尊氏的初期住宅；尊氏的鹰司东洞院殿和义诠的三条坊门殿；义满的室町殿和北山殿；义持的三条坊门殿；义教的室町殿；义政的御所）；六、中世寺家住房的研究（关于中世私僧房建筑；奈良禅定院和成就院的会所；关于禅宗寺院塔头方丈产生过程的考察；禅院客殿和书院；大坂石山本愿寺殿舍的研究）；附录（关于会所的建立；近世初期书院造的特征）

这本书是川上把他在《建筑学会论文集》和《建筑史研究》上发表过的论文结集而成。这些论著将寝殿造向书院造发展的历史过程通过复原镰仓到室町时代的住宅平面加以论证，搞清楚了前人未知的中世住宅平面布局，这是非常重要的研究成果。另外，川上使用了“晴”[1]和“亵”[2]这两个生活概念来分析住宅空间，研究角度非常有特色。

《从寝殿造向书院造的发展》（《世界建筑全集》2 所收）

川上 贡，昭和 35 年，平凡社

《金阁和银阁》

川上 贡，昭和 39 年，淡交新社

这两本书可说是川上研究成果的概说书。其对中世住宅建筑遗构方丈的研究也包含在前面刊载的论文里。下面的论著更方便了解中世住宅：

《禅院的建筑》

川上 贡，昭和 43 年，河原书店

塔头[3]的产生与成立；五山寺院的塔头；大德寺及其塔头

其他尚有：

《东求堂复原考》

山本荣吾，昭和 31 年，《建筑史研究》24

《再建金阁》

村田治郎，昭和 30 年，鹿苑寺

---

1. 指举行礼仪以及节日活动的非日常空间。——译者注
2. 指日常空间。——译者注
3. 寺院的分院。——译者注

《座敷[1]绘》（《室町时代美术史论》所收）

谷 信一，昭和 17 年，东京堂

《中世豪族馆城之研究》

小室荣一，昭和 35 年，《日本学士院纪要》17（1）

《“御饰书”的研究》

铃木 充，昭和 38 年，《建筑史研究》33

《关于信州文永寺密乘院指图的研究》

川上 贡，昭和 40 年，《佛教艺术》59

《中世庭园文化史》

森 蕴，昭和 34 年，奈良文化财研究所

大乘院的历史性考察；大乘院的复原性考察；大乘院庭园的作者；室町时代中期的庭园研究；在兴福寺末寺中藤原镰仓时代庭园遗迹研究

森蕴先生的论文给中世住宅研究增加了重要资料，应该加以关注。杉山信三在文化财奈良研究所年报（1960，昭和 35 年）中介绍了仁和寺常瑜伽院指图（室町时代），今后随着新史料的发现，极有可能在研究上取得更大成绩。

《修理报告书》

慈照寺东求堂

近世住宅

战前，这一专题大部分是大熊喜邦的研究成果，前面提到的《近世武家时代之建筑》中收集了这些成果的梗概。

《关于江户时代住宅建筑之法令及其影响》

大熊喜邦，大正 11，《建筑杂志》420

《丰公聚乐第的大广间》

大熊喜邦，昭和 15 年，《建筑史》2（1）

《关于建造住宅的物价劳银和店铺租赁土地的控制》（《江户建筑丛话》所收）

大熊喜邦，昭和 22 年，东亚出版

以上都是大熊先生的具有代表性的考论，而作为建筑遗构留存下来的大部分是方丈书院等——从属于寺院的建筑。

《国宝书院建筑图聚》

北尾春道，昭和 13~15 年，洪羊社

一、灵云院书院造建筑；光净院客殿；观智院客殿；二、劝学院客殿；圆满院宸殿；大通寺书院造建筑；三、本愿寺书院造建筑；四、观音寺书院造建筑；妙法寺大书院书院造建筑；劝修寺书院书院造建筑；五、妙喜

---

1. 有床之间、违棚等，并铺设榻榻米的和式客厅。——译者注

庵书院书院造建筑；西教寺客殿书院造建筑；曼殊院书院；六、大觉寺客殿宸殿书院造建筑；南禅寺方丈；七、吉水神社书院；今西家书院；中之坊书院；西来院奥殿；八、大仙院方丈；正传寺方丈；金地院方丈；九、本愿寺飞云阁；本愿寺黑书院；十、鹿苑寺金阁；慈照寺东求堂／银阁；十一、愿泉寺书院；孤篷庵书院；来迎寺客殿书院造建筑；十二、净土院客殿书院造建筑；知恩院方丈；十三、护国寺月光殿书院造建筑；观心寺书院；三宝院书院；真珠庵书院；妙成寺书院；名古屋城御殿

书中建筑均附有照片、图形和解说，将近世主要的住宅遗构网罗殆尽，作为资料使用非常方便。

《书院造建筑的研究》

藤原义一，昭和 21 年，高桐书院

关于书院造遗构的研究；书院造建筑的意义；书院造建筑的细部特征及其起源；书院造建筑的变迁；床之间及棚架的研究；书院造木割的研究

这本书以遗构为主对书院造建筑进行了研究，都是些基础性的知识，初学者有必要一读！最近的研究成果有：

《城和书院》（《日本美术》）

平井 圣，昭和 40 年，平凡社

《书院造》

太田博太郎，昭和 41 年，东大出版会

《城和书院》（《原色日本美术》）

藤冈通夫，昭和 43 年，小学馆

上述太田的研究是以书院造建筑形成的过程为中心来论述其在日本住宅史上的地位和作用；藤冈总结了战后所有的研究成果，是卓越的书院造建筑概说书；平井研究了书院造住宅的空间使用方法，其研究视角独特。作为个别案例研究，首推二条城书院和西本愿寺书院，下述研究成果把书院造研究扩展到了江户时代：

《关于二条城二之丸内诸殿舍房屋宽永年间的修理工程研究》

川上 贡，昭和 32 年，《建筑学会论文集》57

《西本愿寺对面所拙见》

藤冈通夫，昭和 30，《建筑学会论文集》33

此外，被称为内里遗构的各建筑研究成果如下：

《京都御所》

藤冈通夫，昭和 31 年，彰国社

近世以前的内里；内里在近世的变迁；内里各殿舍建筑在近世的变迁；内里建筑在近世的遗构（南禅寺大方丈；仁和寺金堂／御影堂；大觉寺宸殿；圆满院宸殿；妙法院大书院／玄关；大德寺敕使门；南禅寺敕使门；冰室神社表门；仁和寺表门；妙心寺麟祥院灵屋；冰室神社拜殿；正明寺本堂；丹波法常寺；上御灵神社本殿；下御灵神社本殿）

本书对其中所有建筑逐一详加论证，是依据宫内厅所藏史料，研究江户时代历次修建的御所建筑的重要著作，不仅概观了古代、中世的内里，卷末所附年表对于

研究古代、中世住宅史亦有很大帮助。另外关于仙洞御所、近世的贵族住宅有平井圣的众多研究，发表在《建筑学会论文集》上。其中平井提出了“样式区分”新说。

《关于江户时代会之间小御所的研究》

平井 圣，昭和 32 年，《建筑学会论文集》57

《日本住宅史上的样式区分》

平井 圣，昭和 36 年，《建筑学会论文报告集》69

最近关于书院造建筑研究的动向是利用江户时代的历史资料，研究各地大名府邸建筑的构成方法与使用方法。建筑学会的论文集中有平井圣；佐藤巧发表的相关论文，其主要成果如下：

《近世初期书院的特征》（《日本中世住宅的研究》所收）

川上 贡，昭和 43 年，墨水书房

《近世武家住宅书院的研究》

平井 圣，昭和 35 年，《建筑学会论文集》66

《仙台城居馆的变迁及其意义》（从使用功能的角度进行了分析）

佐藤 巧，昭和 35 年，《建筑学会论文集》66

《关于近世武家住宅形式的研究》

佐藤 巧，昭和 35 年，油印版

1. 大名居馆的构成及其变化（仙台城；伊达家江户藩邸；以礼仪为中心来观察大名居馆的构成；大名居馆的变化）2. 家臣的居住形式（仙台藩上级武士住宅；诸藩侍从住宅；大名家臣住宅的形式）；附武士住宅之门厅

平井另有研究是：

《日本的近世住宅》

平井 圣，昭和 43 年，鹿岛出版会

明历（1655）以后日本住宅出现了一个殿舍里只有一种使用功能的平面，平井把这一点定为近世住宅的特色，此观点值得关注。另外还有川上关于寺院方丈 / 客殿的研究，全部集中在前载《禅院建筑》一书中。

近世住宅中，桂离宫每每作为代表性的典型实例。关于桂离宫的著述多以写真集为主，有外山氏、藤岛氏、陶特（德国旅日的现代建筑家）氏、泽岛氏、堀口氏、森氏、和辻氏、太田氏、丹下氏、柳氏、川添氏等人的著作。从建筑史的角度让人感兴趣的有以下论著：

《桂离宫》

森 蕴，昭和 30 年，东都出版

《桂离宫》

堀口舍己，昭和 27 年，每日新闻社

《桂离宫》

和辻哲郎，昭和 33 年，中央公论社

《桂御所》

久恒秀治，昭和 37 年，新潮社

森氏的文章引用了很多文献，是对桂离宫的基础性研究。他判断桂离宫的设计人是中沼左京氏，可惜的是在其文献解读中出现了一些错误。久恒氏研究认为桂离宫的设计人“左京”并非中沼左京，而是八条宫（桂离宫的主人）的亲信与下属。堀口氏以建筑家的眼光肯定了桂离宫建筑的卓越性，指出其造园风格在新、古、今各方面都独树一帜，并特别指出池中用朱红大桥的设计手法格外值得关注。和辻氏的论著像读推理小说一样引人入胜。后人对森氏、和辻氏的研究有所批判，如下：

《桂离宫研究之批判》

堀口舍己 / 太田博太郎，昭和 31 年，《建筑史研究》24

最近的研究成果有：

《桂》（《桂离宫和茶室》所收）

川上 贡，昭和 41 年，小学馆

《新桂离宫论》

内藤 昌，昭和 42 年，鹿岛出版会

《桂离宫》

藤冈通夫，昭和 40 年，中央公论美术出版

其他有关近世住宅的研究列举如下：

《修学院离宫的复原研究》

森 蕴，昭和 29 年，养德社

《国宝成巽阁》

服部胜吉，昭和 14 年，育德财团

《泥绘和大名府邸》

大熊喜邦，昭和 14 年，大冢巧艺社

《先贤和遗宅》

城户 久，昭和 17 年，那珂书院

《二条城》

泽岛英太郎，昭和 17 年，相模书房

《本愿寺型对面所考》

藤冈通夫，昭和 31 年，《大和文华》20

另外，关于障壁画[1]和住宅关系的概括性研究有：

1. 指画在纸上并贴在墙壁上的绘画。——译者注

《障壁画》（《近世绘画史论》所收）

谷信一，昭和16年，道统社

《城和“奥绘”[1]》（《中世文化之基调》所收）

林屋辰三郎，昭和28年，东大出版会

《障壁画》（《世界建筑全集》3所收）

山根有三，昭和34年，平凡社

《国宝建筑物》

三溪园临春阁/听秋阁；名古屋城上洛殿；大德寺龙光院/孤篷庵；本愿寺飞云阁/浴室/能舞台/黑书院；园城寺劝学院客殿/光净院客殿；江沼神社长流亭

《日本建筑》

养浩馆

《修理报告书》

瑞岩寺库里（宫城）；三溪园月华殿/临春阁/听秋阁（神奈川）；妙成寺书院/库里（石川）；云峰寺库里/书院（山梨）；新长谷寺客殿（歧阜）；曼荼罗寺书院（爱知）；大通寺广间/门厅；正明寺本堂（传清凉殿）（滋贺）；圆满院宸殿；劝学院客殿；观音寺书院；劝修寺书院；妙心寺大方丈/小方丈；妙法院大书院/门厅；曼殊院书院/本堂；二条城二之丸书院；本愿寺黑书院传廊/飞云阁/对面所/白书院；龙吟庵库里；孤篷庵书院（京都）；圆教寺寿量院（兵库）；旧一乘院宸殿（奈良）；金比罗宫内书院/表书院（香川）

十、茶室与民居

茶室

关于茶室的书非常多，选择起来很难割舍。与建筑史相关的论文，我想首先要推荐的是：

《茶室产生的社会思想背景及其构成》（《草庭》所收）

堀口舍己，昭和43年，筑摩书房

书中还收录了《石州茶和慈光院茶室》。这本书不仅在有关茶室的著作中独树一帜，而且在建筑史所有的研究著作中也堪称杰出。茶室的概说书还有以下论著：

《茶室史序说》（《茶室》所收）

村田治郎，昭和35年，淡交新社

《茶的建筑》

中村昌生，昭和43年，河原书店

《茶与建筑与庭园》（《图说茶道大系》所收）

昭和37年，角川书店

---

1. 指画在纸推拉门上的绘画。——译者注

大广间和小间（伊藤延男）；草庵茶室的建立（稻垣荣三）；从草庵风格到书院风格（中村昌生）；路地的产生与发展（田中正大）；茶庭的结构（中根金作）；石灯笼和洗手钵（川胜政太郎）

另外，《图说茶道大系》的内容还包括：①茶之美学；②茶之文化史；③茶会；④点前茶；⑤茶的美术和工艺；⑥茶人的诞生。

《茶室》（《桂与茶室》所收）

中村昌生，昭和 41 年，小学馆

《利休的茶室》

堀口舍己，昭和 43 年，鹿岛出版会

传说利休建造的茶室；利休四叠半；利休三叠大目；利休书院“残月亭”与“九间“；利休二叠和一叠半；利休的妙喜庵和待庵；利休的茶庭；日本住居与利休茶的影响

《利休的茶室》论述了从利休所崇尚的茶室构成到形成“数寄屋造”的全过程，是研究茶室的学者们必读之书。

《茶室和露地的组合》（《新修茶道全集》茶室 · 茶庭篇）

堀口舍己，昭和 26 年，创元社

此书详细论述了茶室的组成部分。在“中世住宅”部分所说到的《君台观左右帐记之建筑研究》（堀口）和《中世住宅史研究》（野地）中关于茶室的内容也很多。对于茶室的个例研究有：

《茶室兴盛图绘》

堀口舍己 编，昭和 38—42 年，墨水书房

一、大仙院；伞亭；时雨亭；四圣坊；二、不审庵；又隐；燕庵；三、密庵；孤篷庵书院；今地院八窗席；四、松花堂茶室；高台寺远州风茶室；五、妙喜庵待庵；真珠庵庭玉轩；后藤勘兵卫茶室；六、惠观山庄；誓愿寺竹林院茶室；七、大德寺孤篷庵；鹿苑寺夕佳亭；八、慈照寺东求堂；曼殊院书院茶室；九、慈光院书院；石州风茶室；表千家残月亭；里千家今日庵；高林庵茶室；十、天龙寺真乘院茶室；庸轩之茶和淀殿看席；上林六郎宅茶室；北野高林寺茶室；东阳坊；十一、建国寺数寄屋；正传院宅邸如庵；本坊寺茶室；十二、松庵小宅邸；同阔远亭；听秋阁；新町宅邸茶室；水无濑神宫茶室

书中有堀口舍己 / 稻垣荣三 / 中村昌生等所撰写的详细解说，也包括战前泽岛英太郎的许多研究。

关于茶道史也有诸多考察研究，在这里也举其二三：

《茶会及其传统》（《中世文化研究的基调》所收）

林屋辰三郎，昭和 28 年，东大出版会

《利休之茶》

堀口舍己，昭和 26 年，岩波书店

《日本茶道史》

桑田忠亲，昭和 29 年，角川书店

《茶室发展谱系》（《近世文化的形成与传统》所收）

芳贺幸四郎，昭和 23 年，河出书房

《安土桃山时代茶道的研究》（《东山文化的研究》所收）

芳贺幸四郎，昭和 20 年，河出书房

有关茶室建筑的图集、辞典的论著如下：

《数寄屋聚成》（20 册）

北尾春道，昭和 10—13 年，洪洋社

《数寄屋图解辞典》

北尾春道，昭和 34 年，彰国社

另有《茶道》古典全集（十卷，淡交新社）的解题以及以下著作：

《千利休》

桑田忠亲，昭和 17 年，青磁社

《古田织部》

桑田忠亲，昭和 21 年，宝云社

《小堀远州》

重森三玲，昭和 24 年，河原书店

《千利休》（人物双书）

芳贺幸四郎，昭和 38 年，吉川弘文馆

《远州的营作》

森 蕴，昭和 41 年，吉川弘文馆

《藤村庸轩》

高原庆三，昭和 17 年，河原书店

《茶道全集》

昭和 11 年，创元社

《新修茶道全集》

昭和 26 年，创元社

以下也可作为参考书：

《修理工程报告书》

如庵；春草庐；伏见稻荷御茶屋；水无濑神宫茶室；孤篷庵本堂 / 忘筌 / 书院

《国宝建筑物》

水无濑宫茶室；大德寺孤篷庵

《日本建筑》

玉林院蓑庵 / 南明庵 / 玉林院霞床席；聚光院闲隐席 / 桀床席；西翁院淀看席；西行庵皆如庵；曼殊院八窗轩；金地院八窗席；仁和寺飞涛亭 / 辽廓亭；高台寺伞亭 / 时雨亭；妙喜庵待庵；菅田庵 / 向月亭；西芳寺湘南亭；湛浩庵；愿泉寺泰庆堂；夕颜亭；建仁寺东阳坊；黄梅院昨梦轩；孤篷庵书院

民居

日本民居的研究虽然开始于大正年代（1912—1926），但那时仅限于民俗学性质的探究和平面类型的划分。

《日本农民建筑》（十六册）

石原宪治，昭和 9—18 年，聚乐社（昭和 47 年，48 年再版，南洋堂）

该书对日本各地方的农村住宅进行了调查，并以县为单位进行说明，是了解各地民居类型的重要资料。另有：

《日本民居史》

藤田元春，昭和 12 年，刀江书院

《民居图集》

绿草会，昭和 8 年，大冢巧艺社

刊载在杂志《民家》上的民居图同样是宝贵的参考；但以上成果几乎没有涉及历史性的研究。关于民居研究动向可以阅读下述报告：

《民居研究的成果和课题》

伊藤 / 稻垣 / 大河 / 田中，昭和 30 年，《建筑史研究》21，22

《日本的民居》

昭和 41 年，《建筑杂志》963

民居研究的方向（大河）；民居研究及其未来的保存规划（浅野）；岩手县（伊藤）；神奈川县（关口）；长野县（吉田）；滋贺县（铃木）；大阪府（林野）；奈良县（工藤）；岛根 / 广岛 / 佐贺县（青山）；四国（白木）；文献目录（吉田）

战后，有些地区开展了对古民居的调查，利用之前古建筑保护事业所取得的研究成果，将古民居复原成为可资利用的真实史料，终于查明了民居的地方历史，其中有：

《民居的基本观念与调查方法》

太田博太郎 / 大河直躬 等，昭和 42 年，第一法规

此著作总结了日本主要民居目录和研究报告目录。

《东北的民居》

小仓 强，昭和 30 年，相模书房

《西南列岛的民居》

野村孝文，昭和 36 年，相模书房

以上两书都采用了战前的调查方法，但前者增加了文献性研究内容，因此其研究不局限于东北民居，对全国的民居建筑也起到了概说性的作用。应用新调查方法的研究编著有：

《日本的民居》（十卷本）

伊藤郑尔，昭和 33—34 年，美术出版社

《日本中世居住史》

伊藤郑尔，昭和 33 年，东京大学出版会

两本书中的后者博采散见于各处的民居史料，并以此为依据，厘清了中世末至近世初的民居历史，取得了划时代的成果；前者在对日本各地民居进行说明的同时，也巧妙地解释了民居中的各种问题。伊藤郑尔此类论著的代表作如下：

《民居的生命气息》[1]

伊藤郑尔，昭和 37 年，美术出版

其他做为一般性描述的著作尚有：

《日本的民居》

大河直躬，昭和 37 年，社会思想社

《故乡的居住生活—日本民居集》

昭和 37 年，日本建筑学会

《近世之农村住宅》（《建筑学大系》第 28 卷所收）

太田博太郎，昭和 38 年，彰国社

《民居》（《日本美术》）

伊藤郑尔，昭和 40 年，平凡社

各个地方民居调查报告的发表相当多，都是遵照前面所说的“民居的观察法和调查方法”进行的。其他还有：

《建筑四十年》

小仓 强，昭和 31 年，相模书房

贺茂规清的建筑消防论；名取平野的大同府第；南部的曲家[2]；齐巴与蹲踞式洗手钵，论土地面室内的生活；有大橱房庭院的农民之家；村落的形态；民居学对地理学的贡献；大同府第相原之家

《京都民居谱》

每日新闻，昭和 6、9 年，每日新闻社

《东海道馆驿站本阵[3]的研究》

大熊喜邦，昭和 17 年，丸善

《北佐久中仙道的驿站旅馆》（《北佐久郡志》四卷所收）

藤岛亥治郎，昭和 32 年

以上专著都是以城镇住宅、店铺和农村房屋为研究对象，而西川的一系列研究都是以士族宅第为研究对象，其研究成果如下：

《江户大名居馆和家臣们的集聚居住》

西川幸治，昭和 34 年，《建筑学会论文集》63

1. 书名中文直译为《民居活到今天》。——译者注
2. 对主屋和马厩等附属空间形成曲尺形平面的民居的称呼。——译者注
3. 大名等特权阶层的人入住的旅馆。——译者注

《城下町及其住居》（《世界建筑全集》3）

西川幸治，昭和 34 年，平凡社

《日本建筑》

吉村邸；竹村邸；诗仙堂；铃屋

《修理报告书》

后藤家住宅（岩手）；吉村邸；降井家书院（大阪）；世田谷代官大住宅（东京）；伊藤家住宅；北村家住宅；矢篦原家住宅（神奈川）；江川家住宅（静冈）；大户家住宅（歧阜）；羽马家住宅（富山）；小仓家住宅（石川）；世川家住宅（新泻）；片冈家住宅（奈良）

从民俗学的角度撰写的著作有：

《日本的民居》（改订版）

今 和次郎，昭和 18 年，相模书房

这本书堪称民居研究的经典之作。

《日本民俗学大系》六 生活和民俗（一）

昭和 33 年，平凡社

住宅的变迁（今）；上流府邸；平面布局（竹内）；住宅的建造方法（藏田）；库房及其他（本多）；建筑仪式（牧田）；小屋（牧田）；水井和水（宫本）；炉子和火（乡田）

以上著作都是从民俗学的角度进行考察，是住宅研究成果的集大成。此外还有：

《居住习俗语汇》

柳田 / 山口，昭和 14 年，民间传承之会

这是民居民俗学研究必读文献。此书按照同类词汇排列在一起的方式进行编辑，查阅相关词汇非常方便。《综合日本民俗语汇》（平凡社）将该书中的词汇按照五十音图的排列顺序进行了收录。柳田国男的著作中有许多和居住生活相关联的内容，但建筑方面的说明大都零碎、不完整，如其单行本著作里的《棉花出现以前的生活》《火的今昔》《村庄和学童》等。《建筑杂志》（昭和 23 年）刊登了柳田的《民居史》。其他人相关内容的研究成果如下：

《炉灶和民居》（《有贺喜左卫门著作集》5 所收）

有贺 喜左卫门，昭和 42 年，未来社

这本书是使用了民俗学方法的住宅史研究，是这类书中最全面的。另有《日本民俗学大系》“十三、文献目录”可资参考。

十一、神社建筑

关于神社建筑的论文非常少，明治 34 年（1901）首先发表：

《日本神社建筑的发展》（《日本建筑研究》所收）

伊东忠太，昭和 17 年，龙吟社

此后几乎全是福山、谷先生两人的相关论述。作为概说性的著作最近出版的有：

《神社和灵庙》（《原色日本美术》所收）

稻垣荣三，昭和 43 年，小学馆

关于神社早期形式的代表性实例——伊势和出云有如下诸书：

《关于神宫建筑的历史性调查》

福山敏男，昭和 15 年，造神宫使厅

《关于出云大社的社殿建筑》（《日本建筑史研究》所收）

福山敏男，昭和 43 年，墨水书房

《伊势和出云》（《日本美术》所收）

渡边保忠，昭和 39 年，平凡社

福山的著作详细论述了伊势神宫中的所有建筑，是关于伊势神宫建筑的基本知识，包括了依据正仓院文献所做的奈良时代正殿复原，以及中世别宫正殿复原等重要成果。渡边通过对伊势和出云的考证，大胆地论述了古代神社建筑的特征，是让人耳目一新的论著。关于神宫形成的论述以下论著可供参考：

《神宫的创立和发展》

田中 卓，昭和 35 年，神宫司厅

《伊势神宫》

直木孝次郎 / 藤谷俊雄，昭和 35 年，三一书房

关于大尝宫的研究有：

《贞观仪式大尝宫的建筑》

关野 克，昭和 14 年，《建筑史》1（1），（2）

奈良时代到平安时代的神社建筑研究比较少见：

《春日神社的创建和社殿平面布局》（《日本建筑史的研究》所收）

福山敏男，昭和 18 年，桑名文星堂

《上贺茂神社嘉元年间重建的本殿》

谷 重雄，昭和 15 年，《建筑史》2（4）

《加茂上下社的建筑》

谷 重雄，昭和 25 年，《建筑史研究》1

《旧官国币社的式年造替的调查研究》

谷 重雄，昭和 34 年，《建筑史研究》27

福山在著作中指出，春日造神殿的建立应在奈良时代。谷先生在上述第一本书中指出，流造神社的祖形一直流传到镰仓末期贺茂神社中；他在上述第二本书中，根据文献考证了在平安时代加茂神社除了本殿以外，对其他诸建筑增建或修缮的过程；在最后一本书中，谷先生阐释了神社建筑最具特色的式年造替制度的推广过程。其他有：

《石清水八幡宫社殿》

谷 重雄，昭和 14 年，建筑史 1（2），（3）

《八坂神社本殿的形式》（《日本建筑史的研究》所收）

福山敏男，昭和 18 年，桑名文星堂

《石之间》

福山敏男，昭和 15 年，《建筑史》2（1）

《圣帝造之考》

宫地直一，大正 4 年，《国华》297，299

《关于拜殿的起源》

井上充夫，昭和 34 年，《建筑学会论文集》62

《密宝岩岛》

昭和 42 年，讲谈社

《严岛神社海上社殿论》

山本荣吾，昭和 40 年，《精华学园研究纪要》3

《严岛神社的社殿》（《日本建筑史研究》所收）

福山敏男，昭和 43 年，墨水书房

《歇山造正殿的形成》（《日本建筑》所收）

太田博太郎，昭和 43 年，筑摩书房

《圆成寺春日堂；白山堂或许就是春日社之旧殿堂》

太田博太郎，昭和 41 年，《大和文化研究》97

以上论文指出“石之间”即“权现造”就是平安时代北野神社本殿的形式。对于中世以后神社建筑的研究成果仅流于一般解说水平，相关论文仅列举以下几项（东照宫为了方便起见，列在近世佛教建筑项内）：

《南都春日神社式年造替的研究》

黑田升义，昭和 14 年，《建筑学会论文集》12

《近世初期鹿岛神宫的营造》

宫地直一，昭和 19 年，《建筑史》6（1）

《权现造和“石间造”》

足立 康，昭和 16 年，《建筑史》3（3）

《中世神社本殿建筑形式的分类及其地域分布》

宫泽智士，昭和 43 年，《建筑学会论文集》151，152

足立康在论著中指出，所谓的“权现造”一词，在江户时代两部神道方面的神殿中曾经使用，权现造并不是东照宫中的首创；因此，他提议应该改称为“石间造”。我认为如果改名的话，改成“北野造”的说法更贴切。

《神社古图集》

福山敏男，昭和 17 年，日本电报通信社

此书刊载了许多古图，并加以解说，是研究神社建筑的必读之书。另外尚有：

《日本之社》

昭和 37 年，美术出版

出云；伊势；住吉；春日；日光；严岛

福山敏男的书中附有寺院沿革解说和文献目录。此外尚有以下各书：

《神道考古学论考》

大场盘雄，昭和 18 年，苇牙书房

关于上代（古代）的祭祀遗址与遗物的考察；磐境磐座之考古学之一考察

《神社和祭祀遗址》（《日本考古学讲座》6 所收）

大场盘雄，昭和 31 年，河出书房

《中世的神社和社领——阿苏社的研究》

杉本尚雄，昭和 34 年，吉川弘文馆

《神道论考》

宫地直一，昭和 17 年，古今书院

上代的石上神宫；春日神社的建立；三河地方德川氏祖神

《神社》

原田敏明，昭和 36 年，至文堂

《神道和民俗学》

柳田国男，昭和 18 年，明世堂

《仁科神明宫》

一志茂树，昭和 34 年，仁科神明宫

《鸟居的研究》

根岸荣隆，昭和 18 年，厚生阁

《国宝建筑物》

宇治上神社本殿；北野神社；严岛神社

《日本建筑》

大崎八幡；嵩磐神社（泷东照宫）；日吉神社；神魂神社；仁科神明宫；园城寺新罗善神堂；大 原神社；土佐神社；宇治上神社；三佛寺纳经堂

《修理工程报告书》

东北地区——熊野奥照神社本殿神社本殿（青森）；神明社观音堂；三轮神社本殿/境内社须贺神社本殿（秋田）；出羽神社五重塔（山形）

关东地区——鹤冈八幡宫大鸟居（神奈川）；雷电神社末社稻荷神社本殿（群马）；浅草神社社殿（东京）；木幡神社本殿/楼门；二荒山神社本殿/鸟居/神桥/中宫祠/别宫（枥木）；日枝神社本殿（埼玉）

中部地区——白山神社本殿（新泻）；新海三社三重塔；白山社正殿；葛山落合神社本殿；仁科神明宫（长

野）；妙成寺镇守堂；小松天满宫社殿 / 楼门；泷谷寺镇守堂；气多神社拜殿；神门（石川）；护国八幡宫社殿（富山）；熊野神社本殿 / 拜殿；洼八幡神社社殿；中牧神社本殿；北口本宫富士浅间神社西宫正殿（山梨）；宝饭八幡正殿；伊贺八幡宫社殿；尾张大国灵神社楼门；万德寺镇守堂（爱知）；新长谷寺镇守堂；久津八幡正殿；白山神社拜殿；阿多由太神社本殿（岐阜）

近畿地区——园城寺新罗善神堂；天皇神社本殿；小野篁神社本殿；道风神社本殿；志那神社本殿；伊砂砂神社本殿；苗村神社东正殿 / 西正殿；都久夫须麻神社本殿；篠津神社正门；丰满神社四脚门；新宫神社本殿 / 正门；油日神社本殿 / 楼门 / 回廊 / 拜殿；白山神社拜殿；生和神社本殿；小槻大社正殿；大笹原神社本殿 / 以及同院内神社篠原神社本殿；春日神社本殿；八幡社正殿；千代神社本殿（滋贺）；伏见稻荷大社正殿；八坂神社本殿；大山祇神社本殿；春日神社本殿（京都）；十六所神社社殿；宇奈多理座高御魂神社本殿；手向山神社宝库 / 同山住吉神社本殿；大神神社本殿 / 鸟居；春日大社 / 一号鸟居 / 若宫神社本殿；谈山神社权殿 / 十三重塔（奈良）；长野神社本殿；多治速比卖神社本殿；泉穴师神社社殿；圣神社本殿；积川神社本殿；乌帽子形八幡正殿（大阪）；中岛神社本殿；天津神社本殿；若王子神社本殿；天满神社本殿；广峰神社本殿 / 拜殿（兵库）；白岩丹生神社本殿；野上八幡神社本殿 / 拜殿 / 同院内神社；同平野今本社；八幡神社本殿（和歌山）

中国——樗溪神社社殿（鸟取）；出云大社防灾（岛根）；严岛神社社殿；龙山八幡神社本殿（广岛）；吉备津神社社殿；闲谷神社社殿；鼓神社石宝塔；本莲寺番神堂（冈山）

四国——大山祇神社本殿 / 拜殿；石手寺诃梨帝母天堂；伊佐尔波神社本殿（爱媛）鸣无神社社殿；不破八幡宫正殿（高知）

九州——青井阿苏神社社殿（熊本）；八番神社本殿（鹿儿岛）

十二、寺院建筑（1）：概说 / 飞鸟、奈良时代

建筑历史学研究的主流大都集中在佛教建筑，因而研究成果也最多。众多研究成果中少有通史类的“佛教建筑史”，那是因为一般在写建筑史时，寺院建筑占了大量篇幅，即这些内容的充实度已经起到了佛教建筑史的作用。作为通史类有如下论著：

《日本佛塔建筑的变迁》（岩波讲座日本历史）

伊东忠太，昭和 9 年，岩波书店

《大和的古塔》

黑田升义，昭和 18 年，天理时报社

《日本的佛堂》

浅野 清，昭和 43 年，《佛教艺术》69

《日本之寺》

昭和 33—36 年，美术出版

东大寺；唐招提寺；药师寺；中尊寺；高山寺；神护寺；平等院；圆觉寺；建长寺；龙安寺；西芳寺；法隆寺；室生寺；净琉璃寺；大德寺

该书内容比较简单，附有福山敏男关于寺院的历史沿革解说和文献目录；另外，在《佛教艺术》杂志刊载的飞鸟寺、兴福寺、当麻寺、醍醐寺、东寺、平等院、知恩院、西大寺、唐招提寺等特集中也附有文献目录，对此不多列举了。由于寺院和佛堂、

本尊关系密切，研究时有必要参照雕刻史的相关论文。现在正在刊行中的著作有：

《奈良六大寺大观》

同刊行会，昭和 43-48 年，岩波书店

本书是以往所有研究的总结，是研究奈良建筑与雕刻不可或缺的。

飞鸟、奈良时代的寺院建筑

关于飞鸟、奈良时代的寺院建筑研究，战前一半以上的研究论文都是关于此话题的，其数量众多。其中总括性的研究有：

《飞鸟奈良时代的佛教建筑》（岩波讲座日本历史）

足立 康，昭和 8 年，岩波书店

《奈良之寺》（《日本美术》所收）

大冈 实，昭和 40 年，平凡社

《奈良的寺院和天平雕刻》（《原色日本美术》所收）

浅野 / 毛利，昭和 42 年，小学馆

以上都是一些容易找到的普及性读物。战前研究的主要课题是寺院的历史发展与伽蓝布局的变化，关于每座寺院的具体研究如后所述。首先列举的是被编入论文集的论文：

《皇家史研究》

竹岛 宽，昭和 11 年，右文书院

正仓院的研究；元兴寺考；关于大安寺平城京的搬迁；关于古寺院的僧房与杂舍。

《佛教艺术研究》

平子铎岭，大正 3 年，金港堂

法隆寺草创考（以下关于法隆寺考察研究十二篇）；丰浦寺考；法兴寺和元兴寺；法轮寺；法起寺建立年代的考证；大安寺平安京的迁移；太秦广隆寺之草创极其旧址的利用，关于药师寺东塔塔刹铭文的研究（以下三篇有关东塔的研究）

《奈良朝以前寺院史的考古学研究》

田中重久，昭和 17 年，美术史学会

圣德太子谱系的研究；平安奠都前的寺址及其出土的古瓦；尾张三河的寺址及其出土古瓦；上代王寺盆地的佛教文化；中宫寺创立的研究；法起寺创立的研究；片冈王寺片冈尼寺的研究

《奈良朝以前寺院史的考古学研究》

田中重久，昭和 16 年，东京考古学会

法隆寺创立的研究；法隆寺再建的研究；高丽寺创立的研究；平隆寺创立的研究；法观寺创立的研究；本药师寺创立的研究；西大寺创立的研究；塔婆心础的研究；尾张三河之塔址及心础

《佛教考古学论丛》

坪井良平 编，昭和 16 年，桑名文兴堂

从出土古瓦文样看日朝文化的交流（石田）；摄河泉出土的古瓦文样分类的尝试（藤泽）；在本邦日本梯

瓦的研究（木村）；西大寺创立的研究（田中）

《奈良时代文化杂考》

石田茂作，昭和19年，创元社

关于奈良时代的文化圈的研究；从出土物所见奈良文化；关于奈良时代寺院组织的研究；关于奈良时代檐瓦的研究

《伽蓝论考》

石田茂作，昭和23年，养德社

飞鸟时代的寺院及其特征；法隆寺问题的批判；法隆寺若草伽蓝遗址的发掘；关于法隆寺再建和非再建问题的总结；关于四天王寺式布置伽蓝的地面划分法；关于法隆寺金堂天花板背面残存的题字；法隆寺式的忍冬唐草文样滴水瓦的分布；近江崇福寺遗址考证；从出土古瓦所见到的药师寺营造；关于正仓院宝库的双仓说和三仓说；从伽蓝形式所见的天台宗和真言宗；古瓦中所表现出的藤原时代动向；藤原时代寺院的特异性；塔之中心础石的研究；日本古瓦概说；椽头盖瓦考；从古瓦所见日、朝文化的交流；布纹瓦的时代鉴定

《奈良时代寺院的研究》

福山敏男，昭和23年，高桐书院

秋篠寺；藤原寺和竹溪山寺；额田寺（额安寺）；桧隈寺（道兴寺）；比苏寺（现光寺）；冈本寺（法起寺）；角寺（海龙王寺）；扫守寺（龙峰寺）；观世音寺；葛木寺和佐伯院（香积寺）；石渊寺；川原寺（弘福寺）；久米寺；三松寺；中臣寺（法光寺）；粟原寺；大井寺；冈寺（龙盖寺）；轻寺（法轮寺）；龙门寺；龙渊寺；下毛野寺；西隆寺；坂田寺（金刚寺）；壶坂寺（南法华寺）；殖　寺（建法寺）；　削寺和法器山寺和子岛寺；禅院寺；阿　寺；山口寺（愿兴寺）；广濑寺；大养殿堂；阿弥陀山寺和瑜伽山寺；笠寺（鹫峰山院）；纪寺；河内山寺和福田院；高宫寺和神通寺；生马院；附竹林寺；恩光寺；隆福寺（登美院）和隆福尼院；菅原寺（喜光院）；头施院（菩提寺）和头施尼院；长冈院；大伴寺和伴寺（永隆寺）和佐保寺；养德山寺；紫薇中台画像堂；马庭山寺；万叶寺；大神寺；松尾山寺；吴原寺（竹林寺）；巨势寺；大洼寺；安倍寺（崇敬寺）；小治田禅院；久度寺（西安寺）；梵福寺；立部寺（定林寺）；日向寺；服寺和蓼原堂；高田寺；济恩院；穗积寺；冈堂；海部峰寺；真木原山寺

《上代佛教思想史研究》

家永三郎，昭和17年，亩傍书房

关于国分寺的创建；关于东大寺大佛佛身铸造的种种问题；法成寺的创建；藤原实资的御堂建造

《王寺文化史论》

保井 芳太郎 编，昭和12年，大和史学会

上代王寺盆地之佛教文化（田中）；王寺附近之条理（田村）；王寺出土之古瓦（木村）；王寺町的金石文字考（高田）；达磨寺的研究（福山）；片冈王寺遗址研究（石田）；西安寺遗址研究（石田）

与此相应，昭和10年以后对建筑遗构的复原研究取得了长足的进步，这是伴随古建筑修缮事业的发展而产生的。把建筑遗构作为实物史料，对建筑各构件及其上的各种痕迹进行分析和考证，使得分析更加严密、科学和准确，这是具有划时代意义的。其中，飞鸟、奈良时代的建筑研究主要是以浅野清先生为首进行的：

《法隆寺建筑综观》

浅野 清，昭和28年，便利堂

《唐招提寺金堂复原考》

浅野 清，昭和 19 年，《建筑史》6（4）

《药师寺东塔复原考》

浅野 清，昭和 28 年，《奈良学艺大纪要》2（1）

《东大寺法华堂的现状及其复原考察》（《东大寺法华堂研究》所收）

浅野 清，昭和 23 年，大八洲出版

以上都是正式发表的论著。这些系统性研究确立了战后研究的新方向，取得如此成果的契机是元兴寺极乐坊修理工程。当时根据修理时木结构的状态对僧坊建筑进行了复原性研究，搞清楚了战前完全不明了的奈良时代的僧坊建筑形式。这些修理过程都总结归纳成下列报告书，并随着法隆寺东室、妻室的修理，又有了一些增补。

《奈良时代僧坊的研究》

浅野清 / 铃木嘉吉，昭和 32 年，奈良文化财研究所

伽蓝布局

在针对伽蓝布局的研究成果里，总结性的论著如下：

《飞鸟时代寺院遗址研究》（二册）

石田茂作，昭和 11、19 年，圣德太子奉赞会；大冢巧艺社

《国分寺之研究》（二册）

角田文卫 编，昭和 13 年，考古学研究会

《关于上代寺院中的伽蓝布置》

网干善教，昭和 41 年，《龙谷史坛》56，57

关于奈良时代的寺院研究有：

《南都七大寺的研究》

大冈 实，昭和 41 年，中央公论美术出版

兴福寺；药师寺；元兴寺；大安寺；唐招提寺；西大寺；东寺；醍醐寺等奈良时代寺院的伽蓝布置和主要堂塔；重源上人和天竺样；镰仓时代再建之东大寺大佛殿等

以上都是基础性研究，所以首先列出来。最近各种研究成果在这里一并附记。战后，很盛行对各种寺院遗址的发掘，如飞鸟寺、川原寺、兴福寺食堂、大安寺、药师寺南大门、中门、四天王寺等，以往旧说因此多有改变，其报告多出于：

《飞鸟寺发掘调查报告》

昭和 33 年，奈良文化财研究所

《川原寺发掘调查报告》

昭和 35 年，奈良文化财研究所

《兴福寺食堂发掘调查报告》

昭和 34 年，奈良文化财研究所

《大安寺南大门、中门及回廊的发掘》

大冈 / 浅野，昭和 30 年，《建筑学会论文集》50

《药师寺南大门及中门的发掘》

大冈 / 浅野，昭和 30 年，《建筑学会论文集》50

《西大寺东西两塔》

大冈 / 浅野，昭和 31 年，《建筑学会论文集》54

《陆奥国分寺遗迹》

大冈 / 浅野 调查会，昭和 36 年，河北文化事业团

《信浓国分寺遗迹》

内藤政恒，昭和 40 年，上田市

《四天王寺发掘调查》

泽村 仁，昭和 40 年，《圣德太子研究》1

《四天王寺》

文化财保护委员会，昭和 42 年，吉川弘文馆

《被埋在地下的寺院》（《世界考古学大系》4 所收）

铃木嘉吉，昭和 36 年，平凡社

最后这本书概括地总结了最近的考古发掘结果，并指出今后应注意的焦点问题。

《建筑遗迹调查最新发展及其成果》

昭和 37 年，《建筑杂志》907

建筑遗迹调查最新发展（太田）；飞鸟地方寺院建筑遗迹（浅野）；奈良地方寺院建筑遗迹（铃木）；日本各国国分寺及其他建筑遗迹（泽村）；平泉建筑园林遗迹（藤岛）；古代都城遗迹及宫殿遗迹的发掘状况（平井）

这本书是概括性的报告。法隆寺是被研究最多的寺院案例，对此一般性的书籍有：

《法隆寺建筑文献目录》

村田治郎，昭和 30 年，彰国社

《法隆寺建筑》

太田博太郎，昭和 18 年，彰国社

《法隆寺研究史》

村田治郎，昭和 24 年，每日新闻社

《法隆寺》

村田 / 上野，昭和 35 年，朝日新闻社

《法隆寺》（《原色日本美术》）

久野 / 铃木，昭和 42 年，小学馆

《法隆寺创立研究史》

村田治郎，昭和 43 年，《大和文化研究》119—123

《玉虫厨子的研究》

上原 和，昭和 39 年，日本学术振兴会

《玉虫厨子续考》

村田治郎，昭和 43 年，《佛教艺术》67；69

其中，村田的书在阐释关于法隆寺何时建造的学术论争史方面简单易懂；如果希望实地参观建筑的话，太田的书最合适作为参考；浅野先生的《法隆寺建筑综观》作为修理工程方面的参考书很实用。

药师寺的研究成果仅次于法隆寺，对此有关野、喜田、平子等先生的不同观点和争论；昭和以后，喜田和足立先生的观点也加入其中。关于塔心柱题铭的研究至今仍有不同说法。具体研究成果有：

《药师寺伽蓝的研究》

足立 康，昭和 12 年，日本古代文化研究所

除此之外，足立先生的论考颇多。关于药师寺东塔在平城京内的“新建说”快要成为定论时，最近又出现了“移建说”。

《药师寺》

福山敏男 / 久野健，昭和 34 年，东大出版会

《药师寺》

町田甲一，昭和 35 年，实业日本社

这两本书前者主张“移建说”，后者主张“非移建说”。对东大寺的研究多为图录或类似的出版物，具有综合性研究性质的书籍有：

《东大寺的历史》

平冈定海，昭和 36 年，至文堂

《奈良朝的东大寺》

福山敏男，昭和 22 年，高桐书院

《东大寺法华堂之研究》

近畿日本铁道 编，昭和 23 年，大八州出版

《东大寺和国分寺》

石田茂作，昭和 34 年，至文堂

福山从文献的角度对奈良时代的东大寺进行了研究，非常重要。这里需要特别指出的是：福山利用长元八年（1038）东南院所藏文献对药师寺的四至[1]进行了复原；但正如铃木嘉吉所指出的那样，该文献是关于元兴寺的，并不是药师寺，这一点需要订正。因为所依据的史料有误，福山关于大佛殿原是歇山顶的看法也失去了依据。

从镰仓时代重建大佛殿时，根据“行基绘传”将之建造成庑殿顶形式来看，恐怕天平时代也应该是庑殿式屋顶吧。

关于唐招提寺金堂和讲堂的建造年代，自明治以来一直争论不休，直到现在也没有定论，但可以推断应当在唐招提寺创立的公元759年之后的时间里。讲堂是由平城宫朝集殿迁建过来，对其状况除有前述浅野先生的研究外，尚有其他一些：

《唐招提寺论丛》

唐招提寺，昭和19年，桑名文星堂

唐招提寺之营造（福山）

《唐招提寺的新研究》（《以可留我》[2]第10卷）

昭和15年，鵤故乡舍

唐招提寺讲堂复原考（黑田）；唐招提寺金堂的建造年代（福山）；关于唐招提寺出土古瓦文样的研究（沟口）；关于唐招提寺唐招提寺舍利殿和经藏的研究（足立）

《唐招提寺》

昭和35年，近畿日本铁道

《唐招提寺特辑》

昭和42年，《佛教艺术》64

唐招提寺之营造与伽蓝布置（工藤）；唐招提寺之金堂（浅野）；唐招提寺之讲堂（泽村）

其他研究成果有：

《荣山寺八角堂》

福山敏男，昭和25年，国立博物馆

《新药师寺考》

毛利久，昭和22年，河源书店

《四天王寺创立的研究史》

村田治郎，昭和24年，史迹和美术216

《兴福寺特辑》

昭和34年，《佛教艺术》40

历史（永岛）；伽蓝的建立和造像（毛利）；伽蓝布置（铃木）；建筑（浅野）；中世纪住房（森）

《当麻寺特辑》

昭和36年，《佛教艺术》45

建筑（浅野）；曼荼罗堂（北村）

---

1. 指东、南、西、北的境界。——译者注

2.《以可留我》与法隆寺现所在地“斑鸠”地名的日语发音相同，为佐伯启造在故乡编辑的丛书名。——译者注

《四天王寺特辑》

昭和 40 年，佛教艺术 56

《西大寺特辑》

昭和 41 年，《佛教艺术》62

西大寺之创建（福山）；西大寺东西两塔的发掘（浅野）；西大寺的建筑物（铃木）

另外，在《世界考古大系》4 中还刊载了当代寺院建筑研究的文献目录。

《修理报告书》

法隆寺五重塔 / 金堂 / 东大门 / 食堂细殿 / 梦殿 / 传法堂 / 东室；药师寺东塔

《国宝建筑物》

东大寺法华堂；唐招提寺金堂

十三、寺院建筑（2）：平安时代

有关密教建筑研究的论文极少。作为概括性的论著有：

《天台真言宗的建筑》（佛教考古学讲座）

福山敏男，昭和 11 年，雄山阁

其中涉及延历寺、金刚峰寺、醍醐寺、神护寺、东寺等。关于醍醐寺有：

《醍醐寺五重塔壁画》

高田 修，昭和 34 年，吉川弘文馆

这是第一本详细论述了醍醐寺创立当初历史沿革的论著。其他有：

《室生寺的建筑年代》（《日本建筑史的研究》所收）

福山敏男，昭和 18 年，桑名文星堂

《东寺、醍醐寺的伽蓝布置》（《南都七大寺的研究》所收）

大冈 实，昭和 42 年，中央公论美术出版

《密教寺院中多宝塔的意义》

金森 遵，昭和 17 年，《国华》623，624

《高野山根本大塔及其本尊》

足立 康，昭和 16 年，《建筑史》3（1）

《金刚峰寺伽蓝之草创》（《日本密教美术》所收）

佐和隆研，昭和 36 年，便利堂

《醍醐寺特辑》

昭和 35 年，《佛教艺术》42

上醍醐的建筑（浅野）；下醍醐的伽蓝和三宝院的建筑（福山）；关于五重塔的壁画（高田）；园林（森蕴）；历史（服部）

《东寺特辑》

昭和36年，《佛教艺术》47

早期的东寺（赤松）；东寺的古建筑（后藤）；关于东寺御影堂之一考察（平冈）

《延历寺的讲堂》

福山敏男，昭和37年，《建筑学会论文报告集》77

《醍醐寺五重塔图谱》

文化财保护委，昭和36年，便利堂

《当麻寺曼荼罗堂图谱》

文化财保护委，昭和38年，便利堂

《高野山特辑》

昭和40年，《佛教艺术》57

建筑物（浅野）

《比叡山特辑》

昭和41年，《佛教艺术》61

传教大师时代延历寺的建筑（福山）；比叡山的建筑（服部）；门前町坂本及其文化财（景山）

室生寺创立于奈良时代末期，由于寺内五重塔呈现出的古旧样式，福山先生据此推断塔也建造于奈良时代末期；但是，最近依然有人认为塔是平安初期的遗构。再者，一般观点认为当麻寺东西双塔是奈良时代的产物，但浅野先生认为其中的西塔完成于平安初期：

《当麻寺的建筑》

浅野清，昭和35年，《佛教艺术》45

属于平安后期的寺院建筑研究有：

《平等院和中尊寺》（《日本美术》所收）

福山敏男，昭和39年，平凡社

关于凤凰堂有：

《平等院图鉴》

福山敏男/森畅，昭和19年，桑名文星堂

《平等院凤凰堂图谱》（二册）

文化财保护委，昭和33年，桑名文星堂

《凤凰堂建筑的研究史》

村田治郎，昭和32年，《佛教艺术》31

《凤凰堂昭和修理概要》

大森健二，昭和32年，《佛教艺术》31

作为遗构还有法界寺阿弥陀堂，关于其建造年代自古就说法不一。

《法界寺壁画制作期的研究》

白畑よし，昭和 35 年，《美术史》32

该研究认为壁墙上的壁画年代是镰仓时代。对法界寺阿弥陀堂的本堂还有杉山的研究：

《法界寺阿弥陀堂的研究》

杉山信三，昭和 34 年，《史迹和美术》299

杉山根据《民经记》嘉禄二年（1226）九月二十六日条“本堂当时造营也”的记录推定本堂的建造时间是 1226 年，目前得到了学术界的认可。关于本尊的研究有：

《日野阿弥陀佛杂考》

金森 遵，昭和 17 年，《考古学杂志》32（2）

《关于日野法界寺的研究》

堀池春峰，昭和 42—43 年，《大和文化研究》106—116

以下论著多涉及平安时代的内容，但对每一栋建筑的考证仍有待进一步深入。

平泉方面的有：

《中尊寺大镜》

石田茂作，昭和 16 年，大冢巧艺社

《奥州平泉》

板桥 源，昭和 36 年，至文堂

《无量光院遗迹》

文化财保护委，昭和 29 年，吉川弘文馆

《平泉——毛越寺和观自在王院的研究》

藤岛亥治郎 编，昭和 36 年，东大出版会

《净土教成立史之研究》

井上光贞，昭和 32 年，山川出版

《安乐光院之九体阿弥陀堂》

米山德马，昭和 33 年，《史迹和美术》287

《九体阿弥陀堂建造一览表补遗》

杉山信三，昭和 34 年，《史迹和美术》290

在最后一本书里有阿弥陀堂、九体阿弥陀堂一览表。关于其他寺院的研究如下：

《法成寺的创建》（《上代佛教思想史》所收）

家永三郎，昭和 17 年，亩傍书房

《六胜寺的位置研究》（《日本建筑史研究》所收）

福山敏男，昭和 43 年，墨水书房

《关于法胜寺之创建》（《历史上的艺术和社会》所收）

林屋辰三郎，昭和 35 年，みすず书房

《富贵寺壁画》

丰冈益人，昭和 13 年，美术研究所

《净琉璃寺的建筑和园林》

森 蕴，昭和 34 年，奈良文化财研究所

《国宝建造物》

醍醐寺塔婆；广隆寺讲堂；平等院凤凰堂；法界寺阿弥陀堂；净琉璃寺本堂 / 塔婆；室生寺金堂 / 塔婆

《日本建筑》

白水阿弥陀堂；三佛寺奥院；鹤林寺太子堂

《修理报告书》

白水阿弥陀堂；金刚寺多宝塔；石山寺本堂；醍醐寺五重塔；中尊寺（防灾）；当麻寺本堂

十四、寺院建筑（3）：中世 / 近世（包括灵庙建筑）

中世

中世建筑的入门著作有：

《中世寺院和镰仓雕刻》（《原色日本美术》）

伊藤 / 小林，昭和 43 年，小学馆

《禅寺和石景庭院》（《原色日本美术》）

太田 / 松下 / 田中，昭和 42 年，小学馆

另有：

《中世的建筑》

太田博太郎，昭和 32，彰国社

（一）关于大佛样；禅宗样的名称考察研究；大佛样的传来与衰退；净土寺净土堂和东大寺南大门；重源和陈和卿；禅宗样建筑的传来；禅宗样伽蓝布置；禅宗样的细部及其对和样建筑的影响；禅宗样建筑的发展；从数字看中世建筑界；关于楼阁建筑的初步考察；净土宗寺院的建筑形式；（二）建仁寺；泉涌寺；东福寺；建长寺；圆觉寺；南禅寺；净智寺；净妙寺；天龙寺；备后之利生塔；五山；十刹；诸山

《中世和样建筑的研究》

伊藤延男，昭和 35 年，彰国社

古代佛堂平面的变化；中世佛堂平面的分类；中世佛堂平面的考察；中世佛堂的建筑样式；中世净土诸宗的建筑

以上两册书基本上把中世寺院建筑的大部分内容都讲清楚了。前者是关于大佛样和禅宗样的研究；后者是关于和样建筑的研究。后者论述了密教本堂平面里增建礼堂（或称之为“前庇”）的过程，以及折衷样的确立、佛厨的产生等重要问题，并将现存中世佛堂的所有平面都收录书中，使用起来非常方便。关于禅宗样的论述另有：

《中世禅宗样佛堂的平面》

关口欣也，昭和 40 年，《建筑学会论文集》110，111

关口先生十分关注柱子井间、柱子高度、斗拱、梁架，以及装饰细部等专题，并全力以赴地进行了深入研究，连续发表了十五篇论文（《建筑学会论文集》115，116，118，119，121，123，128，129，149—153）。以曹洞宗为主的研究有：

《禅之建筑》

横山秀哉，昭和 42 年，彰国社

这是一本概说性的书籍。关于佛堂的综合研究有：

《镰仓时代的佛堂》

浅野 清，昭和 37 年，《佛教艺术》50

关于寺院历史类的研究有：

《南禅寺史》（二册）

樱井景雄，昭和 15、29 年，南禅寺

《后醍醐天皇和天龙寺》

寺尾宏二，昭和 9 年，天龙寺

《镰仓市史社寺篇》

昭和 34，镰仓市

《东福寺志》

白石芳留，昭和 5 年，东福寺

《圆觉寺史》

玉村 / 井上，昭和 40 年，圆觉寺

《镰仓市史》中特别设置“史料篇”，是镰仓市区所在范围内社寺研究不可或缺的资料。关于圆觉寺舍利殿的建造年代研究有：

《圆觉寺舍利殿三建论》

川副武胤，昭和 35 年，《大和文化研究》5（5）—（10）

该书研究认为圆觉寺舍利殿的建造年代为 15 世纪，提出了新看法。玉村先生在《圆觉寺史》中已确认舍利殿于永禄六年（1563）被烧毁，那么舍利殿在这之前是否遭灾就不是重要的问题了，因此可知现存舍利殿是永禄以后的建造物。如果新建舍利殿，它的建筑形式肯定不会比永禄朝更早；而事实上，舍利殿的建筑形式颇具古风，因而也产生了这可能是迁建镰仓尼五山之一的太平寺建筑物的看法。正福寺佛殿、清白寺佛殿等发现了应永年间（1394—1428）的题字，其建造年代确凿无疑，大大动摇了已有的禅宗建筑的断代结论。其他：

《重源上人之研究》

昭和 30 年，南都佛教研究会

重源上人和天竺样（大冈）；播磨净土寺净土堂考（山本）；俊乘坊重源和东大寺的再兴（堀池）

《天竺样和重源上人》

足立康，昭和10年，《东洋美术》22

《镰仓时代再建的东大寺》（《南都七大寺的研究》所收）

大冈实，昭和42年，中央公论美术出版

《海住山寺五重塔》

福山敏男，昭和34年，《美术研究》202

《海住山寺》

工藤圭章，昭和43年，中央公论美术出版

此外，陆续出版的大量《修理报告书》中记录着极其重要的调查结果。以下是从事中世建筑研究必读的参考书目：

《国宝建筑》

东大寺钟楼；开山堂；法华堂洗手亭；法华堂北门；净土寺净土堂；药师堂

《日本建筑》

永保寺开山堂；观心寺本堂；西明寺本堂；高野山不动堂；金刚三昧院多宝塔；安乐寺八角塔；正福寺地藏堂；酬恩庵本堂

《修理报告书》

东北地区：常福院药师堂；成法寺观音堂（福岛）；慈恩寺本堂；立石寺中堂；若松寺观音堂（山形）；旭田寺观音堂；奥之院弁天堂；延命寺地藏堂（福岛）

关东地区：圆通寺表门；地藏院本堂（枥木）；大圣寺不动堂；宝珠院观音堂；西愿寺阿弥陀堂；风来寺观音堂（千叶）；金刚寺不动堂/仁王门；观音寺阿弥陀堂（东京）；圆觉寺舍利殿；旧东庆寺佛殿；旧灯明寺三重塔；觉园寺开山塔/大灯塔（神奈川）；慈光寺开山堂（埼玉）

中部地区：鱼沼神社阿弥陀堂；莲花峰寺金堂·弘法堂；护德司寺观音堂（新泻）；远照寺释迦堂；中禅寺药师堂；智识寺本堂；大法寺三重塔；净光寺药师堂；安乐寺三重塔；福德寺本堂；盛莲寺观音堂；国分寺三重塔；开善寺山门；松尾寺本堂；田村堂（长野）；大善寺本堂；东光寺本堂；最恩寺佛殿；清白寺佛殿；盐泽寺地藏堂；云峰寺本堂/仁王门；观音堂（山梨）；国分寺本堂；日龙峰寺多宝塔；招莲寺本堂；新长谷寺本堂/药师堂/大师堂/阿弥陀堂/释迦堂/三重塔（岐阜）；定光寺佛殿；密藏院多宝塔；信光明寺观音堂；高田寺本堂；三明寺三重塔；大恩寺念佛堂；长光寺地藏堂；天恩寺佛殿/山门；金莲寺阿弥陀堂；东观音寺多宝塔；万德寺多宝塔（爱知）；明通寺本堂/三重塔；中山寺本堂（福井）

近畿地区：延历寺琉璃堂/释迦堂；西明寺本堂/三重塔；园城寺大门；观音寺阿弥陀堂；石山寺钟楼/多宝塔；常乐寺本堂/三重塔；石津寺本堂；长寿寺弁天堂；长命寺塔婆；圆光寺本堂；悬所宝塔；净严院本堂（滋贺）；建仁寺敕使门；大报恩寺本堂；东福寺二王门；玉凤院开山堂/表门；教王护国寺灌顶院北门/东门/大师堂/讲堂；龙吟庵表门；九品寺楼门；海住山寺五重塔/文殊堂（京都）；南明寺本堂；东大寺南大门/大汤屋/法华堂北门；唐招提寺礼堂；兴福寺东金堂/北圆堂/大汤屋；松尾寺本堂；福智院本堂；凤阁寺庙塔；十轮院本堂/南门；药师寺南门；正莲寺大日堂；元兴寺极乐坊本堂/禅室/东门；法隆寺西圆堂/圣灵院/新堂/细殿/地藏堂/劝学院表门/东院礼堂/东院钟楼/东院南门/东院西门/舍利殿绘殿/东院回廊/北室院本堂/表门/妻室/纲封藏；传香寺本堂；般若寺石塔；谈山神社塔；富贵寺本堂；室生寺本堂（奈良）；金刚寺钟楼/食堂；久安寺楼门；葛井寺四脚门；（大阪）；石峰寺三重塔；太山寺仁王门；圆教寺大讲堂/金

刚堂 / 食堂 / 护法堂 / 常行堂；弥勒寺本堂；朝光寺钟楼；如意寺阿弥陀堂 / 文殊堂 / 三重塔（兵库）；根来寺多宝塔 / 护国院多宝塔；金刚峰寺不动堂；法藏寺钟楼（和歌山）

中国地区：本莲寺本堂；本山寺本堂；真光寺本堂 / 塔；遍照院三重塔（冈山）；不动院钟楼 / 楼门；向上寺三重塔；西乡寺本堂 / 山门；西国寺金堂 / 三重塔 / 光明坊石塔（广岛）；不动院岩屋堂（鸟取）；洞春寺观音堂；月轮寺药师堂（山口）

四国地区：本山寺本堂；常德寺圆通殿；白峰寺十三重塔；屋岛寺本堂（香川）；丈六寺山门（德岛）；兴隆寺本堂；太山寺本堂；祥云寺观音堂；石手寺护摩堂 / 钟楼；净土寺本堂（爱媛）

九州地区：普门院本堂（福冈）龙岩寺奥院礼堂；泉福寺开山堂；神角寺本堂（大分）；明导寺阿弥陀堂（熊本）

近世（含灵庙建筑）

近世的佛教建筑不如古代和中世佛教建筑那么重要，研究成果也较少，下列最后一本大河直躬先生的著作对日光建筑进行了再评价，具有与众不同的观点。

《丰国庙》

鱼澄总五郎，大正 12 年，《京都府史迹调查报告》5

《东照宫史》

平泉 / 高柳 / 广野，昭和 2 年，东照宫

《日光庙建筑》

田边 泰，昭和 19 年，彰国社

《德川家灵庙》

田边 泰，昭和 17 年，彰国社

《日莲宗寺院的建筑》（佛教考古学讲座）

藤岛亥治郎，昭和 12 年，雄山阁

《净土真宗的寺院建筑》（佛教考古学讲座）

藤原义一，昭和 12 年，雄山阁

《知恩院特辑》

昭和 36 年，《佛教艺术》46

历史（三田 / 香月）；建筑（川上）；势至堂（后藤）

《大德寺》

源 丰宗，昭和 33 年，朝日新闻

《桂和日光》（《日本美术》）

大河直躬，昭和 39 年，平凡社

《国宝建造物》

东大寺金堂；台德院灵庙

《日本建筑》

本愿寺唐门；高台寺表门；尾张家藩祖庙

《修理报告书》

东北地区：

长胜寺山门；南部利康灵屋（青森）；瑞岩寺本堂/御成门/中门/五大堂（宫城）；羽黑山黄金堂（山形）

关东地区：

轮王寺三佛堂/大猷院本殿/拜殿/二天门/唐门/皇嘉门/西净；东照宫本殿/拜殿/唐门/表门/神厩/水盘舍/神乐殿/神库/御旅所（枥木）；常宪院兹敕额门/水盘舍；严有院灵庙敕额门；本门寺五冲塔（东京）；天瑞院寿塔；天授院（神奈川）；笠森寺本堂（千叶）

中部地区：

善光寺本堂/山门（山梨）；瑞龙寺佛殿/法堂/总门（富山）；龙泉寺仁王门/曼荼罗寺正堂（爱知）

近畿地区：

延历寺大讲堂/根本中堂/回廊；常行堂/法华堂；园城寺毗沙门堂；大通寺本堂（滋贺）；高台寺表门/开山堂；教王护国寺灌顶院/五重塔；醍醐寺如意轮堂；金地院东照宫（京都）；东大寺中门/回廊（奈良）；四天王寺六时堂/元三大师堂（大阪）；金刚峰寺德川家灵台（和歌山）；本兴寺开山堂（兵库）

九州地区：

崇福寺第一峰门/三门（长崎）

十五、城郭与都市

城郭

城郭史的基本读物有以下两册：

《日本城郭史》

大类伸/鸟羽正雄，昭和11年，雄山阁

《近世城郭史研究》

鸟羽正雄，昭和37年，日本城郭协会

作为一般读物的有：

《日本之城》

藤冈通夫，昭和35年，至文堂

《城和城下町》

藤冈通夫，昭和27年，创元社

《城和书院》（《原色日本美术》）

藤冈通夫，昭和42年，小学馆

最近对古代城栅进行了部分发掘，其成果如下：

《胆泽城遗址》

斋藤 忠，昭和34年，文化财保护委

中世城郭的研究成果如下：

《中世城郭的研究》

小室荣一，昭和40年，人物往来社

关于城郭建筑史方面的研究主要集中在近世时期，有城户久先生的如下研究：

《伏见城之研究》（1—6）

城户久，昭和17—18年，《建筑学会论文集》24—29

此外，城户先生还以各城为题进行了专项研究，出版了名古屋、大阪、松本、熊本、丸冈、犬山的专书。

藤冈先生的相关研究有：

《天守阁建筑概说》（及其他）

藤冈通夫，昭和13年，《画说》18—24

藤冈的著作对日本城郭的共性进行了总结。最近，城郭研究停滞不前，较新的研究有：

《丰臣秀吉筑造的大阪城的复原研究》

宫上茂隆，昭和42年，《建筑史研究》37

图录类成果有：

《姬路城》

昭和13年，姬路市

《名古屋城》

名古屋市役所，昭和28年，彰国社

《大垣城》

大垣市，昭和14年，彰国社

《松本城》

松本市，昭和15年，松本市

《安土城址》

昭和17年，滋贺县

《大阪城的研究》

大阪市大，昭和28年，大阪城址研究会

《城郭全集》（十册）

昭和34年，城郭研究会

《城》（国宝日本建筑）

服部胜吉，昭和37年，彰国社

《国宝建造物》

名古屋城天守小天守；丸冈城天守

《日本建筑》

彦根城；松本城；高梁城；冈山城；犬山城；仙台城；丸龟城；高知城；丸冈城；弘前城；松江城；佐贺城

《修理报告书》

弘前城天守及其他；江户城田安门/清水门；新发田城二丸隅橹/表门；丸冈城天守；松本城天守及其他；

名古屋城东南隅橹及其他；犬山城天守；彦根城天守及其他；二条城大手门/隅橹及其他；大阪城千贯橹及其他；姬路城天守及；和歌山城冈口门；冈山城月见橹；松江城天守；宇和岛城天守；松山城筒井门及；大洲城苎绵橹及；高知城天守及；高松城月见橹及；丸龟城大手一之门及其他；佐贺城鱼户虎门

都市

关于都市研究，历史方面的论文很多，而都市造型方面的论文却很少。最近，建筑史家也开始着手研究都市史，推进了该方向研究成果的深化。下面依然采用古代、中世、近世的分期方法，但不乏很多著述中有不同时期相互跨越的现象。

关于古代城市研究的著作：

《帝都》

喜田贞吉，昭和 14 年，日本学术普及会

《平安京变迁史》

藤田元春，昭和 5 年，スズカケ出版部

《平安京》

村山修一，昭和 33 年，至文堂

《京都史话》

鱼澄总五郎，昭和 11 年，章华社

《日本都市生活的源流》

村山修一，昭和 28 年，关书院

《京都研究文献》

宫本又次，昭和 10 年，《经济史研究》14（4）

《历史时代中的都市空间》

小寺武久，昭和 39、42 年，《建筑史研究》35，37

《平城京和条坊制的研究》

大井重二郎，昭和 41 年，初音书房

《关于都市构成的历史性考察》

西川幸治，昭和 43 年，油印版

关于中世城市中所谓的门前町、港町等的考察研究有：

《中世都市研究》

原田伴彦，昭和 17 年，讲谈社

《日本封建都市》

丰田 武，昭和 27 年，岩波书店

《日本封建制度下的都市和社会》

原田伴彦，昭和 35 年，三一书房

《日本封建都市研究》

原田伴彦，昭和 32 年，东大出版会

《畿内历史地理研究》

藤冈谦二郎，昭和 34 年，协立书店

中世都市的经济生活（野田）；寺内町的形成及其特征（泽井）；在京都内同业聚居者町的发展（藤本）

近世城下町的研究成果如下：

《近世城下町之研究》

小野 均，昭和 3 年，至文堂

这是最基本的文献，其他尚有：

《大名领国和城下町》

鱼澄总五郎，昭和 32 年，柳原书店

城下町（广岛）；形成的问题（河合）；城下町（伊予国）；形成的历史过程（渡边）；城下町冈山的形成（谷口）；城下町高粱的形成（中部）；松山中的古町及其外侧历史性关系考察（田中）；近世城下町的系谱（鱼澄）；大内氏的发展及其对领国的统治（松冈）

《城及其町》

伊藤郑尔，昭和 38 年，淡交新社

《近世寺院门前町研究》

平沼淑郎，昭和 32 年，早大出版部

寺院门前町的研究；成田；长野；久远寺；总持寺

《日本都市的发展过程》

矢崎武夫，昭和 37 年，弘文堂

《建藩制度史的综合性研究：米泽藩》

藩制史研究会，昭和 38 年，吉川弘文馆

春日山城下町的形成；城下町米泽的功能和构成；藩财政和建筑工程

《江户和大阪》

幸田成友，昭和 9 年，富山房

《大阪》

宫本又次，昭和 32 年，至文堂

《堺》

丰田 武，昭和 32 年，至文堂

《江户》

野村兼太郎，昭和 33 年，至文堂

《彦根市史》

彦根市，昭和 37 年，彦根市

彦根城；城下町；大工；住宅（西穿幸治）

《江户和江户城》

内藤 昌，昭和 41 年，鹿岛出版会

十六、 学校、剧场及其他

学校建筑的著述有：

《藩学建筑》

城户 久，昭和 20 年，养德社

《闲谷校圣庙及其讲堂》（修理报告书）

昭和 37 年

《闲谷校》

城户 久，昭和 43 年，中央公论美术出版

与剧场相关的研究有：

《日本剧场史的研究》

须田敦夫，昭和 32 年，相模书房

《国宝能舞台》

北尾春道，昭和 17 年，洪洋社

《能舞台变迁概史》（《能乐全书》3 所收）

小岛芳正，昭和 29 年，创元社

《沼名前神社能舞台》（修理报告书）

昭和 34 年

关于农村舞台的研究有：

《日本农村舞台的研究》

松崎 茂，昭和 42 年，同刊行会

另外，对现存唯一的一处游郭建筑[1]遗构，即在京都岛原的角屋有如下研究：

《角屋》

藤冈通夫，昭和 30 年，彰国社

对于校仓造建筑的研究有：

《校仓的研究》

石田茂作，昭和 26 年，便利堂

《东大寺各校仓造建筑与正仓院宝库》

福山敏男，昭和 27 年，《美术研究》166

《关于正仓院校仓屋顶内部结构之原形》

浅野 清，昭和 31 年，《宫内厅书绫部纪要》7

---

1. 勾栏院类建筑。——译者注

《正仓结构与规格》（《律令财政史研究》所收）

村尾次郎，昭和 36 年，吉川弘文馆

《修理报告书》

东寺宝藏（京都）；手向山神社宝库；唐招提寺宝藏 . 经藏；东大寺法华堂经库（奈良）

此外尚有：

《日本门墙史话》

岸 熊吉，昭和 21 年，大八洲出版

《古代如厕考》

李家正文，昭和 35 年，相模书房

《日本沐浴史话》

藤浪刚一，昭和 19 年，人文书院

《日本壁画研究》

田中重久，昭和 19 年，章华社

《壁画特辑》（大报恩寺；称名寺；岩岛五重塔）

昭和 30 年，《佛教艺术》25

《船屋形[1]》

服部胜吉，昭和 17 年，彰国社

《细川家舟屋形》（修理报告书）

《谏早眼镜桥》（修理报告书）

《尺度综考》

藤田元春，昭和 4 年，刀江书院

《江户消防史》（《日本建筑》所收）

太田博太郎，昭和 43 年，筑摩书房

《奈良丛记》

仲川 明，昭和 17 年，骎骎堂

圆成寺庭园考（清水）；圆形须弥坛（天沼）；国宝修理杂记（岸）；般若寺笠塔婆小论（川胜）；奈良之古地图（西田）；在南都旅馆建筑之发展（永岛）；平城京（田村）

《建筑的仪式》

伊藤 / 平左卫门，昭和 34 年，彰国社

《防灾 · 采暖 · 卫生》（《日本建筑技术史》所收）

大熊喜邦，昭和 36 年，学术振兴会

---

1. 即船形建筑。——译者注

《罗汉寺三市堂考》

小林文次，昭和 41 年，《建筑学会论文集》130

十七、明治建筑

建筑历史研究本当包括现代之前的所有时期，包括截止到近代的建筑研究论文。由于本书正文省略了明治时代之后的建筑历史内容，因此在这里也只限于提及明治建筑的论著和考察，不涉及明治以后的近代建筑的内容。为了读者便于利用，在这里列举了近世的教堂建筑。

近世初期的教堂建筑：

《关于安土神学院的研究》

冈田章雄，昭和 17 年，《画说》68

《教堂和信徒的生活》（《南蛮习俗考》所收）

冈田章雄，昭和 17 年，地人书馆

战前的明治建筑研究只有：

《明治初期的洋风建筑》

堀越三郎，昭和 4 年，丸善

此后，几乎无人涉足这一研究领域。第二次世界大战后，为了正确理解近代建筑，学术界大力呼吁对明治建筑的研究，特别是现在，在每年的建筑学会大会上都有数篇相关研究论文发表。具有概说性质的有：

《日本建筑技术史》

村松贞次郎，昭和 34 年，地人书馆

西洋建筑技术的移植；以政府机关为首的近代化之开始；砖结构建筑；木构建筑的近代化；大工的技术；新建筑材料生产的开端和发展；钢结构及钢筋混凝土结构技术的引进和发展；建设业和施工技术；今日之建筑

《日本建筑近代化过程的技术史研究》

村松贞次郎，昭和 36 年，《东大生研报告》10（7）

《日本的近代建筑》

稻垣荣三，昭和 54 年，鹿岛出版社

明治时代文化形成的特征；西洋建筑的移植过程；建筑生产机构与新时代需要之对应；明治时代的建筑；城市市区的改造；抗震建筑结构的引进；建设企业的形成；确立相应建筑形式的必经之路；作为建设新目标的城市与住宅；建筑伦理性的追认；帝都复兴的经过；建筑的合理化；近代建筑运动的开展；建筑管理制度的建立；国土的重新编制；合理主义方向的转换

以上村松和稻垣的著述是近代建筑研究的基础性读物。前者从技术史的角度，特别以洋式桁架的导入为考察重点，指出：洋式桁架最早出现于工业建筑；从幕府末期到明治初期是洋式桁架的传入时期。后者从日本建筑家如何学习和吸收洋风建筑的角度，指出：用和风建筑技术建造的那些具有洋式外观的住宅、小学校等建筑与完全使用洋式桁架的建筑物属于截然不同的两个体系。这本书分析方法独树一帜，其考察的重点为近代建筑的关键性问题——结构与生产组织，是最具代表性的明治建筑的概说书。

《明治建筑》

桐敷真次郎，昭和41年，日经新闻

本书作者精通欧洲近代建筑史，因而具有一个更广阔的视野来观察、论述日本的明治建筑，是少见的好作品。其他尚有：

《日本近代建筑史》（《新订建筑学大系》6所收）

昭和43年，彰国社

洋风建筑的传入（阿部公正）；日本近代建筑思潮的形成（神代雄一郎）

《明治之建筑》（《明治文化史》8所收）

阿部公正，昭和31年，洋洋社

《明治工学史》（《明治文化史》8所收）

关野克/村松贞次郎，昭和28年，洋洋社

《日本洋式建筑早期导入过程的研究》

菊池重郎，昭和36年，油印版

序论（江户末期洋式建筑导入的潮流；导入过程中对Architecture词语的日译）；在江户时期洋式建筑的导入过程（长崎荷兰商馆建筑；日光东照宫宽永年间洋式灯笼的导入及其影响；反射炉；长崎制铁所建筑及横须贺制铁所建筑；江户末期外国公馆建筑；横滨外国兵营建筑和日本洋式兵营建筑；居留地建筑）；明治初期洋式建筑书之刊行和洋式建筑（明治初期洋式建筑书的刊行；"营造法"之刊行与遗构之关联；明治洋式建筑之门厅内和式题材的混用之谱系）

《明治前期建筑中洋风技法的研究》

桐敷真次郎，昭和36年，油印版

欧洲石构外廊的历史性考察；南方地域圈的建筑与外廊（木结构）；明治建筑中的外廊；欧美木结构技法的传统与日本明治木构洋馆；大宫学校的建设过程；明治前期建筑的纪念性

《明治建筑特辑》

昭和38年，《建筑杂志》921

日本建筑史上的明治建筑（关野）；生存在现代明治建筑（村松）；需要调查明治建筑的什么（林野）；被指定为文化财的洋风建筑（伊藤）；城市的近代化和明治，大正建筑的保护（菊池）；明治建筑的保护和破坏的一个案例的考察（草野/谷川）；现存明治建筑一览表

《日本技术史大系》17建筑技术

村松贞次郎，昭和39年，第一法规

《明治异人馆》

坂本胜比古，昭和40年，朝日新闻

《日本建筑史笔记》

村松贞次郎，昭和 40 年，世界书院

《明治建筑导览》

菊池重郎，昭和 42 年，井上书院

《长崎的洋风建筑》

山口光臣，昭和 42 年，长崎市教育委

《大浦天主堂》

桐敷真次郎，昭和 43 年，中央公论美术出版

住宅方面的研究成果有：

《日本近代城市独立式住宅风格形成和发展的历史性研究》

木村德国，昭和 34 年，《北大工学部研究报告》18—21

《住宅和家具》（《近代日本风俗史》4）

昭和 44 年，雄山阁

序说（太田）；异人馆（坂本）；住宅洋风化和明治时期大邸宅（木村）；从江户到东京（稻垣）；明治时代的都市住宅；从大正到昭和（木村）；战后（早川）；家具（小泉）

木村将大正到昭和初期中流住宅的平面特征归纳为“内走廊型”， 在书中论述其形成过程，并论述了“内走廊型”向“起居室中心型”转变的全过程，进而明确二者在住宅史上的重要地位和作用。最近，建筑学会论文报告中关于明治建筑的研究越来越多。

《修理报告书》

开成馆（福岛）；旧开智学校本馆（长野）；旧哈萨姆邸（兵库）；泉布观（大阪）；格拉巴邸（长崎）

十八、建筑保护问题

伴随着土地开发的推进，许多建筑历史遗产遭受破坏。在此列举若干相关研究：

《文化财建筑物的诸问题》

昭和 34 年，《建筑杂志》877

文化财建筑物的保护事业发展概要（文化财保护委）；文化财的破坏现状及其根本对策（大冈）；欧洲文化财保护事业的动向和 UNESCO 的活动（关野）；建造物保护的视角及其方法（桐敷）；明治建筑的历史价值及其保护（稻垣）；帝国饭店的历史价值（天野）；关于民居保护的感想（大河）

《保护与开发》

昭和 39 年，《建筑杂志》935

城市规划和文化财（佐佐波）；由于开发造成的历史性建筑物的破坏及其问题所在（桐敷）；UNESCO 制订的国际性文化保护规划（关野）；文化财和观光旅游（铃木）；奈良；京都应如何传下去（大冈）；文化财保护示例（稻垣 / 坂本 / 桐敷 / 林野）；文化财开发委员会试验计划（稻垣）；关于文化财保护文献（石井）

《地域空间论》

西山卯三，昭和 43 年，劲草书房

都市开发和文化财保护；都市化和佛教寺院；观光和休闲旅游；观光开发的方法；观光开发规划；文物城市的构想规划；故都保护规划；平城宫遗址和 24 号高架回车道

《历史都市的规划》

冲种郎，昭和 40 年，《新建筑》7 月号

《古都保存的手法》

稻垣荣三等，昭和 41 年，《SD》11 月号

《国外的建筑遗构保存和城市规划》

高濑忠重，昭和 40 年，《国际建筑》11 月号

十九、史料的探讨方法

如果问“什么样的书里有与建筑历史相关的资料？”答案是：所有的书里都有。关野克先生曾引用的《铁山秘书》是一本有关砂铁冶炼法的书，他却在那里考察出原始建筑的构架方式，从这一事例就足以理解答案所指了吧。篇幅有限，以下只列举一般性书目：

《世界历史辞典》22 史料篇　日本

昭和 30 年，平凡社

拜读前辈学人的论文之后，就能知道引用了什么样的资料；但即使知道了所引用资料的名称，在多数情况下，资料被收录在哪类丛书仍然不得而知。那么，收录的下述内容能助你一臂之力：

《综合史料索引》

渡边 茂，昭和 36 年，小宫山书店

《增订日本丛书索引》

广濑 敏，昭和 32 年，风间书房

如果已经确定了所要查找的内容，在《古事类苑》里查找相应的部分也是一种方法，从这本书里引用的相应史料中可以得知都有什么样的书籍。学会使用各种索引类资料非常重要：

《古事类苑》《群书类从》《六国史》《续日本纪》《说话文学》《万叶集》《源氏物语》《国歌》[1]《大观》《日本财政经济史料》《日本随笔》《类聚三代格》《三代实录》《日本后纪》《续日本后纪》《文德实录》《日本古典文学大系》等书中都有索引，使用这些史料时会发现意想不到的线索。

---

1. 指诗歌。——译者注

查看年表类的史料也是查找史料的一种方法，相关书籍有：

《大日本年表》

辻善之助，昭和16年，大日本出版

《新日本史年表》

西冈虎之助，昭和30年，中央公论社

《日本史籍年表》

小泉安次郎，明治37年，吉川弘文馆

《三正综览》

内务省地理局，昭和7年，帝都出版

《佛教大年表》

望月信亨，昭和11年，佛教大辞典发行所

《天台宗年表》

守山圣真，昭和6年，弘法大师御远忌事务局

《净土宗大年表》

藤本了泰，昭和16年，大东出版社

《曹洞宗年表》

大久保道丹，昭和10年，佛教社

《禅宗编年史》（二）

白石芳留，昭和12、18年，酒井书店

《洋学年表》

大规如电，昭和2年，六合馆

《武江年表》

国书刊行会，昭和16年，前野书店

《日本美术史年表》

小林/藤田，昭和27年，创元社

《日本建筑史年表》（《世界建筑全集》所收）

太田/伊藤/藤冈，昭和34—36年，平凡社

《上代倭绘年表》

家永三郎，昭和17年，座右宝

《德川理财会要》

大藏省，昭和7年，白东社

这些书里有些还附有索引，使用起来非常方便。

《史料综览》（已刊十七册）

史料编纂所，大正12—昭和38

此书记载了仁和三年（887）至宽永十七年（1647）的资料，是年表中较为详细者，可资利用。通读这本综览，会发现意想不到的史料，不用担心会有什么大的遗漏。

此外还有：

《大日本史料》（第一编—第十二编）

史料编纂所

Ⅰ. 仁和三（887）—天元三（980）；Ⅱ. 宽和二（986）—万寿三（1026）；Ⅲ. 应德三（1086）—元永二（1119）；Ⅳ. 文治元（1185）—承久元（1219）；Ⅴ. 承久元（1219）—宝治二（1248）；Ⅵ. 元弘三（1333）—文中二（1373）；Ⅶ. 明德三（1392）—应永二三（1416）；Ⅷ. 应仁元（1467）—延德元（1489）；Ⅸ. 永正五（1508）—大永二（1522）；Ⅹ. 永禄一一（1568）—天正元（1573）；Ⅺ. 天正一（1582）—天正一三（1585）；Ⅻ. 庆长八（1603）——元和八（1622）

以上所刊，都是必须参考的史料。

关于史料题解目录有：

《国书总目录》（1—8 有按照作者排序的索引）

昭和 38—51 年，岩波书店

《国史文献解题》

远藤元男 / 下村富士男，昭和 32 年，朝仓书店

《国书解题》

佐村八郎，明治 30 年，吉川弘文馆

《群书解题》

群书类从刊行会（刊行中），群书类从刊行会

《佛书解说大辞典》

小野玄妙，昭和 11 年，大东出版社

《解说大藏经》

重田勘三郎，昭和 12 年，大藏经发行所

《神道分类总目录》

佐伯有义，昭和 12 年，春阳堂

《家藏地志目录》

高木利太，昭和 2、5 年，高木利太

《古版地志解题》

和田万吉，昭和 8 年，大冈山书店

《江户地志解说稿》

长泽规矩也，昭和 7 年，松书堂

《近世庶民史料所在目录》

同名调查会，昭和 27、29 年，学术振兴会

此外，也可能需要利用各个图书馆和内阁文库等所藏的目录。地方图书馆可以

提供乡土史料目录，这种目录可在探求地方文献时加以利用。

关于文献的解释，利用辞典、便览很重要。百科辞典或国语辞典，特别是《广辞苑》收录非常广泛，使用方便。历史方面的辞典、便览，有以下书籍：

《国史大辞典》

八代国治，大正 15 年，吉川弘文馆

《世界历史辞典》

昭和 25—30 年，平凡社

《日本历史大辞典》

昭和 31—34 年，河出书房

《读史备要》

史料编纂所，昭和 41 年，讲谈社

《世界美术大辞典》

昭和 30—32 年，河出书房

《佛教大辞典》

望月信亨，昭和 6—38 年，佛教大辞典刊行会

《佛教大辞典》

龙谷大学，昭和 11—12 年，龙谷大学

《密教大辞典》

昭和 43 年，法藏馆

《禅宗辞典》

山田孝道，大正 5 年，光融馆

《大日本寺院综览》

堀 由藏，大正 5 年，明治出版

《神道大辞典》

昭和 12—15 年，平凡社

《有职故实辞典》

关根正直，昭和 15 年，林平书店

《日本考古学辞典》

日本考古学协会，昭和 37 年，东京堂

《茶道辞典》

末 宗广，昭和 19 年，晃文社

《考古学辞典》

酒诘 / 篠远 / 平井，昭和 26 年，改造社

《图解考古学辞典》

水野 / 小林，昭和 35 年，创元社

《全国方言辞典》

东条 操，昭和 26 年，东京堂

《日本文学大辞典》

藤村 作，昭和 25—37 年，新潮社

《日本文学史辞典》

藤村 / 西尾，昭和 29 年，日本评论社

《民俗学辞典》

柳田国男，昭和 26 年，东京堂

《风俗辞典》

森末 / 日野西，昭和 32 年，东京堂

《综合日本民俗语汇》

民俗学研究所，昭和 30、31 年，平凡社

《大日本人名辞书》

明治 19 年、大正 15 年，同人社

《日本佛家人名辞典》

鹫尾顺敬，明治 36 年，光融馆

《姓氏家系大辞典》

太田 亮，昭和 17—19 年，国民社

《大日本地名辞典》

吉田东伍，明治 40 年，富山房

《日本地名辞典》

昭和 29—31 年，朝仓书店

《古代人名辞典》

竹内 / 山田 / 平野，昭和 33—52 年，吉川弘文馆

《日本经济史辞典》

本庄荣治郎，昭和 29 年，日本评论社

此种工具书众多。作为辞典来说，本应当是新版比旧版好，但最近流行“大项目主义”，很多变成了阅读式的“事典”。小项目变少，而且历史事实也写得不够严谨、准确；所以不能断言一定是新版比旧版好。在历史研究上，有时使用旧辞书也有其方便之处。

对于人名，除上述字典以外，还有《公卿补任》《尊卑分脉》《宽政重修家谱》以及《补任》《系谱》之类的文献可资利用。

索引、年表、辞典类书籍齐全以及灵活利用的程度会导致不同的研究推进方式。

在这里必须要注意的是：前辈学者们所引用的史料、编年史料、索引等，因为都是摘抄，所以后来人必须要找到原史料进行对证，方可利用。没有原刊本而无法对照时不得已，只要有刊本，就务必要做这样的对照。其原因在于：前人引用的时候可能会有打字错误，或者由于是部分引用，会出现错误解释。仔细审查前后文脉，也许会发现前人对史料的误解或者史料使用上的纰漏。

关于中世后期至近世的研究，可供参考的刊行本很少，不得不阅读一些抄本。比较容易入手的书有：

《近世地方史研究入门》

地方史研究协议会，昭和30年，岩波书店

其中有对多种近世文献的解说和利用方法说明。

《近世古文书》

荒居英次，昭和44年，小宫山书店

其中照片和文字可以相互对照阅读。关于异体字研究有：

《异体字一隅》（《乡土研究讲座》第七卷所收）

太田晶二郎，昭和32年，角川书店

这本书使用起来很方便。为了进一步详细查找古文字，尚有：

《古字书综合索引》

长岛丰太郎，昭和33—34年，日本古典全集刊行会

如何对待收集到的史料，即对史料的评价与批判性使用的问题，有：

《历史学研究法》

今井登志喜，昭和24年，东大出版社

《日本史研究法》

和歌森太郎，昭和32年，朝仓书店

这两本书需要好好学习。史料处理正确与否是书写论文的基础，这个环节如果准备不充分，论文价值必将全失。

关于建筑史料的查找方法以及如何批判性地引用史料是我想详细书写的内容，但由于内容过长，这次只好忍痛割爱。研究方法一定是由每一位研究者独自创造出来的；但是，个人创造的前提是：遵从前述两本著作中学到的研究基本原则，认真阅读相关前人论文，从中体会前人的研究策略——只有在这样的基础上才能谈及个人创造。

从近几年的研究发表看，叙述庞杂，语言、文字使用不规范，甚至有自说自话的现象。不管内容多么好，没有平易的行文、易读的文字，就不可能让读者理解其中之意，这是应该十分用心的大事。

附录 B 续日本建筑史文献

最后一次的文献目录增补版是昭和 44 年（1969）版。大约十多年前，曾尝试再次增版，借机会全面改写，结果中途遭遇挫折而未能如愿。最近发表的相关论文和著作数量已经相当庞大，而杂乱、分散的实际状况使得整理工作困难重重。这次增补范围局限在我所见的文献，以及几位同行赐教的一些文献，同类单行本过多时，进行了适当的筛选。

由于一般性历史、美术史、考古学、园林史的研究论著数量惊人，很遗憾无法收录全部，只收集了与建筑史直接相关的资料；即使书名相同，也只摘选了建筑史家的著作，而省略了美术史家的。论文以《日本建筑学会论文报告集》（略记为《建学论》）、《建筑史学》《佛教艺术》等刊载的文章为主，其他非定期出版的论文集基本没有采用。出版处写着“私家版”的是学位论文。对于在杂志上已经发表的学位论文里的个别相关章节，本书只摘录了刊载期刊名和期号，而省略了各篇论文的具体名称；另外，对论文集和著作中重复收录的论文，出处选择论著而省略了论文集的信息。按照如上摘录原则，文献数量还是相当多，因此省去了说明文字；但考虑到会因此不明论著内容的问题，所以摘录了单行本目录。为了精简，有些省略可能会遭到作者的训斥，如发表在特集号中的论文，只登载了论文名，省略了作者名。分类的确存在不当之处。论文集的论文因为包含不同的研究对象，有些摘录到“二、概说书”里，有些只收在论文集栏目里，因此检索时，请阅读这两方面的内容。

编写此目录时，得到了多方支持，特别是东京工业大学建筑学科的田中晶、藤井惠介、光井涉等先生助力尤多，在这里深表感谢。书中仍有许多不足之处，为了赶出版日程，优先偿还“笔债”，不足之处敬请各位读者海涵。

一、论著目录

目前，单行本与杂志种类纷繁。对于整个历史学来说，全面性的目录恐怕还没有编制完成。由于《史学杂志》和《日本历史》中附有有关日本历史论著目录，除了采用它们所提示的方法之外别无它法。《史学杂志》每年都刊登学界展望，但几乎不涉及建筑历史的内容。建筑史论文极少刊登在《日本建筑学会论文报告集》《建筑史学》《佛教艺术》之外的其他刊物上。《建筑史学》5 号刊以后即昭和五十九年（1984）以后，各期皆附有单行本的“新刊书目录”，并刊载重要文物建筑、民居、村镇、近世神社和佛寺等的考察报告书；《建筑杂志》每年 11、12 月号刊中会刊登“建筑意匠 / 建筑论 / 文献目录”（和建筑学会相关者除外），此外，各县、市、町、村史或发掘调查报告书之类也会有刊载，请务必参考使用。

《建筑史 / 意匠 / 有关建筑论的文献目录》

建筑学会图书委，建筑杂志

三九年期（43.01）；四〇（45.02，05）；四一（46.01）；四二（46.01）；四三（47.01，02）；四四（48.01；02）；四五（48.10，11）；四六（49.06，09）；四七（50.10，11）；四八（51.10；11）；四九（52.11，12）；五〇（53.12，54.01）；五一（54.11，12）；五二（55.11，12）；五三（56.11，12）；五四（57.10，11）；五五（58.11，12）；五六（59.11，12）；五七（60.11，12）；五八（61.11，12）；五九（62.11，12）
括号内表示杂志的发行年月。跨双月者，前为单行本，后为临时增刊。

《日本史研究书总览》

远藤元男 编，昭和50年，名著出版

《佛教学相关杂志文献综览》

图书刊行会 编，昭和58年，图书刊行会

《日本文献年鉴75—》

地方史研究协议会，昭和49年—，柏书房

《地方史文献总合目录》（明治—昭和45）

阿津坂林太郎 编，昭和52年，岩南堂

《日本民俗学文献总目录》（明治—昭和50）

日本民俗学会，昭和55年，弘文堂

《建筑杂志 / 论文报告集 / 大会讲演梗概集 / 支部研究报告总目录》（昭和41—50）

日本建筑学会，昭和54年，日本建筑学会

二、概说书（包括跨两个领域以上的论文集）

《新建筑学大系》中的日本建筑史之卷尚未发行，新的概说书只有《日本的建筑》。由于战前的论文多集结为著作集再刊，择抄旧杂志论文的需要就不大了。寺院、神社、住宅等每个领域内的内容均收集在对应的部分，在这里仅刊出跨两个领域以上的相关内容：

《文化财讲座：日本的建筑》

伊藤 / 太田 / 关野编，昭和51、52年，第一法规

古代Ⅰ 飞鸟奈良时代概说（浅野）；竖穴穴居和“高床”居住建筑（工乐）；古代的神社建筑（稻垣）；飞鸟奈良时代的寺院建筑（冈田）；都城；宫殿；住宅（宫本）；瓦（森）

古代Ⅱ / 中世Ⅰ 平安时代概说（福山）；平安时代的寺院建筑（清水）；古代的建筑技法（工藤）；文样和色彩（山崎）；中世的神社建筑（伊原）；石塔（滨岛）

中世Ⅱ 中世概说（太田）；寺院建筑（铃木 / 川上）；建筑装饰细部（伊藤）；中世之建筑技法（伊藤 / 五味）；建筑五金饰件（细见）

近世Ⅰ 概说（藤冈）；社寺灵庙建筑（铃木充）；城郭建筑（内藤）；书院建筑（桥本）；近世之建筑技法（服

部）；墙壁（山田）；建筑雕刻（近藤）；建筑和漆（佐藤）

近世Ⅱ/近代 概说（关野）；茶室（中村）；民居（大河）；村镇街道（吉田）；洋风建筑（坂本）；建筑物保存事业（日名子）；保存科学和文物建筑修理（樋口）

《飞鸟奈良建筑》（《日本美术》196）

铃木嘉吉，昭和57年，至文堂

《平安建筑》（《日本美术》197）

工藤圭章，昭和57年，至文堂

《镰仓建筑》（《日本美术》198）

伊藤延男，昭和57年，至文堂

《室町建筑》（《日本美术》199）

川上 贡，昭和57年，至文堂

《桃山建筑》（《日本美术》200）

平井 圣，昭和58年，至文堂

《江户建筑》（《日本美术》201）

铃木 充，昭和58年，至文堂

《对于建筑来说，历史是什么——城市与建筑史的意义和今后的课题》

昭和50年，《建筑杂志》1088

对于建筑来说，历史是什么？建筑史研究现状与今后的课题；保存修景规划研究会的发展和现在的课题；集落研究的焦点——从地域规划角度来看；集落调查的关键——历史背景；史前/古代的发掘调查；关于景观的结构——近代建筑遗产的重层化；江户后期的木匠们——对其实像的探索；近世文书的特征；从古代史的角度谈文献建筑史的可能性和局限性；日本建筑中的“木割方法”（材分制）和设计技术；建筑史研究的课题和研究；日本建筑的西洋化和现代化

《日本建筑的特征》

昭和56年，《建筑杂志》1175

作为文化史的日本建筑史学；日本建筑中的“数寄”的发展系谱；日本民居史试论；日本的“大工”（木匠）和设计技术；日本古代住宅史的研究课题；神社神殿的形成及其契机；干栏式建筑的传统；日本住宅建筑的开敞性和室内外装修；日本近世建筑的结构和空间；共存和混合的日本建筑和现代建筑；日本建筑文化的特征；只古味盎然的建筑是日本建筑吗？日本建筑的特征

《日本美术全集》（二十五卷）

昭和52—55年，学习研究社

2. 飞鸟/白凤的美术Ⅰ——圣德太子和斑鸠之寺；西院伽蓝和法隆寺式建筑样式（铃木）3. 飞鸟/白凤的美术Ⅱ——藤原宫和四大寺（工藤）；瓦和砖（猪熊）4. 天平的美术——南都的大寺（铃木）7. 净土教的美术——阿弥陀堂和净土庭园（宫本）11. 神道的美术——神社建筑的产生和发展；社头的构成和祭祀仪式（佐藤）12. 镰仓的雕刻/建筑——镰仓时代的建筑（铃木）13. 禅宗的美术Ⅰ——禅的世界；禅宗寺院的建筑（川上）15. 北山/东山的美术——金阁和银阁（川上）18. 近世武将的美术——天守和城郭；灵庙建筑（平井）19. 近世宫廷美术——近世宫廷文化；桂离宫；修学院离宫；京都御所和仙洞御所（斋藤）20. 茶的美术——茶室（八木）

《秘宝》（仅记建筑的执笔者）

昭和42—48年，讲谈社

1/2. 法隆寺（服部/竹岛）3. 四天王寺（藤岛）4/5. 东大寺（村田）6. 东寺（大森）7. 高野山（藤岛）8. 醍醐寺（福山）9. 熊野（浅野）10. 严岛（浅野）11. 西本愿寺（中村/近藤）12. 东照宫（大河/森）

《日本绘卷物全集》（附有建筑解说）

昭和51—53年，角川书店

1. 绘因果经（村田）；3. 信贵山缘起（福山）；5. 华严缘起（饭田）；10. 平治物语绘卷．蒙古袭来绘词（伊藤）；11. 一遍圣绘（福山）；13. 紫式部日记绘卷/枕草子绘卷（藤冈）；14. 法然上人绘卷（川上）；16. 春日验记绘（伊藤）；21. 东征传绘卷（饭田）；24. 年中行事绘卷（福山）

《日本建筑史研究》续编

福山敏男，昭和46年，墨水书房

法隆寺金堂的华盖和须弥座；法隆寺五重塔的题字和歌；法隆寺伽蓝缘起及"流记资财帐"的研究；法隆寺政所及法头略记；长谷寺千佛多宝佛塔铜板；大安寺花严院和宇治华严院；兴福院；普光寺（广冈寺）的位置；唐招提寺的建立；唐招提寺的成立；唐招提寺金堂的营造；唐招提寺的用度帐；西大寺的创建；传教大师时代之延历寺的建筑；洛北的灵严寺；平等院凤凰堂本尊胎内藏纳阿弥陀大小咒月轮；平等院的经藏和藏纳和歌集记；中尊寺藏保安三年的脊另檩题记；海住山寺五重塔；龙岩寺；伊势神宫的神宝绘图；宇治上神社本殿；宇治离宫和宇治上神社拜殿；北野天满宫的石之间；祇园社绘图和鹤冈八幡宫修营目论见绘图；飞鸟京；平安京及其宫城的指图；在信贵山缘起上所见宫城之门；关于寝殿造式邸宅营造的文献；年中节气绘卷中春日祭使出立图

《日本建筑的特征》（太田博太郎博士还历[1]纪念论文集）

昭和51年，中央公论美术出版

朝鲜三国时代建筑和法隆寺金堂的形式体系（关口）；日本古代都城之建立和营造组织（泽村）；对"Yihe"（家的古代发音）词汇的非建造说的讨论（木村）；"式年迁宫"的建筑性考察（稻垣）；关于持佛堂的考察（清水）；关于弘法大师御影堂的考察（川上）；关于中世新样式在结构构造上的改革的历史性考察（田中）；关于书院造（平井）；"たてすな"考（一色）；近世城市中的武家住宅和町家住宅（小寺）；江户时代的中下级武士住宅和近代城市住宅（大河）；康德尔（Josiah Conder）的建筑观和日本（铃木博之）；伊东忠太小论（长尾）

《日本建筑的特征》（《日本建筑史论集》Ⅰ）

太田博太郎，昭和58年，岩波书店

日本建筑的特征；日本建筑史序说（初版）；日本建筑的构造和设计；日本建筑的历史和传统（原始住居的复原）；日本建筑形式的形成；平安京；藤原贵族的居住生活；和样和宋样；重源和快庆；金阁和银阁；城郭和书院；桂离宫；江户的防火对策；建筑和工匠；古代的建筑生产；上代的营缮官制；工匠眼中的藤原建筑界；镰仓时代的建筑和工匠；近世的建筑业；古昔的木工工具；建筑的专门用语；建筑平面的表记法；关于唐破风；关于"唐庇"；铺板地面；缘（下檐出）和簀子（竹薄）；栈瓦葺（波形瓦屋面）；棁（童柱）

《关于指图》（纪念演讲）

川上贡，昭和62年，《建筑史学》9

《阅读建筑指图》

川上贡，昭和63年，中央公论美术出版

---

1. 即六十岁寿辰。——译者注

建筑图面的变迁；关于三圣寺伽蓝古图；古画图中所见禅寺建筑；信州文水寺密乘院指图；关于竹内门迹府邸指图；关于白川照高院古指图；水口和永原之城；禁里附[1]/院附[2]的官员住宅；元禄时期特权町人的住宅；京都近世町屋宅基地的划分和房屋平面；近世町和村会所；关于旧笸井家藏洛外屏风图中所反映的建筑形象；关于幕府末期社头[3]景观之整顿与再开发；我与建筑指图的相遇

《金泽文库资料全书》第 9 卷 寺院指图篇

神奈川县立金泽文库 编，昭和 63 年，便利堂

《被掩埋的宫殿和寺院》（《古代史的发掘》9）

昭和 49 年，讲谈社

复苏了的古代都城和寺院（铃木）；砖佛和石佛（长谷川）；陶土瓦（森）；都城的变迁（泽村）；土木工程（八贺）；宫殿（宫泽）；寺院（铃木）；地方官衙 / 城栅（坪井）；尺度（宫本）；木简（鬼头）

《集落和祭祀》（《日本考古学》4）

总论（佐原）；原始集落（小林）；农村集落（甲元）；都市（町田）；住居（宫本）；坟墓（都出）；咒术和祭祀（金关）；佛教（上原）

《大宰府的再发现》（特集）

昭和 57 年，《佛教艺术》146

大宰府的历史（仓住）；大宰府政厅遗迹的调查；大宰府的官衙；古瓦和砖；水城遗迹的发掘调查；大野城和基聿城；筑紫观世音寺的调查及其成果；筑紫国分寺；野内外的诸寺院；古地图中出现的大宰府；大宰府研究史之一斑

《京都市的埋藏文化财——最近的发掘调查》

昭和 52 年，《佛教艺术》115

京都市埋藏文化财调查研究的动向；北白川废寺遗址；长冈京遗址；平安京遗趾；朱雀院遗趾和西宫领遗趾；左京四条一坊遗址；宇多院遗址；西寺遗址；乌丸通；鸟羽离宫遗址；法胜寺遗址；上久世城之内遗迹；临川寺旧境内；旧二条城遗迹；相国寺旧境内；仁和寺出土的绿釉琉璃瓦

《镰仓的发掘》

昭和 61 年，《佛教艺术》164

地下的镰仓；中世都市镰仓宅基地土地划分制试论；镰仓永福寺及其苑池；镰仓的社寺遗迹形态及其实例；镰仓的瓦之样式——以镰仓时代瓦当文样为主；镰仓的武家房屋模型和城市住居——中世镰仓市街地的居住形态；镰仓地方考古发掘调查略史

《近世的建筑》

藤冈通夫，昭和 46 年，中央公论美术出版

《近世建筑史论集》

藤冈通夫，昭和 44 年，中央公论美术出版

关于桂离宫建立的一点考察；近世的紫宸殿；清凉殿和宽政年度大修的形式复古；南禅寺大方丈再考；圆

---

1. 指皇居监察；禁卫官职。——译者注
2. 指太上皇的监察、禁卫官职。——译者注
3. 神社入口前的空间。——译者注

满院宸殿的研究；本愿寺型的对面所考；西本愿寺书院之我见；三溪园临春阁的传说及其前身建筑；岛原角屋的建筑年代；信州高岛城天守复原考；熊本城天守复原考；萩城天守复原考；丰前小仓城天守考；庆长营造的伊贺上野城天守考；美作津山城天守复原考；三州冈崎城天守考；高松城的天守考；会津若松城的天守考；水户城的三层楼橹考；小田原城天守及其模型；和歌山城天守及其建造；多层塔式城天守的一例考察；多层天守称呼法考

《近世都市屏风画之建筑性研究——洛中洛外图》

内藤昌 / 大野耕嗣 / 高桥宏之，昭和 46 年，《建学论》180—182

《近世洛中洛外图屏风画之景观类型》

内藤 昌，昭和 48 年，《国华》73—7

《洛中洛外屏风的世界》（特集）

昭和 59 年，《文学》52—3

洛中洛外图的构想（林屋）；上杉本洛中洛外图的作者和景观年代（今谷）；洛中洛外屏风图中所见的建筑风景（高桥）；作为都市图的洛中洛外图屏风（内藤）

《洛中洛外图的景观分析》（《洛中洛外图大观》所收）

内藤 昌，昭和 62 年，小学馆

《洛中洛外图——环境文化的中世史》

高桥康夫，昭和 63 年，平凡社

从“岛”到“小京都”，生活空间的风雅设计；绘画中的洛中洛外；作为历史史料的洛中洛外屏风画

《京都 · 1547 年——被描绘的中世都市》

今谷 明，昭和 63 年，平凡社

上杉本洛中洛外图之谜；上杉屏风的景观年代；天文期的生活文化

《江户屏风中的建筑》（《江户图屏风》所收）

平井 圣，昭和 46 年，平凡社

《近世社寺建筑》（特集）

昭和 62 年，《佛教艺术》170

近世社寺建筑的特色（浅野）；京都的古迹和禅宗寺院的近世建筑（川上）；京都的净土系及日莲系寺院的建筑（永井）；权现造和建筑雕刻（大河）；近世社寺建筑的细部装饰和样式（樱井）；近世社寺建筑和大工（西）；东北地方的社寺建筑（佐藤）；关东 / 甲信越地方的社寺建筑（平井）；东海 / 北陆地方的社寺建筑（浅野）；近畿地方的社寺建筑（宫本）；中国 / 四国地方的社寺建筑（细见）；九州地方的社寺建筑（泽村）；近世社寺建筑保存问题的关键（工藤）

三、中国与朝鲜

最近对中国、朝鲜的关注高涨，研究论文日渐增多，这里仅摘录了概说与综合性的论著，省略了单篇论文：

《中国的建筑》

竹岛卓一，昭和 45 年，中央公论美术出版

《营造法式的研究》（三册）

竹岛卓一，昭和47年，中央公论美术出版

《东洋建筑史》（新订《建筑学大系》4—Ⅱ）

村田治郎，昭和47年，彰国社

印度建筑史／中国建筑史

《中国建筑史丛考》（佛寺佛塔篇，《村田治郎著作集》三）

昭和63年，中央公论美术出版

《中国建筑之历史》

中国建筑史编集委员会，田中淡译注，昭和56年，平凡社

《中国建筑和金石文之研究》（《福山敏男著作集》六）

昭和59年，中央公论美术出版

中国石窟的展望；试论敦煌石窟的编年；麦积山石窟寺；炳灵寺石窟的西秦造像铭；宝庆寺派石佛的分类；校注两京新集卷第三及其解说；唐长安城的东南部；礼经中所见碑及秦的刻石；景初三年；国始元年三角缘神兽镜铭的陈氏和杜地；古碑；元明天皇陵碑；那富山墓的隼人石；金石文；日本古代的金石文；飞鸟／奈良时代的金石文；野中寺弥勒像铭文中的柏寺；长冈京遗迹出土木牌的《人物志三卷》；长冈京木简随想

《中国的都城遗迹》

岸 俊男 编，昭和57年，同朋社

《中国建筑史的基础性研究》

田中 淡，平成1年，弘文堂

先秦时代宫室建筑序说；周原建筑遗址释疑；隋朝建筑家的设计和考证；中国壁画古坟之建筑图和初唐建筑形式；日本中世样式建筑中的结构革新；中国建筑和砖

《韩国的建筑和艺术——韩国建筑调查报告（复刻）》

关野贞 著，伊丹润 解说，昭和63年，韩国建筑和艺术刊行会

《韩国的古代遗迹》Ⅰ 新罗编（庆州）

东潮 编著，昭和63年，中央公论社

《韩之建筑文化》

藤岛亥治郎，昭和51年，艺草堂

《韩国的中世建筑》

杉山信三，昭和59年，相模书房

《朝鲜的民居》

野村孝文，昭和56年，学艺出版社

《百济·弥勒寺之发掘调查——新伽蓝形式的解析》

北野耕平，昭和63年，《佛教艺术》179

四、专业术语解说

除了以下摘录的著作外，还有足立、太田先生的著作集中的相关内容可供使用。

《正仓院文献中所见之建筑用语》（不含金属饰件）

福山敏男，昭和 61 年，《正仓院年报》8

《上代造型史中关于“样”之考察》

稻木吉一，昭和 62 年，《佛教艺术》171

《奈良之诸寺院——关于古建筑的种种看法》

太田博太郎，昭和 57 年，岩波少年新书

《古寺建筑入门》

工藤圭章，昭和 59 年，岩波画报

五、建造物的目录与图录

《国宝 · 重要文化财建造物目录》出版截止到昭和五十三年（1978），平成二年（1990）又新版刊行。以县为单位的简单目录；图录有很多，在这里只选取特别详尽的神奈川县的目录；图录加以刊载。

《国宝 · 重要文化财指定建造物目录》

文化厅，平成 2 年，第一法规

《解说版新指定重要文化财》（《建造物》Ⅰ—Ⅲ）（昭和 25—55 年）

“重要文化财”编纂委员会 编，昭和 56、57 年，每日新闻社

《重要文化财》（建造物Ⅰ—Ⅳ补遗 / 相关史料）

重要文化财编纂委员会 编，昭和 48—50 年，每日新闻社

《旧国宝建造物指定》（明治 30—昭和 24 年）说明

昭和 57 年，文化财建造物保存技术协会

《增订战灾烧失文化财》（建造物篇）

文化厅，昭和 58 年，临川书店

《国宝》（《建造物》Ⅰ—Ⅲ）

文化厅，昭和 59 年，每日新闻社

《神奈川县文化财图录》建造物篇

大冈实 / 关口欣也 / 铃木嘉吉，昭和 46 年，神奈川县教育委员会

六、结构与设计意匠（建筑部分／木割法）

《技术和工匠》（二）技术（学会展望）

沟口明则／河津优司，昭和 61 年，《建筑史学》6

《日本建筑样式的研究》（二册）

天沼俊一，昭和 50 年，思文阁

《日本建筑的空间》（《日本美术》244）

神代雄一郎，昭和 61 年，至文堂

《日本建筑的结构》（《日本美术》245）

浅野 清，昭和 61 年，至文堂

《日本建筑的装饰》（《日本美术》246）

伊藤延男，昭和 61 年，至文堂

《日本建筑的空间》

井上充夫，昭和 44 年，鹿岛出版会

序言——从空间到实体；雕塑式构成；绘画式构成；内部空间的发展；从几何性空间向行为性空间的转变

《建筑样式的历史和表现》

中川 武，昭和 62 年，彰国社

作为海来神的建筑；亚洲式古代的形式化——神社本殿的起源；浮游式幻想往生“欣求净土”；飞翔的结构空间想象力——大佛样；和样的复原力与折衷的逻辑；重点要素的坚持“住宅式佛堂”；奔流和潜力：桃山时代的表现；向量之回归：书院和数寄屋；形式及其消亡

《日本传统建筑中的空间特征》

冈岛／渡边／野田／若山／内藤，昭和 60；61 年，《建学论》357；361；363；367

建筑空间的形象分析；根据建筑空间感觉特性提取的结构部件和结构要素；根据建筑空间的感觉特性所形成的构成部件的分类；从建筑空间概念和构成部件的感知特性所见日本建筑的空间特性

《日本传统村镇与城市景观的空间特性》

冈岛／渡边／小西／菊池／若山／内藤，昭和 62 年，《建学论》379

《日本建筑的意匠和技法》

大冈 实，昭和 46 年，中央公论美术出版

《窗之史话》（《实物的建筑史丛书》）

日向 进，昭和 63 年，鹿岛出版会

《床之间的史话》（《实物的建筑史丛书》）

前 久夫，昭和 63 年，鹿岛出版会

《古代建筑的结构和技法——以法隆寺建筑为主》（《奈良诸寺》二）

铃木嘉吉，昭和 49 年，岩波书店

《关于古代建筑物构造技法的复原研究》

冈田英男，昭和 61 年，私家版

当麻寺曼荼罗堂沿革及其构造技法；关于当麻寺前身曼荼罗堂的复原研究；古代掘土立柱建筑物的构造技法的研究；当麻寺曼荼罗、佛厨子的变迁及其历史背景

《关于文化财建筑物构造技法的复原研究——榫与卯》

文化财建筑物保存技术协会，昭和61年，便利堂

《关于榫与卯结构的基本形式及其组合变迁的研究——以中世遗构为主》

源 爱日儿，昭和57年，私家版

基本形式和组合形式的类型；榫与卯的历史变迁；关于基本型和组合型的研究（建学论356）

《关于中世前期和样五间堂中“一枝寸法”的决定法》

沟口明则，昭和62年，《建学论》373

《中世前期·多层塔遗构的枝割制[1]和用椽总量》

沟口明则，昭和63年，《建筑史学》10

《中世建筑上所见挑檐桁反翘和斗拱的关系》

滨岛正士，昭和42年，《建学论》131

《关于日本建筑尺寸体系的研究》

岩楯 保，昭和48年，私家版

作为统计数量的表现；从尺寸数值的个体关系向尺寸体系图的发展；关于各个时代寺院建筑中尺寸体系和在建筑上的表现（《建学论》190，191，199，201~203，206~208，210~213，215；《建筑史研究》36；大分工；大纪要等）

《日本古代建筑中尺寸设计的研究》

石井邦信，昭和50年，私家版

柱开间；柱径；大斗长；内法[2]；构件的心心间距；根据外包尺寸进行的古代尺寸设计研究；八角考；营造法式之单元长度；日本古代建筑的数学背景（《建学论》214，215，219；《福冈大工学集报》1，2，5—9）

《匠明五卷考》（《匠明》所收）

伊藤要太郎，昭和46年，鹿岛出版会

《愚子见记》（三部立）

太田博太郎 监修，平正隆 编著，昭和63年，井上书院

《木割的研究》

中川 武，昭和60年，私家版

论木割变迁史；论木割尺寸体系论；论木割的设计技术（《建学论》194，198）

《建筑规模的变化和木割的方法》

中川 武，昭和61年，《建学论》362

《大工技术书之作者》（纪念演讲）

伊藤平左卫门，昭和61年，《建筑史学》7

---

1. 在一定的长度内，规定椽子根数和斗拱组数的比例尺度的设计制度。——译者注

2. 构件之间的净尺寸。——译者注

《通过与〈孙七觉书〉的比较对原本〈大工斗墨曲尺之次第〉鸟居木割复原之考察》

渡边保弘，昭和61年，《建学论》366

《〈愚了见记〉的产生》

冈本真理子/渡边胜彦/内藤昌，昭和61年，《建学论》369

《〈愚子见记〉中所见早期和算书的影响》

麓和善/渡边胜彦/内藤昌，昭和61年，《建学论》366

《〈愚子见记〉的研究》（《愚子见记》所收）

内藤 昌，昭和63年，井上书院

《关于室内意匠雏形[1]本的研究》

冈本真理子，昭和59年，私家版

铺席样雏形；壁架雏形；木地板与书院样雏形；门窗装修样雏形；栏间样雏形（《建学论》318，338，344，337，342；《建筑史学》2）

《近世建筑书——座敷的雏形》

冈本真理子，昭和60年，大龙堂

座敷雏形的史料；座敷大宅第雏形的研究

《〈日本番匠记〉各种抄本的类型系谱》

渡边胜彦/内藤昌，昭和59、60年，《建学论》335，348

《〈古河新兵卫觉书〉的各种抄本之构成及其内容·木割的特征》

渡边胜彦/冈本真理子/内藤昌，昭和60年，《建学论》349，352

《卯口雏形的研究》

内藤昌/渡边胜彦/若山滋 昭和61年，《建学论》360，370，384

榫头/卯口雏形的记载和类型；榫头和卯口的基本形式和变化型式；组合型式

《在所谓〈木碎之注文〉（〈寿彭觉书〉）中所见堂、社、门的木割体系和特征》

渡边胜彦/冈本真理子/内藤昌，昭和61、62年，《建学论》362，378

《江户建仁寺流派系本的产生》

河田克博/渡边胜彦/内藤昌，昭和63年，《建学论》383

《加贺建仁寺流派系本的产生》

河田克博/渡边胜彦/内藤昌，昭和63年，《建学论》386

《江户建仁寺流派系本的发展》

河田克博/麓和善/渡边胜彦/内藤昌，昭和63年，《建学论》388

《近世建筑书中所见唐样建筑的设计体系》

河田克博/麓和善/渡边胜彦/内藤昌，昭和63年，《建学论》388

---

1. 模型或纸样。——译者注

《木割书中绘样雏形的系谱》

麓和善 / 冈本真理子 / 渡边胜彦 / 内藤昌，昭和 63 年，《建筑史学》10

The Roof in Japanese Buddhist Architecture（《日本佛教建筑中的屋顶》）

Mary Nerghbour Parent，昭和 58 年，鹿岛出版会 · Weatherhill（ウェザービル）

《屋顶的历史》

平井 圣，昭和 48 年，东洋经济新报

《壁》

山田幸一，昭和 56 年，法政大学出版局

日本墙壁的特征；古坟时代为止的墙壁之概观；古代的左官（泥瓦匠）工程；中世的左官工程；近世涂笼式城郭的墙壁；草庵茶室与数寄屋；近世左官工程的技术革新；日本墙壁的普及与发展；日本墙壁的完成；左官工具与近代建筑技术的连接点

《日本的墙壁》

山田幸一，昭和 57 年，骏骏堂

左官工程的发展；左官工程的一切（包括材料、骨料、抹灰、和壁之施工、粉刷、白灰墙）

《门窗装修史话》（实物的建筑史）

高桥康夫，昭和 60 年，鹿岛出版会

《铺席史话》（实物的建筑史）

佐藤 理，昭和 60 年，鹿岛出版会

《立川流派的建筑》

细川隼人，昭和 47 年，诹访史谈会

《日光社寺建筑彩色纹样图谱》

昭和 61 年，日光社寺文化财保存会

《佛教美术的装饰纹样》

林 良一，昭和 48~62 年，《佛教艺术》91—173

天盖；圣树；莲花；忍冬纹样；葡萄唐草；宝相华

《飞鸟白凤时代的古瓦》

石田茂作 / 稻垣晋也，昭和 45 年，东京美术

《日本古代的鸱尾》

奈文研飞鸟资料馆，昭和 55 年，奈良国立文化财研究所

《瓦和古代寺院》

森 郁夫，昭和 38 年，六兴出版

佛教的传入；第一座寺庙的建造；皇家诸寺；远离首都的政厅的官寺和东部官寺；造瓦工房的产生

《瓦的浪漫》

森 郁夫，昭和 55 年，每日新闻

《平安京古瓦图录》

平安博物馆，昭和 52 年，雄山阁

《古代末期瓦生产体制的变革》

上原真人，昭和 53 年，《古代研究》13，14

《从瓦看平安京》（历史新书 40）

近藤乔一，昭和 60 年，教育社

《密教之地镇镇坛器的埋装》

森 郁夫，昭和 47 年，《佛教艺术》84

七、建筑生产

这是最近特别兴盛的研究领域之一，关于江户时代的“大工组合”有许多研究成果：

《技术和工匠》（一）生产组织（学会展望）

中川 武，昭和 60 年，《建筑史学》4

《日本匠人史序说》（《日本匠人史研究》 I ）

远藤元男，昭和 60 年，雄山阁

技术和人和工具；手工业史；师傅徒弟制度论；手工业技术分化史；产业政策史；匠人的日本史；日本匠人绘尽[1]

《古代中世的匠人和社会》（《日本匠人史研究》 II ）

远藤元男，昭和 60 年，雄山阁

关于原始工艺的备忘录；古代前期的手工业生产方式；朝廷属下的各职业“部”及其相关的诸问题；古代建筑史的一例考察；奈良时期的手工艺；关于飞 （地名）工匠的考察；关于庄园制发展期的手工业生产的各种问题；十二世纪前后手工业者的经营和生活；中世匠人的工资报酬和生活

《近世匠人的世界》（《日本匠人史研究》 III ）

远藤元男，昭和 60 年，雄山阁

（座谈会）寻求江户时代的匠人诸像；（座谈会）关于近世的手工业者；匠人的师徒关系；作为“组合”成员的匠人关系；城市与村落中的匠人生活；匠人气质的根基；明治维新时期的“株仲间”[2]的废止和匠人的关系；近世匠人史四则；近世匠人史话

《匠人和生活文化》（《日本匠人史研究》 IV ）

远藤元男，昭和 60 年，雄山阁

《建筑五金工匠史话》（《日本匠人史研究》 V ）

远藤元男，昭和 60 年，雄山阁

《日本匠人史百话》（《日本匠人史研究》 VI ）

远藤元男，昭和 60 年，雄山阁

1. 以匠人为题材的绘画。——译者注

2. 即入股同伙关系。——译者注

《历史中的建筑生产体系》（《新建筑学大系》44 所收）

永井规男，昭和 57 年，彰国社

《建筑》（《日本技术的社会史》7）

玉井哲雄 编，昭和 58 年，日本评论社

古代住居和集落（宫本）；中世建筑技术（益田）；建筑设计技术的变迁（中川）；城郭和内里的建造（渡边胜彦）；近世后期的大工及其组织（西）；近世民居的地域特色（宫泽）；近世都市和町家（玉井）；西洋建筑的引进和匠人（初田）；家具装修（小泉）；大工道具（吉川）；屋面铺设（日塔）；建筑规矩术（冈田）

《日本古代手工业史的研究》

浅香年木，昭和 49 年，法政大学出版局

倭政权和手工业生产；律令制时期的官营工房及其基础；平安时期城市中的手工业生产；平安期的本地手工业生产；古代佛师的生产关系和社会地位

《座的研究》（《丰田武著作集》Ⅰ）

昭和 57 年，吉川弘文馆

中世商业和座；诸座之发展（以兴福寺为主要研究对象的建筑业者座之研究）

《古代寺院的生产遗迹》（特集）

昭和 58 年，《佛教艺术》148

古代的瓦窑（森）；梵钟的铸造遗址（坪井）；寺院下属的有关金属工房（杉山）

《造寺司黎明期之一考察》

大桥一章，昭和 60 年，《佛教艺术》160

《止利佛师考》（附 7—8 世纪木工一览表）

田中嗣人，昭和 54 年，《元兴寺文化财研究所年报》1978

《关于造东寺长官纪胜长的考察研究》

西川新次，昭和 52 年，《佛教艺术》111

《13 世纪后半南都兴律及其建筑活动——试论关于新和样建筑的形成》

永井规男，昭和 43 年，《佛教艺术》68

《丹后国分寺建武重建金堂的历史背景》（ 原考古学研究所论集创立 35 周年纪念）

永井规男，昭和 50 年，吉川弘文馆

《番匠》

大河直躬，昭和 46 年，法政大学出版局

从战乱中出发；建筑工程现场的情景；工匠在地方之间的移动与交流；为了获得工作的竞争；信仰和生活；大工程项目的劳动组织；工匠家族；室町幕府的工匠们；技术的发展；城市的工匠生活；栋梁和木割书；近世和中世

《实隆公记中所出现的贵族住宅工程》

永井规男，昭和 42 年，《建学论》136

《关于相国寺松泉轩工程》

永井规男，昭和 42 年，《建学论》141

《建筑概预算技术的历史发展》

西 和夫，昭和 42 年，私家版

本途和本途帐；本途帐的产生和年代；江户城及京都御所营造中本途的利用；建筑屏风画的画料；德川幕府工程费用的预算与检查；德川幕府发包方的概算史料；单位大工用工数量的历史性考察（《建学论》120—122，126，141，142，149）

《江户建筑和本途帐》

西 和夫，昭和 49 年，鹿岛出版会

《早期和算书中建筑概预算技术》

麓和善 / 渡边胜彦 / 内藤昌，昭和 61 年，《建学论》363

《江户时代的大工们》

西 和夫，昭和 55 年，学艺出版社

《近世大工的系谱》

内藤 昌，昭和 56 年，鹈鹕社

《工匠们的智慧和技巧》

西 和夫，昭和 56 年，彰国社

《建筑技术史谜之解——续“工匠们的智慧和技巧”》

西 和夫，昭和 61 年，彰国社

《浜松栋梁桑原家：论其由来、家系、工作现场和幕府工程领班大工栋梁的关系》

西 和夫，昭和 52 年，《建学论》259

《浜松栋梁和德川幕府发包方大工栋梁》

西 和夫，昭和 52 年，《建学论》260

《摄津国大工组的研究》

川上 贡，昭和 51~54 年，《建学论》244；245；252；277

关于摄津国大工组吉左卫门组；大工组吉左卫门组的解体和五组大工组的形成；关于岛下郡福井大工组；摄州在方农家承包和福井大工组大工

《关于江户时代后期大坂大工组的研究》

渡边胜彦，昭和 53 年，日本工业大学研究报告

大坂大工组的构成、组织、经营；大坂大工的营业形态；有根基地的大工与其子及徒弟（《建学论》260，261，263，273，274）

《近世大坂大工宫屋及其营业形态》

永井规男，昭和 63 年，《建学论》390

《关于中井家六国大工统治的建立及发展过程的研究》

谷 直树，昭和 58 年，私家版

关于中井家大工统治初期形态；庆长 · 元和 · 宽永年间中井家大工统治；宽永十二年高役赦免和农村大工组统治的确立；幕府御用工程中中井家的职务和财政结构；及在中井家统治下的栋梁们；以及“家中”的变迁；中井家六国大工统治的整顿和改编（《建学论》277，287）

《近世建筑的生产组织和技术》

川上 贡 编，昭和 59 年，中央公论美术出版

幕府御用工程中中井家的任职和财政结构（谷）；京都御大工头中井家和中井宅第的变迁（奥）；中井家勘定帐中所见幕末中井府邸的生活（奥）；在大坂天满的大工组织和营业形态（渡边）；大工近江屋吉兵卫及其营业形态——关于江户时代“町屋”大工的生产活动的一种考察（日向）；关于江户时代后期六国农村大工组（吉田）；关于播磨和淡路集住大工（永井）；相模国爱甲郡半原村的大工（西）；关于床和书院雏形的研究（内藤/冈本）；关于东大寺大佛殿保永年间的营建（平井）；关于中井家的触书[1]（川上）；中井家触书集成

《关于京大工头中井统治下栋梁层的形成过程和组织化的研究》

吉田纯一，昭和 60 年，私家版

第一代正清管理下的栋梁；及栋梁阶层的形成；宽文年度京都御所营造中栋梁层的构成；延宝年度御所营造中栋梁层的构成；御扶持人栋梁三人的成立过程；关于受领的栋梁五人；十七世纪后半至十八世纪初期并栋梁层的改变（《建学论》333，335，339，341，345，348；《建筑史学》3）

《气仙大工的研究——以江户时期及明治时期的遗构和文献资料为中心》

高桥恒夫，昭和 62 年，私家版

关于陆前高田地方农家承包中的气仙大工及其技法；社寺承包中的气仙大工及其系谱；

仙台领气仙郡的大肝入 / 吉田家住宅及其大工栋梁 / 七五郎（《建学论》349，363，379，386，390）

《关于中井役所管理下的六国大工组构成形态和变迁的研究》

吉田高子，昭和 62 年，私家版

关于河内国地区大工组的变迁和承包范围；关于河内国地区古桥大工组的构成形态的研究；关于河内国地区古桥大工组的变迁及其工作状况的研究；关于河内国新堂大工组——以新堂大工为中心；河内国教兴寺大工组和新堂大工组的研究；关于东近江地区以郡为别的大工组的研究——以其变迁和承包范围为中心；关于西近江地区的大工组——以其变迁与承包范围为中心（《建学论》318，319，325；《近大理工学部研究报告》16，20，23）

《近世地方大工中所见匠人合伙特征与地方性》

渡边洋子，昭和 62 年，私家版

甲府町大工伙伴的研究——向冥加[2]伙伴发展的过程；纪州町地方大工合伙性的研究——大工株（股）的各种形态；大工合伙的特征和地方性

《以大工栋梁原家为中心，自幕末时期至明治时期的木曾大工之考察》

小寺武久，昭和 60；61 年，《建学论》352，357，360

原彦左卫门《万建前觉帐》；原彦左卫门《普请觉帐》；《作料勘定帐》；原鹤吉《万建前觉帐》；《作料勘定帐》

《天正时期妙心寺法堂的修造帐》

永井规男，昭和 62 年，《建筑史学》9

《大工道具[1]的历史》

村松贞次郎，昭和 48 年，岩波书店

---

1. 官府下达的布告。——译者注

2. 为江户时代支付的一种运输税金。——译者注

《道具和日本人》

中村雄三，昭和 58 年，PHP 研究所

《日本之锯》

吉川金次，昭和 41 年，吉川金次

《锯》

吉川金次，昭和 51 年，法政大学出版局

《尺子》

小泉袈裟胜，昭和 52 年，法政大学出版局

《日本古代的木材加工技法和工具的实验性研究》

成田寿一郎，昭和 59 年，私家版

古代刨子的实验性研究——关于正与直；百万塔制作技术的实验性研究（作业尺寸、辘轳之结构、精度和试作、刀刃和治具之适用；使用材料 / 镟削技术 / 镟削工程；所需施工天数）（《建学论》292，295，300）

《我国大工操作技术的研究》

黑川一夫，村松贞次郎 监修，昭和 59 年，劳动科学研究所

《关于古代桧皮葺屋顶技法的考察》（《日本古文化论考》所收）

永井规男，昭和 45 年，吉川弘文馆

《序号考》（《文化财论丛》所收）

清水真一，昭和 58 年，同朋舍

八、住宅建筑（1）：概说 / 古代（包括宫殿、衙署）

《依据遗构发掘形成的住居史》（学会展望）

宫本长二郎，昭和 63 年，《建筑史学》10

《日本住宅史研究现状》

关于先史时代；古代住宅研究的现状；日本住宅史的成果和现状——中世；日本住宅史的现状——近世；日本住宅史研究的成果和现状—农家；日本住宅史的成果和现状—近代；庆滋保胤的池亭—中世住宅中的数寄和净土；江户町人地的住宅；从日光社参拜史料中所见江户时代中期的民居；从考古发掘所知平城京内的住宅；从上段产生过程的研究来看近世民居中书院造的影响；关于在近世住宅中数寄风书院；近世住宅室内装修设计的发展—以障壁画为核心；对住宅史研究者的期待

《日本住宅史》（学界展望）

大和智，昭和 59 年，《建筑史学》3

《日本住宅史文献目录》（单行本编）

名工大建筑学科，昭和 59 年，大龙堂

1. 木匠工具。——译者注

《日本住宅的历史》

平井 圣，昭和 49 年，NHK 图书

《图说日本住宅史》（新订）

太田博太郎，昭和 46 年，彰国社

《日本住宅史的研究》（《日本建筑史论集》 II）

太田博太郎，昭和 59 年，岩波书店

日本住宅史（古代 / 封建时代 / 近代）；书院造（何谓书院造？书院造是怎样建形成的？书院造是怎样发展起来的？床 / 床之间的意义）；近世的农村住宅（规模、平面、结构与各室的配备、地域性差别）；农家调查的方法（农家调查之现状，怎样的民居才是古老的？现状调查，复原调查，建造年代调查，总结）关于冥器房屋模型；土间板铺间；公家（贵族）住宅的发展及其衰退；“满佐须计装束抄”的著作年代；住空间与花；关于《御饰书》为伪书说；草庵风茶室的建立和农家；关于出居； 和十博士对〈桂离宫〉的疑问；关于桂离宫剩下的一二问题；今井町民居的编年；登米的近侍宅第；本栋造的形成

《住宅建筑研究》（《福山敏男著作集》五）

昭和 59 年，中央公论美术出版

飞鸟以前的宫都和飞鸟京；管子和日本书纪；大极殿的研究；平安京罗城门的历史；平安宫的朱雀门；平安时代的建筑；寝殿造的祖形和中国住宅；地方官衙；伊场遗迹西部地区附近的建筑遗构；周 · 汉 · 六朝 · 飞鸟之壶门；年中行事绘卷的解说与附表；年中行事绘卷；年中行事绘卷的诸种版本；年中行事绘卷京大本；年中行事绘卷阳明文库本；年中行事绘卷伏见稻荷大社本；年中行事绘卷鹰司本

《居住人类学》

大河直躬，昭和 61 年，平凡社

日本庶民住宅中潜伏价值；厨房内水池何时开始使用；佛坛的由来；民居中的大房间；居住中的表与里；被称为和室的遗产；庶民居住的门厅（玄关）

《寝所和寝具的文化史》

小川光暘，昭和 48 年，雄山阁

《床之间》

太田博太郎，昭和 53 年，岩波书店

《日本古代居住生活用具和居住形式的研究》

福井晃一，昭和 47 年，私家版

奈良时代居住生活用具和形式；平安时代前期的居住生活用具和形式；平安时代后期居住生活用具和形式；古代生活用具中规格的产生

《关于日本住宅中家具摆设对室内设计影响的研究》

小泉和子，昭和 61 年，私家版

日本贮藏家具的发展过程；室内空间和贮藏家具；橱柜的产生；江户时代的柜子；近代的柜子

《家具和室内意匠设计的文化史》

小泉和子，昭和 54 年，法政大学出版局

《柜子》

小泉和子，昭和 57 年，法政大学出版局

《关于柜子的结构、形态、功能的研究》

宫内 悊，昭和 61 年，私家版

《日本居住生活的源流》

杉本尚次 编，昭和 59 年，文化局出版

居住生活之比较；源流研究之展望（杉本 / 太田邦夫）；专论日本之居住（小川 / 宫泽 / 石野）；东南亚之居住生活（太田邦夫）；大洋洲的居住生活（杉本）；朝鲜半岛之居住生活（野村）；中国境内之居住生活（田中）；北方狩猎民族之居住生活（渡边 仁）

《高床式建筑的源流》

若林弘子，昭和 61 年，弘文堂

研究对象（云南地方）和方法；高床式居住生活各论；高床式谷仓与高床式出挑小屋 / 日本古代建筑的关系

《家屋文镜上所记的古代日本》

鸟越宪三郎 / 若林弘子，昭和 62 年，新人物往来社

《古代建筑的意向》

木村德国，昭和 54 年，NHK 图书

《以上代[1]语义为基础的日本建筑史之研究》

木村德国，昭和 63 年，中央公论美术出版

屋与屋类——在上代国语中的建筑与住居；殿 · 大殿 · 宫殿—国风之殿的建筑意向及其源流；家——以此语汇的非建造物说为主；七八世纪的高殿和高屋的建筑意向；七八世纪的窟、庵、室与新室；我的住所——花鸟风月式住宅观的成立；神龛的基础性考察；《古事记》里家的意向；作室以居—从上代语“家”的关联进行考察；殿上挂户；新屋与新室；屋的起源性意向——与殿的比较；窟与神殿；旅馆；关于营缮令私第宅条“楼阁禁止”的利用；寝屋之我见；《古事记》里的神龛；神宫相关连地考察——窟的补说；社与神之降临所及的同等性质；关于“社”的神龛；敬奉神的钱币与神龛；关于神宫的历史性成立；试论“无户八寻殿”

《宫殿遗迹》

坪井清足 / 泽村仁，昭和 45 年，《佛教艺术》77

《都城和地方官衙遗迹》

坪井清足 / 泽村仁，昭和 45 年，《佛教艺术》78

《宫殿发掘》（特集）

昭和 59 年，《佛教艺术》154

飞鸟宫—飞鸟净御原宫推定遗址的最新调查成果；藤原京—关于新益京营造的各种问题的探讨；难波宫；平安京；大津宫；平城宫；平城京；平城宫大极殿；恭仁京和长冈京

《地方官衙的遗迹》（特集）

昭和 54 年，《佛教艺术》124

国府 / 郡衙遗迹调查的历史（山中）；陆奥 / 出羽的官衙遗迹；磐城 / 岩代地方的官衙遗迹；北关东的官衙遗迹；日秀西遗迹；武臧国府遗迹；御子个谷遗迹；伊场遗迹；座光寺遗迹；近江国府迹；正道遗迹；岛上郡衙遗迹；吉田南遗迹；美作地方的官衙遗迹；因幡国府迹；伯耆国府迹；下本谷 / 下冈田遗迹；周防国府迹；小郡遗迹；肥前国府迹

1. 一般指远古时代，在日本历史分期中特指奈良时代。——译者注

《平安宫内里的研究》

铃木 亘，平成 2 年，中央公论美术出版

序论；古代宫殿中的前殿与朝堂（飞鸟净御原宫、藤原宫、平城宫、长冈宫、平安宫，前殿 / 朝堂的系谱与建筑特征）；平安宫内里的形成过程（平安初期的修造，建筑构成，仁寿殿 / 常宁殿 / 紫宸殿的复原；紫宸殿的建筑形式，内里的形成过程）；结论

《寝殿造研究的现状和任务》（特辑）

昭和 62 年，古代文化 39

寝殿造研究的展望（稻垣）；从中国建筑来看寝殿造的源流（田中）；寝殿造的变迁及其主要原因（饭渊）；寝殿造的历史形象（川本）；里松固禅编《院宫及私第图》（清书本）2 卷（藤本）

《古代日本的居住》

玉腰芳夫，昭和 55 年，中西屋出版

寝殿造——住宅和场所速写；作为场所的居住；定列仪礼和居住；场所 · 秩序 · 形式

《寝殿造的研究》

太田静六，昭和 62 年，吉川弘文馆

寝殿造的形成过程；在平安初期的贵族邸宅（神泉苑、冷然院、朱雀院等）；在平安盛期的贵族邸宅（土御门殿、一条院、枇杷殿、小野宫、高阳院、二条院）；在平安末期的贵族邸宅（东三条殿、大臣大宴、正月大宴、堀河殿、高阳院、鸟羽殿、大炊殿、六条殿等）；在平安时代的贵族邸宅（闲院、花山院、法住寺殿、六波罗第等）；在镰仓时代的贵族邸宅（后鸟羽上皇的院宫、定家的邸宅、将军家御所、武家造及书院造的关系）；里内里和钓殿；泉殿之研究；书院造的源流——床之间 / 附书院 / 格架 / 上段等的源流

《寝殿造的研究》

川本重雄，昭和 57 年，私家版

寝殿造的形成及其发展；寝殿造的典型形式及其形成的种种问题；平安时代后期寝殿造的各种问题；中世住宅的序章——关于广御所的研究；平安时代住宅史的基础研究（一条院、土御门殿、高阳院、冷泉院、朱雀院、闲院、堀河院、白河殿、鸟羽殿等）（《建学论》286，316，320，322，323，335，384）

《正月大宴和临时嘉宾》

川本重雄，昭和 62 年，《日本历史》473

《从空间秩序看平安贵族住宅的研究》

饭渊康一，昭和 60 年，私家版

平安内里的空间秩序；在平安贵族住宅中的空间秩序；在里内里时贵族住宅的空间秩序；在平安贵族住宅中的“礼”和“晴”；贵族住宅的祖型和典型；在贵族住宅中所见武士住宅的萌芽（《建学论》339，340，343，346，368，369）

《平安京的邸第》

胧谷寿 / 加纳重文 / 高桥康夫 编，昭和 61 年，望稜社

里内里（桥本）；宇多上皇御所（目崎）；源氏物语的六条院（玉上）；东三条殿（太田静六）；枇杷殿（野口）；桃园 / 世尊寺（高桥）；二条宫（角田）；小野宫第（吉田早苗）；一条殿（黑板）；二条殿（川本）；土御门殿（太田静六）；一条院（杉崎）；紫式部日记之一条院（阿部）；高阳院（胧谷）；明月记的邸第（加纳）；参考文献目录

《近世复古清凉殿的研究》

岛田武彦，昭和 62 年，思文阁

《关于院政期间贵族住宅发展过程的研究》

藤田胜也，昭和 62 年，私家版

贵族住宅的数寄空间；御所私密性空间的建立与发展；从御所空间向“局”空间的发展；贵族住宅中政务处理空间；贵族住宅中家政机关的空间（《建学论》382；《建筑史学》10）

九、住宅建筑（2）：中世 / 近世

《书院造及数寄屋造的研究》

堀口捨己，昭和 53 年，鹿岛出版会

关于书院造及数寄屋造的初步研究——形式特征及其发展；君台观左右帐记之建筑性的研究——室町时代之书院与茶室考；君台观左右帐记异本校注；洛中洛外屏风之建筑性研究——室町时代之住宅考

《日本中世都市建筑的研究——中世末期京都的都市和武家住宅》

铃木 充，昭和 41 年，私家版

洛中洛外图屏风的可信性；室町时代末期京都的武家建筑；日本中世都市建筑的研究——中世末期京都的都市和武家住宅《建筑史研究》33；《世界建筑全集》日本（二）

《书院》 Ⅰ （《日本建筑史基础资料集成》16）

川上 / 永井 / 益田，昭和 46 年，中央公论美术出版

概说；鹿苑寺金阁 / 慈照寺银阁 / 东求堂；龙吟庵方丈；大仙院本堂；龙源院本堂；光净院客殿；劝学院客殿；观智院客殿；三宝院表书院；瑞严寺本堂 . 库里；知恩院大方丈；妙心寺小方丈

《书院》 Ⅱ （《日本建筑史基础资料集成》17）

平井 / 后藤 / 斋藤 / 西，昭和 49 年，中央公论美术出版

概说；名古屋城御殿表书院；二条城二之丸御殿大广间 / 黑书院；名古屋城御殿上洛殿；喜多院客殿；修学院离宫中御茶屋客殿；劝修寺书院；二条城本丸御殿；本愿寺书院；三宝院宸殿；金刀比罗宫奥书院

《书院》 Ⅰ / Ⅱ

藤冈通夫，昭和 44 年，创元社

《京都御所》（新订）

藤冈通夫，昭和 62 年，中央公论美术出版

京都御所的现状；近世以前的内里；在近世时期内里的变迁；在近世时期内里各殿舍的变迁；在近世时期内里各殿舍的遗构；年表

《中井家文献研究》内匠寮本图面篇（1—10）

平井 圣 编，昭和 51 年，中央公论美术出版

中井家和中井家文献；关于《内匠寮本》；在江户时代以内里为首的各御所的营造；内里及各御所的沿革和指图；庆长 / 元和时期的指图；宽文年度 / 延宝年度 / 宝永年度 / 宽政年度 / 安政年度的营造；假内里 / 假御所 / 相关公家住宅 / 寺院；修学院；中井的栋梁组织；内里 / 仙洞营造年表

《近世武士住宅》

佐藤 巧，昭和 54 年，丛文社

大名居馆的构成及其变化(仙台城、伊达家江户藩邸等)；大名家臣团屋邸宅的建筑(仙台藩、盛冈藩、弘前藩)

《内里常御殿中所见“上段”形成过程的研究》

斋藤英俊，昭和 51 年，私家版

近世内里常御殿南侧列三室形态的来源；近世以前内里清凉殿内常御所的形态研究；从用例看常御所及常御殿的研究（《建学论》243，244）

《关于江户时代前期数寄屋风格书院建筑建立的研究》

北野 隆，昭和 54 年，私家版

关于武家住宅中数寄屋风格书院建筑的研究；关于公家住宅中数寄屋风格书院建筑的研究；关于释家住宅中数寄屋风格书院建筑的研究（《建学论》200，210，213，263，267，274，275）

《关于近世住宅室内设计的研究》

后藤久太郎，昭和 49 年，私家版

武家住宅；公家家住宅；近世住宅之室内装饰面的变迁；近世住宅中障壁画面的展开（《建学论》221，222；《宫城女大论文集》44）

《古今传授之间和八条宫开田御茶屋》

西 和夫，昭和 58 年，《建筑史学》1

《桂宫家鹰峰御茶屋的位置、沿革与所成之形式》

西 和夫 / 荒井朝江，昭和 62 年，《建学论》377

《桂宫家御陵村御茶屋和地藏堂》

西 和夫 / 荒井朝江，昭和 62 年，《建学论》380

《桂离宫》（《名宝日本美术》21）

斋藤英俊，昭和 57 年，小学馆

桂离宫的历史；桂离宫建筑样式的谱系——草庵和持佛堂；连歌和茶汤；御茶屋和草庵风书院；宽永的宫廷文化和绮丽的铺垫；昭和大修理后所得到的关于各御殿厅堂的新知识与看法；文献目录

《桂离宫御殿整顿记录》（本文篇 / 图录篇 Ⅰ / Ⅱ）

昭和 59 年，宫内厅

《我数寄之桂离宫》

西 和夫，昭和 60 年，彰国社

《近世的数寄空间—洛中之宅第；洛外之茶室》

西 和夫，昭和 63 年，中央公论美术出版

大文字五山送火；灵元法皇御幸修学院；桂宫游宴洛中府宅第；鹰蜂 / 御陵 / 开田并桂；光琳宅第之数寄世界；幻想中的洛中洛外游乐图；史料；灵元院修学院御幸记；鹰蜂记；游鹰蜂山庄记

《瑞严寺本堂特集》

昭和 51 年，《国华》995

障壁画（辻 / 浜田）；装饰雕刻（乡家）；装饰金属件（白石）

《二条城本丸旧桂宫御殿前身建筑及其营造年代——桂宫家石药师府邸宽正年间营造建筑屋及其向今出川府邸的迁移》

荒川朝江 / 西 和夫，昭和 63 年，《建学论》387

《表和里——围绕障壁画产生的问题》（纪念演讲）

武田恒夫，昭和 63 年，《建筑史学》11

十、茶室与民居

茶室

《茶室研究》

堀口捨己，昭和 44 年，鹿岛出版会

织田有乐的茶室——如庵；佐久间将监的茶室寸松庵和听秋阁；远州好的密庵席和孤蓬庵；松花堂的茶室和远州好；远州的画像及其人品；一条惠观的山庄及茶室；石州[1]趣味的茶室和慈光院书院；光琳的茶室；茶室的思想背景及构成

《茶之建筑》

中村昌生，昭和 43 年，河源书店

茶室和露地的空间构成；茶室之草体化；茶室和床；茶匠和建筑

《茶匠和建筑》

中村昌生，昭和 46 年，鹿岛出版会

《茶室的研究》

中村昌生，昭和 46 年，墨水书房

绍鸥之茶室；利休之茶室；关于利休之聚乐第宅；宗旦之茶室；织部之茶室；远州的作风和书院式茶室之完成；金森宗和之茶室；茶道中的书院风格；书院之茶和小间之茶；松屋之茶室

《茶室》（《日本建筑史基础资料集成》20）

中村 / 稻垣 / 山田，昭和 49 年，中央公论美术出版

概说；妙喜庵待庵；如庵；龙光院密庵席；高台寺伞亭 / 时雨亭；西芳寺湘南亭；春草庐；净土寺露滴庵；金地院八窗席；孤蓬庵忘筌；山云床；水无濑神宫灯心亭；旧一条惠观山庄茶屋；真珠庵通仙员院庭玉轩；西翁院 看席；聚光院闲隐席付桝床席；玉林院蓑席 . 霞床席；仁和寺辽廓亭；飞涛亭

《茶道聚锦》（12 卷 / 别卷）

昭和 58-61，小学馆

茶汤之成立——会所成立及其建筑的特色（斋藤）；座敷装饰之成立（村井）；3. 千利休—利休和茶室（中村）；7. 座敷和露地（一）——茶座敷的历史（中村）；从会所到茶座敷（宫上）；京都町众的生活空间（高桥）；早期茶人的居住环境（谷）；信长 / 秀吉时代的数寄和茶汤座敷（宫上）；利休后的茶之空间（横山）；在数寄化空间内展开的茶之道（西）；8. 座敷和露地（二）—构成和意匠（中村）；茶之汤的空间（横山）；苏醒来的数寄屋（石井）；床之间（日向）；茶建筑中所见的内檐装修（高桥）

《数寄屋古典集成》（一～）

中村昌生 编，昭和 62 年，小学馆

《数寄屋邸宅集成 3——京之别业》

中村昌生 编著，昭和 63 年，每日新闻社

---

1. 石州为石州流茶道鼻祖，慈光院为其父法名。——译者注

民居（各地之农家调查报告书从略）

《日本农家的研究》

杉本尚次，昭和44年，密涅瓦书房

农家研究的展望和方法；日本农家的地理学性的研究；日本农家的历史地位

《农家》（学界展望）

宫泽智士，昭和59年，《建筑史学》3

《日本农家语汇集解》

日本建筑学会农家语汇集录部会 编，昭和60年，日外协会

《日本的农家》（岩波写真文库复刻宽版85）

岩波书店 编，昭和63年，岩波书店

《农家》（《日本美术》37）

铃木 充，昭和50年，小学馆

《农家和街区风貌》（《名宝日本美术》25）

小寺武久，昭和58年，小学馆

农家之成立及其特征；町和町家

《日本的农家》（八卷）

昭和55、56年，学习研究社

1. 东日本的农家（吉田）；上屋和独立柱；茅屋顶和茅壁；作为“押板”的窗；浴室和厕所（吉田／丸山／宫泽） 2. 中部地方的农家板葺；“中门造”和“角屋”；叉柱和斪梁；火塘和锅台（宫泽）3. 近畿的农家 叉首结构与椽木结构；横枋和构架；单面推拉门和“突上沟”；“帐台构”；门窗等装修（工藤） 4. 西日本的农家 分栋型与“コ”字形造；竹屋顶和竹天花顶棚；瓦屋顶；大门（宫泽） 5. 东日本的町家及其景观街区风貌（吉田）；藏造和店造；町家的厨房；出挑二层和披檐；山面防火墙和看板（广告板）（吉田／宫泽）6. 畿内的町家（铃木）；大户和“过庭”；格子窗和扬见世[1]；二层和梯级；“角屋”之方格纸窗（障子）（铃木／益田）7. 西日本的町家（铃木 充）；门厅和式台；座敷和园林；店铺和帐场；灰泥墙壁和“海鼠”墙（铃木充／织田／迫垣内）8. 日本的洋风住宅；墙壁和开口；外廊和阳台；楼梯；暖炉和烟囱（福田）

《农家》（《日本建筑史基础资料集成》21）

大河／铃木／吉田，昭和51年，中央公论美术出版

概说；旧工藤家；旧涉谷家；旧佐藤家；旧作田家；旧伊藤家；旧广濑家；旧山田家；曾根原家；旧坪川家；旧大户家；石田家；吉村家；古井家；堀江家；旧惠利家；旧推叶家；旧生方家；旧三泽家；大角家；今西家；木原家

《日本近世农家的系统发展》

吉田 靖，昭和60年，奈良国立文化财研究所

同形式的农家的发展；同系统的农家的发展；不同系统农家的发展阶段的地域差别；农家的细部形式和年代／阶层／地域的关系；全国农家系统和发展；农家一览表；农家出处一览表

---

1. 店面临街槛墙高度处设置的可收放的木条凳。——译者注

《关于近世农家劳作空间形成变迁的研究》

草野和夫，昭和41年，私家版

养蚕先进地带的住宅建造法；和纸先进地带住宅建造法；产马地带的住宅建造法；耕作专业地带的住宅建造法；在藩令；农书中所见对住宅建造法的影响；自近世初期到中期；后期和末期；生产作业空间的变迁比较；明治（《建学论》64，68，69，98，103，123）

《日本的农民房屋》

草野和夫，昭和44年，彰国社

概说；近世农家的原形；蚕业先进地带的农家；手抄纸中心地带的农家；农耕经营和农家房屋；耕马饲养和农家房屋；农家作业中的农民意识

《能势地方的平入[1]农家》

青山贤信，昭和41年，《建学论》124

《广岛县比婆郡地区四间平面的农家建筑》

青山贤信，昭和41年，《建学论》130

《广岛县比婆郡地区农家建筑平面的发展》

（关于平入四间平面农家形式形成契机的研究）

青山贤信，昭和42年，《建学论》132

《关于赤城南麓地区农家建筑平面和结构逐年变迁的研究》

桑原 稔，昭和47、57年，《建学论》196、313

《近畿的农家》

林野全孝，昭和55年，相模书房

大正以后农家建筑的调查和研究发展；以大阪平原为中心的四间平面农家的调查；主要四间平面型住宅遗构概说；错位三间平面型农家遗构的解说；畿内的四间平面型农家的特色和不同性质

《京都的农家》

蓬佛 亨，昭和63年，鸭川出版

《关于江户“町人地”的研究》

玉井哲雄，昭和53年，近世风俗研究会

江户日本桥町人地幕藩制的结构与町屋敷；江户京桥町人地幕藩制的结构与町屋敷（《建学论》252—255，265，266））

《江户之町家 / 京之町家》（《列岛文化史》 I）

玉井哲雄，昭和59年，日本编辑学校出版部

《近世的居住生活和社会》（《日本的社会史》8所收）

玉井哲雄，昭和62年，岩波书店

《近世农家承包的研究》

宫泽智士，昭和56年，私家版

---

1. 即从建筑长边出入。——译者注

关于农家承包帐的考察；农村和町场的农家承包；农家承包中之匠人一点考察；在近世农家中使用材料的供给状况的考察；在农家中早期建立书院式座敷的一例考察（《建学论》95，109，118，193；物资文化 8）

《关于近世京都“町屋”的形成和发展的历史性研究》

日向 进，昭和 58 年，私家版

关于近世初期町众的居住及其数寄性空间形成的研究；近世中期京都“町屋”建筑构成的研究；天明大火灾之后的京都町屋承包—宽正二三年《注文帐》为中心的研究；大工《近江屋吉兵卫》及其营业形态——关于江户时代町屋大工之生产活动的考察；三井家京都本店的建筑考察——在江户时代大规模商家的承包；近世京都的城市开发和街区风貌——以下京十二“番组”的形成为中心的考察；在近世城市中的街景街区风貌规制和景观（《建学论》287，304，318，325；《人文》30—32）

《关于“旗本”住居的研究》

铃木贤次，昭和 62 年，私家版

旗本住居在都市中存在的形态（宅基地规模、住居规模）；旗本住居平面构成（江户中期/后期．社会思想背景）；旗本住居的变迁和近世/近代都市住居（《建学论》354，371；《建筑史学》2；《日女大纪要家政学部》33，34）

《关于“木曾十一宿绘图”的研究——宿绘图概要》

上野邦一，昭和 51 年，《建学论》243

《天保年间高山的建筑活动》

上野邦一，昭和 61 年，《建学论》367，370

《关于摄丹型农家的形成》

永井规男，昭和 52 年，《建学论》251

《吉岛家住宅的形态构造及其与意义论的关系》

大野秀敏，昭和 54 年，《建学论》278

《大平的农家及其系谱》

吉田桂二，昭和 57 年，《建学论》322

《关于仙台藩松岛；盐釜的“御假屋”》

佐藤巧/冈田悟，昭和 58 年，《建学论》328

《西南诸岛和九州南部的“二栋造”——“二栋造”农家和“八幡造”》

太田静六，昭和 58 年，《建学论》323

《从旧藩领地所见江户时代后期至明治时期农家住宅平面构成地域性差异的实证研究》

青木正夫/大冈敏昭，昭和 61、62 年，《建学论》363，369，373，377，379，380

《东北地区的农村房屋》

杉浦 直，昭和 63 年，大明堂

十一、神社建筑（近世社寺建筑报告书从略）

《神社建筑史》（学界展望）

池 浩三，昭和 58 年，《建筑史学》1

《神社建筑的研究》（《福山敏男著作集》四）

昭和 59 年，中央公论美术出版

神社建筑概说；出云大社的金轮营造图；试论大社造的复原；山阴的神社建筑；住吉造；神宫建筑及其历史；奈良时代神宫的内院殿舍；神宫正殿的建筑；外宫正殿“庭作日记”及其解题；斋宫寮遗迹的文献调查；西宫神社本殿的“三连春日造”；鹤冈八幡宫和吉田神社

《社殿》Ⅱ（《日本建筑史基础资料集成》二）

稻垣 / 宫泽，昭和 47 年，中央公论美术出版

概说；贺茂别雷神社本殿 / 权殿 / 其他；贺茂御祖神社神服殿 / 大炊所；宇治上神社本殿 / 拜殿；神谷神社本殿；苗村神社西本殿；志那神社本殿；园城寺新罗善神堂；天皇神社本殿；石上神宫拜殿 / 摄社出云健雄神社拜殿；醍醐寺清泷宫拜殿；严岛神社本殿 / 摄社客人神社本殿 / 及其他

《社殿》Ⅲ（《日本建筑史基础资料集成》三）

大河 / 宫本 / 樱井 / 土田，昭和 56 年，中央公论美术出版

概说；宇太水分神社本殿；锦织神社本殿；住吉神社本殿；大笹原神社本殿；都久夫须麻神社本殿；吉野水分神社本殿；大崎八幡神社本殿 / 石之间 / 拜殿；东照宫本殿 / 石之间 / 拜殿 / 水屋 / 神厩 / 神乐殿；轮王寺大猷院灵庙本殿 / 石之间 / 拜殿

《神社的建筑》

林野全孝 / 樱井敏雄，昭和 49 年，河原书店

创建期的神殿；神社的发展及其背景；神社建筑中所见寺院建筑的影响

《伊势和日光》（《名宝日本美术》18）

樱井敏雄，昭和 57 年，小学馆

神殿的各种形式及其特征；伊势神宫的创祀和原像——从古代原始祭祀到建筑社殿祭祀；神殿和高地板建筑；神宫正殿的起源；内宫 / 外宫的布置；神宫正殿和出云大社本殿

《祭祀仪式的空间》

池 浩三，昭和 54 年，相模书房

日本西南列岛诸神所具外来影响；水田稻文化系列祭祀设施；祭祀仪式空间的形态与观念

《大尝宫正殿的室 · 堂的功能特征——和中国古代宗庙形式的比较》

池 浩三，昭和 56 年，《建学论》308

《家屋文镜的世界》

池 浩三，昭和 58 年，相模书房

家屋文镜的意义；大尝祭的建筑；古代王位即位典礼的建筑

《从建筑看古代王权的祭祀》

丸山 茂，昭和 61 年，私家版

平安时代初期宗庙建筑传入日本的考察（关于平安时代神嘉殿的考察；古代宗庙建筑的考察）；大尝宫和伊势神宫（倚庐、休庐、庐、伊势神宫再考察）（《建学论》326；《建筑史学》4，6）

《神宫》

昭和 50 年，小学馆

神宫的建筑及其历史（福山）；古代；中世神宫所执行的“定年迁宫制”（稻垣）

《大社造本殿的平面形式分类及其形态特征的实证性研究》

松冈高弘，昭和 62 年，私家版

大社造系列本殿的分类和分布；现存大社造本殿；大社造本殿的形态特征；平面上的面阔和进深的关系；出云大社本殿的中心御柱；出云大社中的“式年造替”（《建学论》379，385；《九大工学集报》60-4）

《春日大社建筑史论》

黑田升义，昭和 53 年，综艺舍

创立；沿革；若宫社；造营组织；社地；本殿；中门御廊；宝库；移殿；直会殿；币殿；舞殿；南门回廊；着到殿；车舍；酒殿；灶殿；御供所；大炊殿；板仓；祈祷所；鸟居；神宫寺；若宫本殿；细殿；御廊；神乐所；手水屋等等；春日御塔；春日造形式社殿的分布

《春日造社殿的基础性研究》

佐藤正彦，昭和 51 年，私家版

弘安年间式年造替时春日神社本殿和江户初期的若宫神社社殿；中世春日神社本殿侧屏及其彩绘；中世春日神社范围内末社的造替；樱本社的社殿；中世春日社附属殿舍的造替；春日社附属殿舍的功能；春日社领地和一间社春日造社殿的分布；春日社旧殿处理的惯例和春日造社殿的分布；春日社的旧社殿 “春日”刊载春日社寺曼佗罗中所见建筑的年代；若宫社的创建年代；若宫社前的石垣留有石工“伊”字，是不是该派之作——关于熊野三山建筑的研究；（奈良 / 平安前期文献中所见熊野三山社殿的状态；自平安末期至中世初期的规模；熊野坐神社证诚殿的大小；该神社第一二殿合祀社殿和礼殿的大小；熊野三山社殿的造替（《建学论》221—224，228，229，235，236，241，242；《明大工学部研究报告》29；《九产大研究报告》12）

《八幡宫建筑祖型及其变迁过程》

土田充义，昭和 49 年，私家版

关于八幡造的考察；神宫寺的建筑；八幡造的变化；石清水八幡 / 宇佐八幡古图（《建学论》195，201，202，204，209—211，216；《九产大研究报告》9）

《八幡造的祖型、源流与变迁》

太田静六，昭和 52~54 年，56 年，《建学论》252，257，262，273，283，304

《关于八幡造形成的过程》

林 一马，昭和 55 年，《建学论》290，292，296，306

《关于神社建筑中的垣墙》

土田充义，昭和 59 年，神道史研究 32（2）

《神社主要祭祀建筑的形成与相互关系》

坂田 泉，私家版

作为神社建筑的东照宫之建筑特征；熊野造杂考；带有承脊桁柱的日吉神社本殿；熊野八幡宫古绘图考；附带前室的本殿的产生（《东北大建筑学报》12，15，17；《建学论》365，374，381）

《关于神社建筑中神佛合祀及其形态的研究》

黑田龙二，昭和 61 年，私家版

日吉七社本殿的构成——木地板下祭场；北野天满宫本殿和舍利信仰；八坂神社之夏堂及“神子夜适所”；御上神社本殿考（《建学论》317，336，350，353）

《中世的神社建筑》（《日本美术》129）

福山敏男，昭和52年，至文堂

《四面加披式平面的神社本殿研究》

三浦正幸，昭和61年，私家版

各神社中四面加披式平面的考察；四面加披式平面的形成及其特征（《建学论》355，362；《建筑史学》4）

《神社本殿内中世玉殿——广岛县高田郡八千代町佐佐井的严岛神社和常盘神社》（研究笔记）

三浦正幸，昭和63年，《建筑史学》11

《从祭祀仪式的角度所见中世住吉社建筑空间的基础性研究》

山野善郎，昭和63年，私家版

旧有相关研究；基本资料的探讨；中世时期"一御前"之庭；飨膳之场；和御前庭；"一御前"神殿中的建筑空间（《建学论》380；《建筑史学》9，10）

《中世神社本殿的形式分类及其地域分布》

宫泽智士，昭和43年，《建学论》151，152

《从中世神社建筑的装饰细部看地域性——镰仓/南北朝时代》

宫泽智士，昭和44年，《建学论》160

《贯前神社本殿和假殿[1]》

井上充夫，昭和48年，《建学论》203，204

《对神社建筑中祭祀设施之一的门的研究》

藤泽彰，昭和62年，私家版

东大寺八幡宫的社殿和祭祀仪式；山口地方的拜殿楼及其参拜仪式；诹访上社本宫的社殿布置和祭祀设施；热田神宫的社殿和祭祀仪式；关于割拜殿产生的研究（《建学论》384，385；《建筑史学》9）

《大阪神社本殿遗构集成》

樱井敏雄/多田准二，昭和58年，法政大学出版局

十二、寺院建筑（1）：概说/飞鸟、奈良时代

《寺院建筑史》（学界展望）

藤井惠介，昭和58年，《建筑史学》1

《考古发掘——查明寺院建筑的关系》（学界展望）

山岸常人，昭和60年，《建筑史学》5

《塔和伽蓝》（《复原日本大观2》）

铃木嘉吉 责任编辑，昭和63年，世界文化社

《飞鸟白凤时代有关寺院文献的目录》

1. 指临时性大殿。——译者注

奈良文化财研究所，昭和 54、58 年，《埋藏文化财新闻》22，40

《日本古寺美术全集》（二十五卷，仅与建筑相关者）

昭和 54—58 年，集英社

1. 法隆寺和飞鸟的古寺——大陆建筑样式的传入（关口）；飞鸟寺和法隆寺的建立（工藤）；2. 法隆寺和斑鸠的古寺——南都六宗寺院的建筑构成（太田）；飞鸟奈良时代寺院的主要堂塔（宫本）；玉虫厨子和橘夫人厨子（林）；3. 药师寺和唐招提寺——古代的僧房及其发展（铃木嘉吉）；飞鸟 / 奈良时代的瓦（森）；4. 东大寺和新药师寺 / 法华寺——未曾有的大伽蓝（伊藤）；5. 兴福寺和元兴寺——从药师寺东塔到唐招提寺金堂（伊藤）；白凤 . 天平时代寺院的建立（泽村）；6. 西大寺和奈良古寺——在奈良时代大安寺 / 西大寺的营造（宫本）；日本石塔（伊藤）；9. 神护寺和洛西 / 洛北古寺——曼殊院和公家的数寄屋风书院（后藤）；11. 石山寺和近江古寺——石山寺的创建（工藤）；15. 平等院和南山城古寺——阿弥陀堂的系谱（杉山）；17. 镰仓和东国古寺——霸都镰仓的寺院建筑和镰仓五山（关口）；18. 北陆；信浓；东海古寺——小佛堂的空间（伊藤）；东国中世寺院样式的发展（关口）；19. 山阴 / 山阳古寺——折衷样的形成与发展（铃木充）；20. 观世音寺和九州 / 四国的古寺——九州的古建筑（泽村）；21. 本愿寺和知恩院——净土寺院的建筑（平井）；22. 京之五山——五山之建筑（太田）；23. 大德寺——历史 / 寺域 / 建筑 / 庭园（川上）；24. 妙心寺——妙心寺之寺域景观和建筑（川上）；25. 三十三间堂和洛中 / 东山古寺——妙法院和大佛周边（川本）

（全集）《日本之古寺》（十八卷；仅与建筑相关者）

2. 镰仓和东国古寺——禅宗寺院的伽蓝布置和建筑样式（太田）；5. 石山寺和近江古寺——密教本堂的建立（山岸）；6. 延历寺 / 园城寺 / 西教寺——密教寺院的建筑（藤井）；8. 京之净土教寺院——阿弥陀堂（清水）；书院造（川本）；9. 京之禅寺——茶之建筑（中村）；10. 法隆寺和斑鸠 / 生驹古寺——大陆式建筑样式的出现（田中）；11. 东大寺 / 新药师寺——天平之寺院建筑（伊藤）；镰仓重建与大佛样的建筑（太田）；12. 兴福寺与奈良古寺——镰仓时代的南都寺院建筑的修理复兴（冈田）；13. 药师寺 / 唐招提寺——新和样建筑（太田）；14. 飞鸟 / 南大和之寺——塔的建筑（浜岛）；古代寺院的伽蓝布置（宫本）；17. 山阴 / 山阳古寺——折衷样的建筑（永井）

《图说日本佛教》（六卷；仅与建筑相关者）

昭和 63—平成 2 年，新潮社

1. 飞鸟佛教（宫本）；2. 密教（藤井）；3. 净土教（浜岛）；4. 镰仓佛教（关口）；5. 庶民佛教（益田）

《古代建筑的研究》上 / 下（《足立康著作集》 I / II）

昭和 60、61 年，中央公论美术出版

（上）关于在斑鸠地方的飞鸟寺院的伽蓝布置；关于飞鸟式伽蓝布置的名称；关于喜光寺占地；关于在奈良时代兴福寺的占地；关于大安寺的位置；迁移年代及大安寺的伽蓝布置；相模国分寺堂塔建立年代论；尊胜寺的伽蓝布置；关于本药师寺塔婆的疑问；药师寺东塔塔婆刹铭解释之我见；法成寺三重塔考；药师寺东塔建立年代考；再释药师寺东塔塔婆刹铭文；关于《今昔物语》（造药师塔语）之缺文的推敲；药师寺塔婆杂考；药师寺西塔塔心础考；再论本药师寺塔婆；药师寺在奈良时代的占地；关于药师寺西塔烧失年代的谬误，关于药师寺草创时代的谬说；药师寺东塔非移建论；药师寺回廊复原考与解说（太田）

（下）关于建筑史研究的正确态度；在中古时期建筑平面的表记法；关于檐瓦的名称；再论檐瓦的名称；三论檐瓦的名称；四论檐瓦的名称；《池后寺即法轮寺说》的谬误；《法轮寺推古天皇十五年草创说》的质疑；关于法起寺塔露盘铭原来位置之质疑；《法起寺塔露盘铭文之传入》矛盾的研究；法隆寺推古天皇十五年烧失说之怀疑；行基菩萨和所谓四十九院；关于荣山寺八角堂造营年代的考察；东大寺梵钟及钟楼的建造年代考；关于东大寺千手院的位置；关于法隆寺食堂建筑的疑问；新药师寺本堂；野寺移建说；关于法隆寺讲堂的各种问题；关于法隆寺堂塔的古今目录抄的一些记事；关于兴福寺东圆堂的谬误；莲华王院本堂和得长寿院千体堂；关于九体阿弥陀堂的平面构成；再说九体阿弥陀堂的平面构成；在中古时期的重檐结构；关于法界寺阿弥陀堂的营建年

代；关于法界寺阿弥陀像和郁芳门院的营建年代；关于法界寺阿弥陀堂；关于当麻寺治承全烧说；天竺样的遗构和重源上人；观心寺本堂和立挂塔；兴福寺东金堂重建年代考；关于校仓及校仓造；正仓院和甲双仓；关于东大寺本坊的校仓；唐招提寺的舍利殿和经藏；神明造和大社造的关系；权现造和石间造；解说（太田）

《寺院建筑的研究》（上 / 中 / 下）（《福山敏男著作集》一 / 二 / 三）

昭和 57、58 年，中央公论美术出版

（上）初期的四天王寺史；四天王寺伽蓝的历史和金堂的复原；法隆寺金堂的装饰文样；药师寺的规模；药师寺的历史和建筑；兴福寺弥勒净土像及其源流；当麻寺的历史；关于般若寺创立的疑问

（中）东大寺的创立；东大寺伽蓝的产生；东大寺大佛殿的第一期形态；东大寺大佛殿；东大寺法华堂的建立；关于奈良朝时期写经所的研究；戒坛和头塔；头塔的建立年代；创建期的法华寺；唐招提寺的建立年代；石山寺 . 保良宫和良弁；石山寺的创立；荣山寺的创立和八角堂；荣山寺的历史

（下）初期天台真言寺院的建筑；东寺讲堂图帐；清水寺本堂；神护寺承平实录帐和神护寺诸堂记；观心寺的创立；仁和寺的创立；下醍醐的伽蓝和三宝院的建筑；法性寺的位置；法成寺的古瓦；九体阿弥陀堂；白河院和法胜寺；圆胜寺的历史概要；中尊寺金色堂的特征；平泉千手院的铁树；脊桁题字考；光明峰寺的历史；东福井寺月下门；达磨寺的研究；东本愿寺的建筑

《奈良时代的寺院》（《喜田贞吉著作集》6）

昭和 55 年，平凡社

奈良朝寺院史；元兴寺考证；关于醍醐本《诸寺缘起》中所收《元兴寺缘起》的研究；法起寺及法轮寺塔婆建筑年代考；驳关野君法起寺 / 法轮寺塔婆年代考；长谷寺草创考；《长谷寺草创考》再考；根据记载论药师寺金堂三尊的年代；药师寺东塔建筑年代考；关于药师寺的近时各种研究；三次再考药师寺东塔建筑年代的研究；东大寺和大和的国分寺；国分寺的创建和东大寺的草创；关于院的名称特别是正仓院的名称研究；关于南都唐招提寺讲堂的建筑年代；日本民族和住居；神社及寺院建筑和住宅建筑；关于寺院建筑和住宅建筑特别是掘地立柱的发现；论真屋和东屋对神社佛寺建筑的影响；四天王寺五重塔之谜；历史家所观古瓦的研究

《奈良六大寺大观》（十四卷）（仅及历史和建筑相关者）

昭和 43—48 年，岩波书店

1. 法隆寺 I；西院（太田 / 泽村 / 冈田 / 铃木）；5. 法隆寺 V；东院（太田 / 伊藤 / 冈田 / 铃木）；6. 药师寺（太田 / 伊藤 / 冈田 / 泽村）；7. 兴福寺（太田 / 工藤 / 泽村）；9. 东大寺（太田 / 伊藤 / 冈田 / 铃木 / 泽村）；12. 唐招提寺（太田 / 伊藤 / 冈田 / 铃木）；14. 西大寺（太田 / 伊藤 / 冈田 / 泽村）

《大和古寺大观》（七卷）（仅与历史和建筑相关卷册）

昭和 51—53 年，岩波书店

1. 法起寺 / 法轮寺 / 中宫寺（町田；西川 / 冈田 / 森）；2. 当麻寺（毛利 / 冈田 / 工藤 / 森）；3. 元兴寺 / 大安寺 / 般若寺 / 十轮院（太田 / 冈田 / 工藤 / 铃木）；4. 新药师寺 / 圆成寺 / 白毫寺（西川 / 工藤 / 堀池 / 冈田 / 浜岛 / 宫泽）；秋篠寺 /. 法华寺 / 海龙王寺 / 不退寺（工藤 / 太田 / 冈田 / 森 / 宫本 / 村上 / 浜岛）；6. 室生寺（毛利 / 铃木 / 浜岛）；7. 海住山寺 / 岩船寺 / 净琉璃寺（田中 / 堀池 / 伊藤 / 浜岛）

《南都七大寺之历史和年表》

太田博太郎，昭和 54 年，岩波书店

南都七大寺史（元兴寺 / 法隆寺 / 大安寺 / 药师寺 / 兴福寺 / 东大寺 / 唐招提寺 / 西大寺）；南都七大寺年表

《不灭的建筑》（1—6）

铃木嘉吉 / 工藤圭章 编，昭和 63 年，每日新闻社

法隆寺五重塔 / 唐招提寺金堂 / 平等院凤凰堂 / 严岛神社 / 东大寺南大门 / 长弓寺本堂

《飞鸟之寺和国分寺》（《古代日本发掘》二）

坪井清足，昭和60年，岩波书店

飞鸟寺的发掘；川原寺和山田寺的发掘；出土古瓦的历史意义；镇护国家之寺

《寺院遗迹》

浅野 清，昭和46年，《佛教艺术》30，82

《古代寺院遗迹的发掘调查》（特集）

昭和52年，《佛教艺术》116

近年来古代寺院遗迹的发掘调查；竹林寺遗迹（静冈县）；衣川废寺遗迹（滋贺县）；北野废寺和广隆寺旧寺范围内（京都市）；大官大寺遗迹（奈良县）；姬寺（奈良县）；和田废寺遗迹（奈良县）；山田寺遗迹（奈良县）；神野野废寺遗迹.佐野废寺遗迹.西国分废寺遗迹（和歌山县）；开法寺遗迹（香川县）；栖原废寺（冈山县）；小山池废寺（广岛县）

《最新发掘的寺院遗迹与遗物》（特集）

昭和62年，《佛教艺术》174

近年的佛教考古学/调查的成果；穴太废寺（滋贺县）；夏见废寺（三重县）；高丽寺遗迹（京都府）；海会寺遗迹（大阪府）；上植木废寺（群马县）；绳生废寺（三重县）；七世纪时代的瓦窑遗迹；三小牛巴巴遗迹（石川县）；大浦遗迹（德岛县）；永福寺（神奈川县）；建长寺（神奈川县）；推断金光寺遗迹（福冈县）；之浦遗迹（福冈县）——筑前大宰府铸物师之解明

《新修国分寺的研究》

角田文卫 编，昭和61年，吉川弘文馆

东大寺和法华堂；V（上/下）；南海道；西海道

《近年发掘调查的诸国（各地方）的国分寺》

坪井清足，昭和44，《佛教艺术》71

《日本各地国分寺的发掘调查》（特集）

昭和50，《佛教艺术》103

国分寺的历史；近年发掘调查的日本各地国分寺（Ⅱ）（坪井编）；常陆国分尼寺；上总国分尼寺；能登国分寺；但马国分寺；若狭国分寺；河内国分寺；纪伊国分寺；备前国分寺；备中国分寺；备后国分寺；安芸国分寺；伯耆国分寺；国分尼寺；出云国分尼寺；阿波国分尼寺；关于国分寺遗迹的整顿

《佛堂》Ⅰ（《日本建筑史基础资料集成》四）

泽村/工藤，昭和56年，中央公论美术出版

法隆寺金堂；大讲堂；梦殿；传法堂；食堂；细殿；西圆堂；东大寺法华堂；新药师寺本堂；兴福寺北圆堂；东金堂；药师寺东院堂；唐招提寺金堂；讲堂；秋 寺本堂；荣山寺八角堂

《日本的佛堂》

浅野 清，昭和43年，《佛教艺术》69

《塔婆建筑的研究》（《足立康著作集》Ⅲ）

昭和62年，中央公论美术出版

关于中国北魏时代塔婆系统的研究；圣德太子造塔的精神；关于栗原寺露盘的题字铭文；《七大寺巡礼私记》中出现的塔婆记载；南都七大寺塔婆高度；元兴寺五重塔的高度；关于西大寺八角七重塔；东大寺东塔的落成年代；关于东大寺七重塔高度；关于当麻寺西塔的质疑；春日西塔和兴福寺塔的关系；兴福寺三重塔的烧失年

代；久米寺塔婆考；十三重木构塔婆建造实例；重源上人塔；高野山根本大塔及其本尊；延历寺相轮樑的形式；关于西莲寺相轮 ；关于建长寺华严塔；圆觉寺的华严塔；解说（太田）

《塔婆》Ⅰ（《日本建筑史基础资料集成》十一）

工藤 / 冈田 / 浜岛，昭和 59 年，中央公论美术出版

概说；法隆寺五重塔；室生寺五重塔；法起寺三重塔；药师寺三重塔；海龙王寺五重小塔；当麻寺东塔/西塔；元兴寺五重小塔；醍醐寺五重塔；海住山寺五重塔；明王院五重塔；羽黑山五重塔；兴福寺五重塔；琉璃光寺五重塔；教王护国寺五重塔

《日本佛塔形式、结构和比例的研究》

浜岛正士，昭和 58 年，私家版

楼阁式层塔（柱间尺寸和斗口材分、塔高和构造、斗拱、腰檐）；多宝塔（早期形态、形式和构造、斗口材分和各部比例）；飞鸟奈良时代的塔；平安镰仓时代的塔；南北朝时代以后的塔（《建学论》143，155，172，173，208，227，236，296）

《飞鸟 / 天平时代的塔》（《奈良之寺》十）

泽村 仁，昭和 49 年，岩波书店

《平安 / 镰仓时代的塔》（《大和古寺》七）

浜岛正士，昭和 56 年，岩波书店

《塔的立柱和上梁》

浜岛正士，昭和 59 年，《历史研究报告》4

《日本的木构塔遗迹》（《考古学选书》20）

岩井隆次，昭和 57 年，雄山阁

《法隆寺再建论》（《喜田贞吉著作集》7）

昭和 57 年，平凡社

驳关野；平子二氏法隆寺非再建论；关于法隆寺再建 / 非再建论的判决书抄；法隆寺罹灾证明质疑一部分艺术史家的研究方法；法隆寺建筑论的沿革附论文年表；关于在艺术史上的飞鸟时代这一名称的使用意义；驳平子君法隆寺的非再建论，现查明它只不过是单方面的妄想；评最近时期的法隆寺非再建论；法隆寺古建筑果真是推古式吗？关于法隆寺五重塔塔心柱下的空洞；关于法隆寺最近调查的结果；关于斑鸠宫与斑鸠寺的杂考；关于法隆寺五重塔的种种疑问；其后的法隆寺的问题——特别是关于会津八一君的新研究；法隆寺再建和非再建论的回顾；《日本纪》中所见法隆寺；法隆寺讲堂之谜；法隆寺再建和非再建论的终结——关于《日本纪》的处理方式；从实物调查所得证明法隆寺的再建论；足立康博士的法隆寺新非再建论；读石田茂作君的《法隆寺问题批判》导致对足立康博士考虑之困惑；法隆寺再建之辩；艺术史家的科学良心和法隆寺非再建论；现今法隆寺伽蓝是烧毁后再建的——足立康博士的法隆寺新非再建论无视关野博士和法隆寺二寺说

《法隆寺之研究史》（《村田治郎著作集》二）

昭和 62 年，中央公论美术出版

围绕争论的研究历史；法隆寺创建研究史；法隆寺再建研究史；早期伽蓝布置展开过程；早期伽蓝布置的问题及其以后；法隆寺的地理方位问题研究史；一寺二寺名称的研究史；法隆寺的研究史；法轮寺的研究史；有关法隆寺史料抄；解说（福山）

《法隆寺建筑形式的论证和考察》（《村田治郎著作集》一）

昭和 61 年，中央公论美术出版

法隆寺伽蓝的历史；法隆寺的建筑；法隆寺样式的根源；法隆寺建筑的样式；从中国建筑史角度来看法隆

寺式建筑样式的年代；法隆寺的尺度问题；法隆寺金堂二位本尊的光背；法隆寺问题之浅见；玉虫厨子在何处制作？两个法隆寺样式论；关于玉虫厨子的各种考察；玉虫厨子各种考察；玉虫厨子的总考察；玉虫厨子的续考察；卷杀的起源；在塔婆中佛舍利的安放方法和中心础；法隆寺五重塔的空洞；鸱尾说的理论；法隆寺昭和修理对建筑史学发展的贡献；解说（川上）

《法隆寺西院伽蓝的年代及其样式》（《奈良之寺》一）

浅野 清，昭和 49 年，岩波书店

《通过昭和大修所见到的法隆寺建筑研究》

浅野 清，昭和 58 年，中央公论美术出版

若草伽蓝遗迹和斑鸠宫遗迹；西院伽蓝中枢部；西院伽蓝之外延部；东院伽蓝

《从建筑技法看法隆寺金堂的各种问题》

竹岛卓一，昭和 50 年，中央公论美术出版

序说；台基；建筑设计；构架；斗拱；屋架；出檐；屋顶；细部；副阶

《法隆寺的建筑》

浅野 清，昭和 59 年，中央公论美术出版

《法隆寺》Ⅱ（建筑）

藤井惠介，昭和 62 年，保育社

《法隆寺建筑（金堂、五重塔）的研究——立面构成与构件尺寸》

堀内仁之，昭和 46 年，《建学论》187，188

《关于转角斜置斗拱的建筑物的思考》

上野邦一，昭和 62 年，《建筑史学》8

《玉虫厨子问题的再探讨》

上原 和，昭和 47 年，《佛教艺术》84，85，89

《 原废寺遗迹的发掘概要》

杉山信三 / 佐藤兴治，昭和 42 年，《佛教艺术》66

《药师寺的最新发掘调查》

杉山信三，昭和 45 年，《佛教艺术》74

《山田寺金堂遗迹的调查》

川越俊一 / 工藤圭章，昭和 54 年，《佛教艺术》122

《山田寺回廊》

细见启三，昭和 58 年，《建筑史学》1

《大官大寺遗迹上的最新发掘调查》

上野邦一，昭和 55 年，《佛教艺术》129

《明日香村坂田寺金堂遗迹的调查》

黑崎 直，昭和 55 年，《佛教艺术》133

《明日香村桧隈寺的发掘调查》

岩本正二，昭和 56 年，《佛教艺术》136

《筑紫观世音寺的调查及其成果——关于伽蓝布置的新看法》

高仓洋彰，昭和 56 年，《佛教艺术》136

《奈良时代建筑的研究》

浅野 清，昭和 44 年，中央公论美术出版

奈良时代的建筑；奈良时代建筑的复原研究（东大寺法华堂、唐招提寺金堂、经藏、荣山寺八角堂、药师寺东塔、正仓院紫檀塔、正仓院校仓）；法隆寺东院传法堂及其前身建筑的复原

《药师寺东塔的种种问题》

浅野 清，昭和 54 年，《佛教艺术》125

《关于药师寺东塔的调查报告书》

浅野 清，昭和 56 年，药师寺

《药师寺发掘调查报告书》

昭和 63 年，奈良国立文化财研究所

《双塔式伽蓝布置的发祥和传播——日本宗教建筑史的基础问题（3）》

山本荣吾，昭和 51 年，《建筑史研究》40

《关于太田晶二郎君之药师寺东塔塔刹铭文的研究》

太田博太郎，昭和 62 年，《建筑史学》8

《药师寺伽蓝的研究》

宫上茂隆，昭和 54 年，私家版

药师寺东塔塔刹题铭考；药师寺佛门回廊的规模形态及造营情况；藤原京药师寺宝塔的形态和平城京移建；平城京药师寺宝塔的建立；关于药师寺金堂及其本尊；药师寺回廊；讲堂；食堂；僧房；经楼；钟楼；平城迁都后的本药师寺伽蓝及其解体（《建学论》209，226，248，251；《建筑史研究》38）

《东大寺》（特集）

昭和 55 年，《佛教艺术》131

围绕东大寺大佛背后假山的筑造；探求文物保护的原点——（伊腾）；大佛殿昭和的大修（西条 / 金多）；大佛殿出土的镇坛具（森）；东大寺的发掘调查（菅原）；东大寺主要堂塔兴亡表等几其他两个一览表（浅野 / 吉田）

《东大寺七重塔露盘考》

大西修也，昭和 51 年，《美术史》101

《唐招提寺的创建和伽蓝布置》（《奈良之寺》十八）

工藤圭章，昭和 49 年，岩波书店

《橘夫人念持佛厨子的复原尝试方案——其厨身部分的考察》

村野 浩，昭和 48 年，《佛教艺术》91

《对双堂的质疑》

井上充夫，昭和 63 年，《建筑史学》11

十三、寺院建筑（2）：平安时代

《日本古代建筑中密教建筑空间的研究》

泽登宜久，昭和 58 年，私家版

灌顶和灌顶堂；后七日御修法和真言院；秘密修法的道场空间；秘密修法的道场和建筑空间；初期的修法和佛堂建筑；在日本古代密教建筑的发展（《建学论》305，310，317，324，319，337，351）

《平安时代密教建筑史的研究》

藤井惠介，昭和61年，私家版

密教建筑的形成（在真言密教中修法灌顶空间的形成；九世纪的真言密教伽蓝；比叡山总持院的成立及其特征）；密教建筑的发展（平安时代中后期的灌顶及其建筑；高野山金堂和安置两界曼荼罗的中世本堂；三条白川房的炽盛光堂）（《佛艺》150；《建筑史学》7；《论丛佛教美术史》《全集日本之古寺》6等）

《院家建筑研究》

杉山信三，昭和56年，吉川弘文馆

院之御所和御堂（院家建筑；院家建筑的萌芽；仁和寺的院家建筑；白河御堂；鸟羽殿及其御堂；法住寺殿及其御堂）；藤原氏氏寺及其院家（序说；兴福司寺的院家；延历寺和藤原氏的御堂；极乐寺/法住寺/法兴院；法性寺向东福寺的发展演变；关于法成寺；藤原道长营造的诸种寺院；平等院的院家；云林院和知足院）；氏寺和院家（关于醍醐寺的院家；具有氏寺特征的二三之寺）

《以净土信仰为中心的平安时代佛教建筑研究》

清水扩，昭和58年，私家版

净土教建筑（法成寺/平等院/六胜寺/白河鸟羽之寺/常行堂/阿弥陀堂/持佛堂/九体阿弥陀堂/一间四面堂/子院）；法华经和建筑（多宝塔/如法堂/法华堂/小忏法堂）；死后的建筑（魂殿/灵屋/墓所堂/墓塔）（《建学论》206—208，363；《建筑史学》1，5）

《平安时代阿弥陀堂的堂内庄严及其发展体系》

清水扩，昭和63年，《建学论》389

《密教美术》（特集）

昭和58年，《佛教艺术》150

宝塔和多宝塔（浜岛）；在真言密教中修法灌顶空间的形成（藤井）

《平等院大观》（一）建筑

福山/太田/铃木/清水/大森/服部/田中，昭和63年，岩波书店

《中尊寺》（特集）

昭和44年，《佛教艺术》72

中尊寺创建伽蓝考（藤岛）；金色堂修理中的各种问题（服部）；金色堂研究的科学性（关野）

《修验的美术》（特集）

昭和61年，《佛教艺术》168

山岳宗教建筑的礼拜空间——其形成与发展（樱井）关于大峰山寺本堂建筑的研究（松田）；关于大峰山寺的发掘调查（菅谷）

《作为山岳寺院主要堂宇之一的讲堂》

樱井敏雄，昭和62年，《佛教艺术》173

《从灵仙寺遗迹发掘调查看脊振山的山岳佛教》

田平德荣，昭和57年，《佛教艺术》57

《平安初期神护寺的伽蓝构成及其布置》

上野胜久，昭和62年，《建学论》372

《关于法性寺位置的思考》

福山敏男，昭和50年，《佛教艺术》100

《圆胜寺遗迹的发掘调查》

圆胜寺发掘调查团，昭和46、47年，《佛教艺术》82，84

《富贵大堂》

工藤圭章，昭和48年，《国华》957

十四、寺院建筑（3）：中世/近世（包括灵庙建筑/近世社寺建筑调查报告书从略）

《社寺建筑之研究》（《日本建筑史论集》Ⅲ）

太田博太郎，昭和61年，岩波书店

大佛样和禅宗样（关于大佛样和禅宗样的名称；大佛样的传来及其衰退；净土寺净土堂和东大寺南大门；重源和陈和卿；禅宗建筑的传来；禅宗寺院的诸堂及其布置；禅宗样的细部及其对和样建筑的影响）；五山建筑（建仁寺；泉涌寺；东福寺；建长寺；圆觉寺；南禅寺；天龙寺）；伊势神宫杂感关于严岛神社仁安造营的思考；圆成寺春日堂；白山堂是春日社的旧殿吗？歇山式本殿的形成；南都六宗寺院之建筑构成；法隆寺东大门之旧位置和移建年代；关于善明寺堂移建法隆寺问题的思考；从数量上来看中世建筑界；关于川副氏的“圆觉寺舍利殿的创建年代”的思考；关于樵谷惟迁；备后的利生塔；关于楼阁建筑的初步考察；净土宗寺院的建筑形式；三明寺三重塔相轮的复原；新相轮样的形成

《佛堂》Ⅳ（《日本建筑史基础资料集成》七）

关口欣也，昭和50年改订，昭和58年，中央公论美术出版

概说；长弓寺；大善寺；鑁阿寺；本山寺；太山寺；长保寺；明王院；净土寺（广岛）；鹤林寺；朝光寺；金峰山寺各本堂；孝恩寺观音堂；观心寺金堂

《镰仓时代佛教建筑对宋式建筑样式的汲取》

浅野清，昭和51年，《佛教艺术》108，110

《日本南北朝应永年间建筑样式上的保持和混肴》

浅野清，昭和52年，《佛教艺术》112～114

《室町时代的佛堂》

浅野清，昭和41年，《佛教艺术》63

《中世寺院社会和佛堂》

山岸常人，平成2年，书房

序章（研究的目的和方法；中世佛堂形成的过程与特征）；在寺院社会中中世佛堂的功能（中世佛堂空间的形成；内阵/礼堂/后户/局）法会和佛堂空间的发展（悔过会和佛堂（二月堂）；论义会和佛堂；上醍醐御影堂/东大寺法华堂）；增补（阿弥陀堂中世的发展；从近世佛堂所见中世佛堂的发展；悔过会的变化）

《东大寺二月堂建筑的中世发展》

藤井惠介，昭和59年，《南都佛教》52

《俊乘房重源和美术》（特集）

昭和51年，《佛教艺术》105

大和尚重源上人的善行（堀池）；重源的造营活动（田中）；重源的建筑技法和栢社遗迹（杉山）

《播磨净土寺史料的再研究》

田中 淡，昭和48年，《佛教艺术》93

《俊乘房重源和权僧正胜贤——东大寺东南院之圣宝御影堂的创建》

藤井惠介，昭和56年，《南都佛教》47

《南都的新和样建筑》（《大和古寺》三）

铃木嘉吉，昭和56年，岩波书店

《五山和禅院》（《名宝日本美术》13）

关口欣也，昭和58年，小学馆

五山制的推移和林下；中世五山伽蓝的源流和发展

《九州的禅宗美术》（特集）

昭和61年，《佛教艺术》166

九州禅林的形成（上田）；九州黄檗寺院的建筑——中国建筑和黄檗宗建筑之二系列（山本）

《武藏东渐司寺及其释迦堂》

关口欣也，昭和58年，《佛教艺术》151

《关于建长寺伽蓝设计计划——以元弘元年之古图为中心的考察研究》

樱井敏雄，昭和60年，《建学论》350

《峰定寺的建筑》

伊藤延男，昭和45年，《国华》926

《九州黄檗宗寺院中两个伽蓝的构成》

山本辉雄，昭和63年，《建学论》389

《日莲宗的伽蓝和建筑》

丹羽博亨，昭和58~60年，《建学论》331，336，343，347，375，391

中世纪日莲宗富士门流的伽蓝和建筑；日莲的教义/行仪和伽蓝观；在直传弟子中所见日莲伽蓝观的继承与发展；日莲宗身延山久远寺；重须本门寺；池上本门寺伽蓝的布置

《对醍醐寺所藏上醍醐准胝堂关系古图的介绍和研究》（研究笔记）

山岸常人，昭和63年，《建筑史学》11

《关于镰仓新佛教佛堂平面的形成和系谱研究》

樱井敏雄，昭和52年，私家版

净土真宗寺院的研究；净土宗寺院本堂的平面形态；日莲宗寺院本堂的平面形态及内部空间；净土宗/法华宗寺院的檀林；镰仓新佛教的伽蓝布置（《近大理工学部研究报告》10—12；《佛教艺术》102，104）

《关于黄檗宗寺院伽蓝规划设计的研究》

樱井敏雄/大草一宪，昭和58年，美原町教育委员会

法云寺的建筑和伽蓝布置规划的研究；黄檗宗寺院伽蓝遗构的布置规划和设计技法；古绘图中所见黄檗宗寺院伽蓝布置规划及其分析

《元和创建日光东照宫的复原考察》

内藤/渡边/麓，昭和60年，《建筑史学》5

《近世社寺建筑研究第一号——第一次近世社寺建筑研究会议记录》

奈良国立文化财研究所，昭和 63 年，奈良国立文化财研究所

十五、城郭与都市（包括农村集落 / 集落村镇街道调查报告书从略）

城郭

《城郭》（学界展望）

渡边胜彦，昭和 63 年，《建筑史学》10

《城郭》Ⅰ（《日本建筑史基础资料集成》十四）

平井 / 吉田 / 西 / 渡边 / 后藤，昭和 53 年，中央公论美术出版

概说；丸冈城天守；松本城天守；犬山城天守；彦根城天守；姬路城天守 / 西小天守 / 乾小天守 / 东小天守 / 渡橹；松江城天守；名古屋城天守 / 小天守

《城郭》Ⅱ（《日本建筑史基础资料集成》十五）

平井 / 后藤 / 北野 / 大和 / 渡边 / 西 / 斋藤，昭和 57 年，中央公论美术出版

概说；宇和岛城天守；高知城天守；弘前城天守；熊本城宇土橹；弘前城二之丸辰巳橹；高松城二之丸月见橹；大阪城千贯橹；冈山城月见橹；彦根城天秤橹；姬路城化妆橹；ヨ之渡橹；熊本城监物橹；旧江户城田安门；金泽城石川门；弘前城二之丸东门；二条城二之丸东大手门；姬路城之门 / 水之一门 / 水之一门北方筑地塀 / 水之一门西方土 / 水之五门南方土 ；熊本城长 ；大阪城炎硝藏 / 金藏；二条城二之丸土藏（南）（米藏）；彦根城马屋；旧厚狭毛利家族萩宅第长屋

《安土城的研究》

内藤 昌，昭和 51 年，《国华》987，988

《以安土城天主的复原及其史料的研究质疑内藤昌氏 < 安土城的研究 >》

宫上茂隆，昭和 52 年，《国华》998，999

《大阪城的历史和构造》

松冈利郎，昭和 63 年，名著出版

《名古屋城》（《日本名城集成》三）

昭和 60 年，小学馆

历史（内藤）；构成（内藤 / 渡边 / 泽田）；城下町（内藤 / 水野 / 渡边）；史料（冈本 / 内藤）

《江户城》（《日本名城集成》四）

昭和 60 年，小学馆

历史（村井）；障壁画（西）；发掘（古泉）；江户城和大名邸宅（西）；建筑生产体系（渡边）御殿的功能（平井）；江户的町家（波多野）；史料（伊东）

《城和馆》

内藤 昌 责任编辑，昭和 63 年，世界文化社

《关于熊本城的宇土橹》

北野 隆，昭和 56 年，《建学论》308

《姬路城和二条城》（《名宝日本美术》15）

西 和夫，昭和 56 年，小学馆

姬路城；二条城；二条城的建筑史——造营实际的探求

《元离宫二条城》

昭和 49 年，小学馆

二条城的历史（林屋）；从城郭史的角度来看二条城（藤冈）；二条城的规模和建筑的变迁（川上）；关于二条城的建筑（大森）

《红叶山文库旧藏会津；仙台；高田流出之正保城古画的考察研究》

油浅耕三，昭和 62 年，《建学论》377

《仙台台城的建筑和直观形象图》

佐藤 巧，昭和 56 年，《东北大建筑学报》21

都市

《都市史（日本）的视点》

关于古代都市发掘的成果；从平安京到京都；都市图屏风；都市工程学和都市图；自中世到近世；论大和国岩槻村城下町的建设；关于江户背面的长屋；从法制史的角度来看近世都市

祇园节和町会所的建筑；町家——数寄等于保存到现代的近世；江户的匠心；反映历史风貌印记的都市视觉环境和色彩

《日本都市史》（学界展望）

伊藤 毅，昭和 61 年，《建筑史学》6

《日本都市史研究》

西川幸治，昭和 47 年，日本广播出版协会

序章；寺内町的形成和发展；城下町的产生和构成；近世城市论的形成和发展；日本的都市传统及其特征；保存；修景规划设计

《都城的研究》（《喜田贞吉著作集》5）

昭和 54 年，平凡社

Ⅰ．帝都　Ⅱ．藤原京　Ⅲ．关于日本的古代都市；本邦都城之制；论难波京的沿革，关于府和县的称呼将另外论及；Ⅳ．论京间；村间的尺度概念和令尺和曲尺的关系；平安京太极殿遗址和曲尺的关系研究；关于曲尺的质疑

《飞鸟藤原之都》（《古代日本的发掘》1）

狩野 久 / 木下正史，昭和 60 年，岩波书店

飞鸟的以水计时；都的发掘；古代都市藤原京；都的生活是怎样的？

《平城京》（《古代日本的发掘》3）

田中 琢，昭和 59 年，岩波书店

都市化；遗迹 / 发掘；发掘 / 假设 / 验证；文字 / 木简 / 陶器；古代都市 / 居民 / 生活

《大宰府和多贺城》（《古代日本的发掘》4）

石松好雄 / 桑原滋郎，昭和 60 年，岩波书店

大宰府 / 水城 / 大野城；多贺城和东北的城栅

《古代的官署》（《古代日本的发掘》5）

山中敏史/佐藤兴治，昭和60年，岩波书店

古代地方官署；发掘的是被称为国的地方的官署；郡的官署是什么样的；应从发掘成果读得

《都城和国府》（《复原日本大观》3）

冈田茂弘 责任编辑，昭和63年，世界文化社

《日本古代宫都的研究》

岸 俊男，昭和63年，岩波书店

《中国山东山西的都城遗迹——日本都城制源流的探求》

岸俊 男，昭和63年，同朋社出版

《飞鸟发掘——成果和展望》

网干善教，昭和63年，骎骎堂

《关于都市空间形态的历史性研究》

小寺武久，昭和53年，私家版

古代平安京；古代平安京空间的变迁——以行幸路线为中心；古代地方都市；中世京都的都市空间；关于中世镰仓的若干考察；近世城下町（《建学论》165，166，138—240；《建筑史研究》37）

《回忆中世Ⅰ——东亚的国际城市：博多》

川添昭二，昭和63年，平凡社

《京都中世都市史研究》

高桥康夫，昭和58年，思文阁

领路人的产生与发展；平安京北半城的地域性发展；后小松院仙洞御所遗址的都市再开发；土御门四丁町的空间构成和都市再开发；战国动乱和京之都市空间；町团“六町”的产生与结构

《近世大阪产生史论》

伊藤 毅，昭和62年，生活史研究所

日本都市史研究的成果和课题；中世末大坂的都市状况（中世末大坂摄津石山本愿寺寺内町的构成；四天王寺门前町的构成）；近世大坂的成立过程（近世的大坂；船场的产生；天满的成立；岛之内的产生）；日本都市史上大坂的位置

《江户——失落的都市空间之解读》

玉井哲雄，昭和61年，平凡社

《江户的城市规划》（城市通讯）

铃木理生，昭和63年，二省堂

《对近世京都町的产生与解体的研究》

小川保，昭和60年，私家版

近世町结构的形成；近世的街区风貌；面阔进深转向的研究；个别町的分析；三井家的宅基地的分布与集积的过程；三井家宅基地的集积和六角町；由大文字屋源藏形成的宅基地的集积；町解体的诸种形态；京都之町的特征（《三井文库论丛》14；《京都市史编撰通信》133，134）

《町屋的发展过程及其基础条件》

野口 彻，昭和58年，私家版

町屋形成论的研究；集合居住形式的出现；町屋的出现过程；镰仓法中的町屋；近世建筑中的开口论；町的连锁形态——町和交叉町屋的变迁——三条衣棚／西村家；近世／三条衣棚町（《建筑史学》1）

《中世京都的町屋》

野口 彻，昭和63年，东京大学出版会

町屋形成论的研究；集合住居形式形成论的研究；集体居住形式的出现；町屋的出现过程；在镰仓法中的町屋

《寺内町的形成——吉崎和山科》

西川幸治，昭和42年，《佛教艺术》66

《近世地方都市街区风貌的形成——越前三国凑的町屋和都市结构》

玉井哲雄，昭和59年，《建筑史学》3

《小仓城下町的分割技法和对现代市街地的影响及其特征——北九州街区划分／宅基地划分的历史性发展研究》

高见敞志，昭和62年，《建学论》380

《熊野旧城下町中町家建筑发展的过程和街区风貌构成的初步考察》

大场 修，昭和62年，《建学论》376

《近世初期城下町聪明智慧的都市设计及其实态和意义》

宫本雅明，昭和60、61年，《建筑史学》4，6

《近世初期都市的景观政策和都市造型——二层町家建筑建设奖励政策和“二阶町”的研究》

宫本雅明，昭和61年，《建筑史学》7

《楼橹宅基考——其实态与起源、意义与功能》

宫本雅明，昭和60、61年，《建学论》355，360

《城和城下町》（增补新订）

藤冈通夫，昭和63年，中央公论美术出版

《城郭和城下町》9 北九州

刘寒吉 等，昭和63年，小学馆

《城下町的形式》

矢守一彦，昭和63年，筑摩书房

城镇景观街区风貌／集落

《绳文时代的集落》（学会展望）

高湘忠重，昭和63年，《建筑史学》10

《日本的街区风貌和集落》

昭和48年，《建筑杂志》1074

集落／街区风貌的价值和保存；历史的景观和都市的规划；街区风貌／集落保存的动向和问题的焦点；日本的町家和街区风貌（京都／江户／彦根／今井）；旧中山道及其上驿站町；近世农村集落的形态；在京都街区

风貌的保存——以景观保存条例为实施策略为中心的考察研究；高山市民亲自动手开展街区风貌保存；天领仓敷；保存的现实和课题（金泽）；城下町萩之町街区风貌保存的经过和今后的对策；东北的民居夜话；街区风貌/集落一览

《图说日本的街区风貌》（十二卷）

太田/儿玉/铃木/坪井 编，昭和57年，第一法规

一、北海道；北东北；二、南东北；三、关东；四、北陆；五、中部；六、东海；七、近畿；八、山阳；九、山阴；十、四国；十一、北九州；十二、南九州；冲绳

《都城和村庄的生活》（《古代史发掘》10）

崎彰一/横山浩一，昭和49年，讲谈社

《古代的村庄》（《发掘古代日本》6）

鬼头清明，昭和60年，岩波书店

明白了什么；东国的村庄（山田水吞遗迹）；各种各样的村庄姿态；在村庄中生活的人们

《近世社会中村落住居的文献研究》

山田弘康，昭和53年，私家版

近世村落的宅基；前期村落的阶层构成和房屋；中期以后越前村落及其构成房屋；中期以后越前村落的房屋及其居住者（《建学论》221，222，238—240，242，250）

《关于日本集落中集合居住生活自律性的历史性研究》

小林英之，昭和58年，私家版

集落在地域上的分布概要；在农村集落中集合居住的基本形式；平均主义的居住形式；在集合中当地因素；和飞地因素；中心核的形成；郡山城下町的形成；mode 0 和 mode 1；日本集落中集合居住生活的自律性

《关于近世集落居住形态的历史性研究》

伊藤裕久，昭和61年，私家版

从湖北"菅浦"所见中世的居住向近世居住的转变——"总村型"集落的居住形态（集落空间形态的特征和变化；居住形态的特征和变化；近世初期的集落空间的构成和宅基地形态的变化；庆长年间的集落空间构成的特征和中世集落的居住形态）；近世东北农村集落化过程和居住形态的发展——《在家》型集落的居住形态（宅基数的变化和集落化的过程；宅基地形态的特征和集落空间构成；町的形成和发展；居住形态的特征和变化）（《建学论》387）

《近世东北农村中町场的形成：从中世末馆下町向近世初期町场的转变过程》

伊藤裕久，昭和62年，《建学论》382

《关于洛中农村居住形态复原的考察——下山京回东盐小路村中"构"集落的空间构成》

伊藤裕久，昭和63年，《建学论》387

《仙台藩领磐井郡东山南方诸村所见宅基地数量的变化和集落化过程——关于近世东北农村中居住形态发展过程的研究（1）》

伊藤裕久，昭和63年，《建学论》387

《高山三之町宅基地分割及其变化——关于"元禄五年三番町中家宅基绘图帐"的考察》

上野邦一，昭和63年，《建学论》385

《高山三町宅基地所有状况和大火后的复兴——关于“天保三年大火之图”的考察》

上野邦一，昭和63年，《建学论》389

《在筑前/丰前沿长崎街道宿驿地区的町的划分/宅基地划分技法及其对现在市街地的影响/关于北九州街区的划分/宅基地划分的历史发展研究》

高见敞志，昭和63年，《建学论》391

《关于明治前半期东京私建道路基准规定和实际相关问题的研究——明治7年邸内路次三间以上颁布通达与明治14—17年对邸内路次的调查》

加藤仁美，昭和63年，《建学论》387

十六、其他

《关于日本仓库建筑的研究》

富山博，昭和51年，私家版

律令制国家中正仓建筑的作用；正仓建筑的规格和实际形态；正仓的构造及其变迁；作为正仓的板仓及其影响；中世仓库建筑的变化及其影响（《建学论》43，52，76，89，103，214—216；《中部工大纪要》1，2，5）

《日本之仓》

伊藤郑尔，昭和48年，淡交社

《八女市装配式舞台群的考察》

太田静六，昭和45年，《建学论》174

《金毗罗大戏曲的研究》

佐藤孝义，昭和52年，《建学论》257，258

产生的历史背景和建设；剧场的复原考察和功能分析

《临时舞台考》（《历史和民俗》1）

西和夫，昭和61年，平凡社

《神宫御盐烧所建筑考》

井上充夫，昭和51年，《建学论》248

《关于日本传统制盐业建筑的研究》

井上充夫/中岛一夫，昭和51年，《建学论》249

《我国木构拱桥、石构拱桥的传入和发展》

太田静六，昭和53、54、56年，《建学论》273，275，300

国岩锦带桥的源流和成立过程；对石拱桥传自葡萄牙说的质疑；对石构拱桥传自中国说的确认

《关于江户室外娱乐空间的考察》

冈部佳世，昭和54年，《建学论》279

《关于幕府末年洋式帆船技术引入的研究》

安达裕之，昭和61年，私家版

近世的回船；幕府对造船的限制政策；洋式船技术引人的前提；洋式技术的接受；传统技术的改变（《海事史研究》40，41；日本前近代国家和对外关系；日本技术的社会史）

十七、明治建筑

近来对明治时代以后的建筑史研究十分盛行，论述到哪里才好？哪些又是必须论述的？用简单的方法很难决定，因此此节有许多不完善的地方。

《日本的近代建筑》

昭和55年，《建筑杂志》1160

日本的近代建筑调查；日本建筑近代化特征；砖；钢材；水泥；混凝土；日本近代建筑中设计意匠的变迁；东京巴黎；何谓地方性？函馆；小樽的近代建筑；东北六县的近代建筑；建筑地图；在东京的地方性；地方性的复兴；东海地方的近代建筑调查；近畿的近代建筑；未调查地带的建筑保存；四国的近代建筑；建造九州近代建筑的人们；关于日占地区近代建筑；全国普查之后

《日本的近代建筑》（特集）

昭和56年，《环境文化》52

《日本近代建筑史》（学界展望）

藤冈洋保，昭和59年，《建筑史学》2

《近代建筑史年表》

山口广，昭和43年，建筑通讯研究所

《日本近代建筑综览》

日本建筑学会，昭和55年，技报堂

《日本近代建筑技术史》

村松贞次郎，昭和51年，彰国社

西洋建筑技术的移植；由行政机构发起的近代化的开展；红砖结构的建筑时代；木构建筑的近代化；大工的技术；新建筑材料生产的开始和发展；铁骨及钢筋混凝土结构的引进和发展；建设业和施工技术；战后的建筑；日本近代建筑技术史文献

《日本的建筑——明治、大正、昭和》（10卷）

昭和54—57年，三省堂

1. 文明开化的形式（越野）；2. 样式之础（小野木）；3. 国家的设计（藤森）；4. 通向国会议事堂之系谱（长谷川）；5. 商业都市的设计（坂本）；6. 都市的精华（山口）；7. 资产阶级的装饰（村松·石田）；8. 形式美的挽歌（伊藤·前野）；9. 莱特的遗产（谷川）；10. 日本的现代主义（近江/堀）

《近代建筑的黎明——建设了明治、大正时代的人们》

神代雄一郎，昭和38年，美术出版

《日本建筑家山脉》

村松贞次郎，昭和40年，鹿岛出版会

《雇佣外国专家——建筑·土木》

村松贞次郎，昭和51年，鹿岛出版会

《日本近代建筑史》

村松贞次郎，昭和 52 年，日本放送出版协会

《外国人居留地建筑的研究》

坂本胜比古，昭和 41 年，私家版

各开放港口外国人居留地建立过程和异人馆（长崎 / 横滨 / 函馆 / 神户 / 大阪 / 东京筑地 / 新泻等地方早期异人馆；基督教教堂和洋风建筑；反映了在近代日本外国人建筑家的活动足迹）；神户的居留地及其特征（早期居留地建筑的倾向；山手地区外国人住宅的编年和特色）

《西洋馆》（《日本美术》51）

坂本胜比古，昭和 52 年，小学馆

《关于外国人居留地及其建筑的研究》

伊藤三千雄，昭和 51 年，私家版

居留地区域的专门设置；居留地区的建成；居留地域的整顿完善；临时停泊之间的居住；居留地的建筑；居留地的建筑技术人员；居留地的外国人建筑技术人员

《日本洋风建筑引进过程的研究》

山口光臣，昭和 45 年，私家版

十八世纪后期出岛上外国船长住房的洋风化；关于长崎幕府末年及明治初年教堂建筑和伊玉岛大明寺教会建筑的研究（《建学论》234，254）

《关于以长崎县为主的教堂建筑发展过程的研究》

川上秀人，昭和 60 年，私家版

教堂的时代划分；早期的教堂建筑；砖构教堂建筑；钢筋混凝土结构教堂建筑；教堂建筑的发展过程（《九大工学集报》58-2，58-3；《建学论》331，342，351，361）

《以明治中期为主的长崎居留地内宅基地和洋风住宅的研究》

宫本达夫，昭和 60 年，私家版

长崎居留地的形成过程；变迁过程；长崎居留地内早期洋风住宅的形态特征；明治中期以后洋风住宅的形态特征；洋风住宅的居室面积；以东山手新造地为中心的明治中期洋风住宅的特征（《建学论》352，354；《九大工学集报》58-4）

《关于日本近代洋式病院平面设计史研究》

青木 / 新谷 / 篠原，昭和 61、62、63 年，《建学论》362，367，376，379，390

《开拓使物产贩卖所的研究》

远藤明久，昭和 46 年，私家版

开拓使物产贩卖所的用途 / 基地 / 建筑时期；开拓使物产贩卖所的设计者昆德尔；开拓使物产贩卖所和工部大学校的学生们；森山武光和中村一正；昆德尔书简补说；开拓使茂边地炼地化石制造所；开拓使物产贩卖所的建筑面貌；开拓使物产贩卖所的筏基础；开拓使物产贩卖所和官营建筑材料；开拓使物产贩卖所工程的建筑劳务；开拓使物产贩卖所的内部设计；开拓使物产贩卖所和官营建筑材料；开拓使物产贩卖所的上部结构；开拓使物产贩卖所的成立世界（《建学论》82，85，100，102，104，107，108，111，128，170，171，174—176，179，181—183，193，194，202）

《关于文久三年在箱馆的英国领事馆》

越野 武，昭和 59 年，《建学论》341，346

《明治中期（11；12年大火之后）函馆的中心市街及其建筑》

越野武/角幸博/北村俊久，昭和61年，《建学论》360

《关于有岛武郎札幌邸（大正2年）的建造情况及其沿革》

角幸博/越野武，昭和61年，建学论361

《关于函馆英国领事馆（大正2年）的建筑》

角幸博/越野武，昭和63年，《建学论》390

《关于英人T.J.沃特鲁事迹的研究》

菊池重郎，昭和50、51年，《建学论》228，229，243

《早期造币寮建筑研究》

木村寿夫，昭和59年，私家版

造币寮金银货币铸造厂当初的规划设计；造币寮的建筑——泉布观的再考；关于和田岬石堡塔的考察（《建学论》327，331，345）

《明治的东京规划》

藤森照信，昭和57年，岩波书店

开化之街的建造；超越江户大火；都市规划的嫡传；大礼服之都；东京的基础

《横滨和开化式建筑物》（纪念演讲）

藤森照信，昭和59年，《建筑史学》3

《都市的明治——从道路建设上看城市建筑史》

初田亨，昭和56年，筑摩书房

《关于明治时期都市中建筑和街道的历史性研究》

初田亨，昭和58年，私家版

幕府末年到明治初年西洋建筑的引入和相应工匠的产生；明治前期的和洋折衷建筑；明治中期的土仓式店铺和街道；明治后期的洋风店铺和街道（《建学论》253，262，269，329，331）

《富山县在明治时期的火灾预防和建筑限制》

初田亨/中森勉，昭和61年，《建学论》379

《乔塞尔·康德尔（Josiah Conder）建筑图集》（三册）

河东义之编，昭和58年，中央公论美术出版

《从现存乔塞尔·康德尔的建筑设计图集看平面尺寸的设计基准——关于乔塞尔·康德尔设计手法的研究（Ⅰ）》

河东义之，昭和61年，《建学论》359

《明治洋风宫廷建筑》

小野木重胜，昭和58年，相模书房

明治洋风宫廷建筑概论；皇居营造和皇家雇佣御用外国人建筑家的工作业绩；昆德尔的与皇家有关建筑设计作品；明治洋风宫廷建筑分论；洋风宫廷建筑的引入与发展的考察

《日本建筑近代化过程的思想史研究》

谷川正己，昭和47年，私家版

样式主义时代的建筑论；通过议院建筑问题的讨论；对近代化的觉醒所见建筑论；近代思想的确立（《建学论》66等）

《关于近代日本府县厅舍的建筑史研究》

石田润一郎，昭和62年，私家版

关于明治初期府县厅舍营缮的行政制度；松室重光的业绩；废藩置县以前的府藩县厅舍的建造；县厅建筑面积有限下的府县厅舍建造；东京府厅舍的建造经过（《建筑史学》4，5）

《日本近代博物馆建筑史研究》

奥平耕造，昭和61年，私家版

出国的人们；官设博物局的变迁；大正时期的自由主义向战争的悲局的倾斜；战后的复兴向现代的转变；博物馆建筑家一览；日本博物馆年表（《新建筑学大系》30）

《明治初期初等·中等建筑教育的研究》

清水庆一，昭和56年，《建学论》307

《明治二十年前后中等建筑教育的研究》

清水庆一，昭和56年，《建学论》310

《“建筑概说”—— 乔塞尔·康德尔口述》

清水庆一，昭和60年，《建筑史学》4

《关于近代日本高等教育设施的历史性研究》

宫本雅明，昭和54年，私家版

明治时期文部省营缮机构的构成和沿革；活动体制；明治中期的在高等中学校所见高等教育设施的成立过程；山本治兵卫的建筑活动和明治后期高等教育设施的外观设计（《建学论》292，297，304，310）

《东京市立小学校钢筋混凝土造校舍的设计方针和外观设计研究——昭和初期的合理主义之一例》

藤冈洋保，昭和55年，私家版

东京市立小学校中早期的钢筋混凝土造；东京市营缮组织；东京市立小学校钢筋混凝土造校舍的设计规格/外部设计（《建学论》290，291，296，300）

《日本的学校建筑——从发祥到现代》

菅野诚/佐藤让，昭和58年，文教新闻社

《从“住宅改良会”的活动看大正/昭和初期“洋风式独立住宅”的导入和建立》

内田青藏，昭和61年，私家版

住宅改良会的设置和背景；第一代会长桥口信助；住宅改良会的沿革/业务内容；从住宅设计竞赛优秀入选设计方案来看住宅的风貌（《建学论》345，351，358；《风俗》80）

《日本近代砖结构建筑的技术史研究》

水野信太郎，昭和61年，私家版

《“美国屋”商品住宅》

内田青藏，昭和62年，住居图书馆出版局

砖及砖结构建筑（幕府末年之前的砖；外国人指导下的砖；国产砖；造砖工程；砖及砖结构建筑的年代鉴定）；石材及石构建筑；砌块式建筑向日本的引入及其后的发展

《关于建筑技术中的预制装配化的历史研究》

本多昭一，昭和 60 年，私家版

《旧松本家住宅的家具》

小泉和子，昭和 59 年，《建筑史学》3

《自明治末期至大正时期京都市街地的扩大——以赋税不均为契机导致的向周边市町村移住问题》

中川理，昭和 62 年，《建学论》382

《在大正时期京都市实行征税的住宅政策》

中川理，昭和 63 年，《建学论》385

《关于明治时期郊外宅基地地区实行的征税政策》

中川理，昭和 63 年，《建筑史学》10

《关于恩迪和贝克曼设计的日本官厅各建筑方案——与德国同类作品设计的比较》

堀内正昭，昭和 63 年，《建筑史学》11

《对恩迪和贝克曼和洋折衷式官厅建筑设计方案产生过程的研究》

堀内正昭，昭和 63 年，《建学论》384

《明治 19~20 年东京府长屋建筑规则方案因被否决而终结的经过及其理由：东京府立案文献的考察研究》

田中祥夫，昭和 63 年，《建学论》390

《“建筑评论家”板垣鹰穗的建筑观》

藤冈洋保 / 三村贤太郎，昭和 63 年，《建学论》394

《思考藤井厚二有关体感温度的建筑气候设计理论与住宅设计》

堀越哲美 / 堀越英嗣，昭和 63 年，《建学论》386

《西洋馆设计集成》（全三卷）

增田彰久 摄影，藤森照信 撰文，昭和 63 年，讲谈社

《日本近代学校建立史的研究》

多田健次，昭和 63 年，玉川大学出版部

《建筑侦探东奔西走》

藤森照信 撰文，增田彰久 摄影，昭和 63 年，朝日新闻社

《近代和风建筑》

村松侦次郎 / 近江荣 编，昭和 63 年，鹿岛出版会

《招牌建筑》（城市名片）

藤森照信 撰文，增田彰久 摄影，昭和 63 年，三省堂

《长崎外国人居留地的研究》

菱谷武平，昭和 63 年，九州大学出版会

《九州·山口的西洋馆》

白石直典，昭和 63 年，西日本新闻社

十八、建筑保护问题

《景观保存》

昭和 45 年，《建筑杂志》1029

保存论的新阶段；都市规划和景观保存；围绕美观地区的种种问题（京都、仓敷）；建筑协议的实际形态；文化财保护的现状和将来；在古都的历史风土的保存；历史建筑物的保存和城市的再开发（大阪）；试论地域环境保护和灵活运用下的地域规划（志摩地区和埋藏文化财保存规划区）；自然公园中的保存和开发；景观保存的实际问题；关于景观保存的法规一览

《历史地区和地域规划》

昭和 47 年，《建筑杂志》1046

环绕历史地区的种种问题；历史地区和地域规划；环境的历史性；环境的历史性的继承和再生——关于奈良历史性变迁的回忆；地域规划和历史性景观的保全；历史地区和都市规划；关于文化财保护的法律和历史地区的保存；历史地区和观光开发；和街区规划密切相关的详细规划；关于川越地区土藏造式建筑的保存运动；近江八幡地区的地方都市和保存修景规划；资料：有关历史性环境保存相关文献资料目录

《风土和建筑，遗产与继承》

历史性的环境；纪念建筑物保全的理念和技法；相关主题的提出；环境设计的保全和为了创作而统一的理论；从城市规划的立场来看保存问题的产生和缺陷；共存的思想和技法；历史的环境；纪念性建筑物保全的理念和技法；保全和经济；生态；历史性建筑；关于环境保全的欧洲现况；关于欧洲的历史环境保存的法制野外博物馆或资料馆；以明治洋风建筑决定今后利用法的建筑物；集落；街道保存；历史的环境；有关建筑物保存的文献目录

《都市的思想——保存、修景的指标》

西川幸治，昭和 48 年，NHK 丛书

《日本历史文化村镇的保护事典》

观光资源保护团，昭和 56 年，柏书房

《集落街区风貌保护文献目录》

昭和 56、58 年，奈良国立文化财研究所

《街区风貌，街区创造》（特集）

昭和 56 年，《环境文化》53

《历史性街区风貌的一切》

昭和 53 年，《环境文化》31，32

理论篇；实务篇；报告篇；资料篇；文献目录

《历史性城镇：街区风貌的总点检》

昭和 56 年，《环境文化》50

历史性环境保全思想；对历史文化村镇保护的试行；总开展的提议；资料

《开发和保全——自然 / 文化财 / 历史的环境》

昭和 51 年，《纠里思特》（综合特辑）4

《文化财的保存和再生》

昭和 55 年，《纠里思特》710

《文化财的保存和修理》（特集）

昭和 56 年，《佛教艺术》139

建筑物的保存和修理（服部）史迹；名胜的保存修复和整理（田中）；保存的科学和技术（伊藤）

《历史风貌的保存》

太田博太郎，昭和 56 年，彰国社

历史风貌的保存；平城宫遗迹的保存；复原后的古建筑的保存；妻笼宿的古驿站保存；明治建筑的保存；弥生町町名问题的讨论

《历史风貌环境的保存和再生》

木原敬吉，昭和 57 年，岩波新书

《文化遗产应该如何继承》

稻垣荣三，昭和 59 年，三省堂

民居；明治建筑；古建筑的保存和复原；日本的技术工作者；意大利的监督官；和威尼斯的再生；集落和街道；缪斯的封闭一个保存论；历史性的环境；茶叶盒子东京站；町家；街区风貌为何要进行保存？宫城前广场和东京站；城市住宅的传统——在维也纳所想到的

《传统村镇中以传统道路为中轴的空间构成及其现代意义——关于村镇保护意义和方法的一种考察 》

福川裕一，昭和 57 年，《建学论》320

《松代旧旧武家府邸地区的空间构成——为武家宅基地街道保全而进行的基础性考察》

福川裕一 / 西村幸夫，昭和 60 年，《建学论》349

《“历史性环境”概念的生成史》

西村幸夫，昭和 60 年，私家版

明治前期文化财保护行政的开始以及建筑物保护概念的形成过程；明治中期以后至二战以前的以建筑物为主的文化财保护行政的发展；与地方性密切相关的明治前期的文化财保护行政之发展（《建学论》340，351，358）

十九、辞典 / 年表

辞典和年表多种多样，这里仅刊出其中重要者。开头部分的年表与其他现存年表相比更为详细，而且一一与引用的原典进行了对照，保证正确无误，希望大家能够充分利用。

《原色图典日本美术史年表》

太田博太郎 / 山根有三 / 河北伦明 编，昭和 61 年，集英社

《国史大辞典》

昭和 54 年—平成 11 年，吉川弘文馆

《建筑大辞典》

昭和 49 年，彰国社

《世界美术辞典》

昭和 60 年，新潮社

二十、建筑史学史

以下著作如果被称作“史学史”的话，似略嫌夸张，但在这里仅作为一个新设条目的标题。

《近代日本建筑学发展史》

日本建筑学会，昭和 47 年，丸善

《建筑史的先人们》

太田博太郎，昭和 58 年，彰国社

建筑史的先人们（伊东博士和建筑史；平城宫遗迹的发现；建筑史中的开创奈良学的先人们；日本建筑史学第二代俊秀长谷川辉雄；理论家足立康；堀口舍己博士的茶室研究；古建筑的复原研究和浅野先生；建筑遗迹调查的发展；木构建筑的寿命和建筑史；民居史研究的现阶段）；通向建筑史之道（与师的际遇；学生时代；执笔《日本建筑史序说》的时候；民居的研究和保存；对谈《参与历史性环境保存运动》）

《某大正的精神——建筑史学家天沼俊一的思想和生活》

天沼 香，昭和 57 年，吉川弘文馆

《伊东忠太；明治二十年代的建筑观及其变化》

丸山 茂，昭和 53 年，《建学论》266

《木子清敬（工匠世家）在帝国大学的建筑学课堂》

稻叶信子，昭和 62 年，《建学论》374

《某工匠家的记录》

木子清忠，昭和 63 年，私家版

木子家由绪书；木子清敬；木子幸三郎（清逸）；东京都中央图书馆所藏《木子文库》

《学生时代的足立康博士》

小林文次，昭和 56 年，《建学论》303

二十一、国宝 · 重要文化财建筑物修理工程报告书目录补遗
（昭和四十四年（1969）后，以县为别）

[北海道]

旧花田家番屋，旧中村家住宅，福山城本丸御门，丰平馆，旧日本邮船株式会社小樽支店，旧ヨイチ运上家，北海道厅旧本厅舍，旧函馆区公会堂，善光寺遗迹，旧开拓使工业局厅舍

[青森]

弘前城三之丸东门，东照宫本殿，津轻为信灵屋，旧笠石家住宅，石场家住宅，清水寺观音堂，旧第五十九银行本店本馆，岩木山神社本殿 / 奥门 / 瑞垣 / 拜殿 / 楼门，弘前学院外人宣教师馆，旧平山家住宅

[岩手]

旧中村家住宅，旧菅野家住宅，旧小原家住宅，中尊寺金色堂 / 大长寿院经藏 / 愿成就院宝塔 / 释尊院五轮塔，伊藤家住宅，菊池家住宅，藤野家住宅，佐佐木家住宅，旧后藤家住宅

[宫城]

东照宫本殿 / 唐门 / 透塀，大崎八幡神社本殿 / 石之间 / 拜殿 / 长床，旧中泽家住宅，旧佐藤家住宅，陆奥国分寺药师堂，松本家住宅，我妻家住宅，洞口家住宅

[秋田]

旧奈良家住宅，大山家住宅，铃木家住宅，嵯峨家住宅，土田家住宅

[山形]

旧济生馆本馆，旧西田川郡公所，旧尾形家住宅，旧有路家住宅，旧米泽高等工业学校本馆，矢作家住宅，立石寺三重小塔，旧山形师范学校本馆 / 正门 / 门卫所

[福岛]

熊野神社长床，旧五十岚家住宅，成法寺观音堂，圆满寺观音堂，旧马场家住宅，弘安寺弁天堂，堂山王子神社本殿，天镜阁，胜福寺观音堂，旧龙泽本阵横山家住宅，旧伊达郡公所，旧福岛寻常中学校本馆

[茨城]

旧弘道馆，西莲寺仁王门 / 相轮 ，药王院本堂，旧飞田家住宅，中崎家住宅，鹿岛神宫假殿，椎名家住宅，塙家住宅，龙禅寺三佛堂，羽生家住宅

[枥木]

西明寺三重塔 / 楼门，纲神社本殿 / 摄社大仓神社本殿，东照宫东西回廊 / 钟楼 / 鼓楼 / 本地堂 / 经藏 / 阳明门 / 左右袖屏 / 神舆舍 / 东通用御门，正门附雕子塀 / 内番所 / 灯台穗屋 / 五重塔 / 钟舍 / 上社务所 / 铜库门 / 非常门 / 西净 / 坂下门 / 奥社唐

门 / 奥社铜神库 / 奥社鸟居 / 假殿钟楼 / 同本殿相之间拜殿 / 同唐门 / 及掖门及透塀 / 御旅所本殿 / 御旅所拜殿 / 御旅所神馔所，轮王寺常行堂 / 法华堂 / 常行堂法华堂渡廊 / 儿玉堂，大猷院灵庙铜包宝藏 / 仁王门 / 宝库 / 瑞垣 / 奥院拜殿 / 铸拔门，二荒山神社大国殿 / 神舆舍 / 中宫祠本殿 / 拜殿 / 别宫泷尾神社本殿 / 唐门 / 拜殿 / 楼门 / 鸟居，别宫本宫神社本殿 / 拜殿，末社朋友神社本殿 / 末社日吉神社本殿 / 本社本殿，荒井家住宅，三森家住宅，羽石家住宅

［群马］

旧生方家住宅，旧茂木家住宅，阿久泽家住宅，富泽家住宅，旧户部家住宅，旧黑泽家住宅，旧群马县卫生所

［埼玉］

喜多院客殿/书院/库里/慈眼堂/钟楼门/山门，东照宫本殿/唐门/瑞垣/随身门，高丽家住宅，广德寺大师堂，旧新井家住宅，平山家住宅，小野家住宅

［千叶］

旧御子神家住宅，旧学习院初等科正堂，饭香冈八幡宫本殿，荣福寺药师堂，旧尾形家住宅，石堂寺本堂 / 厨子 / 药师堂，新胜寺三重塔 / 额堂，法华经寺四足门，香取神宫本殿，泉福寺药师堂

［东京］

旧因州池田府邸表门，旧十轮院宝藏，根津神社本殿 / 币殿 / 拜殿 / 唐门 / 西门 / 透塀 / 楼门，增上寺解脱门，大场家住宅，旧东京音乐学校奏乐堂，旧近卫师团司令部厅舍，妙法寺铁门，旧宫崎家住宅

［神奈川］

旧佐佐木家住宅，旧太田家住宅，旧江向家住宅，旧工藤家住宅，旧作田家住宅，极乐寺忍性塔，净光明寺五轮塔，旧石井家住宅，关家住宅表门，旧一条惠观山庄，安养院宝箧印塔，旧灯明寺本堂

［新泻］

旧新泻税关厅舍，新泻县议会旧议事堂，旧新发田藩足轻长屋，笹川家住宅文库，渡边家住宅味噌藏 / 米藏 / 里土藏 / 宝藏 / 金藏 / 新土藏等，多多神社本殿，松苎神社本殿，旧目黑家住宅，佐藤家住宅，莲华峰寺金堂 / 骨堂，小比睿神社

［富山］

白山宫本殿，旧岛家住宅，武田家住宅，村上家住宅，佐伯家住宅，浮田家住宅

［石川］

金泽城石川门 / 表门 / 表门北方太鼓塀 / 表门南方太鼓塀 / 橹门 / 续橹 / 橹 / 附属左方太鼓塀 / 附属右方太鼓塀 / 三十间长屋，妙成寺祖师堂 / 钟楼 / 三光堂 / 经堂，那谷寺三重塔，成巽阁，白山神社本殿，藤津比古神社本殿，座主家住宅，明泉寺五重塔，

松尾神社本殿，尾山神社神门，江沼神社长流亭

[福井]

羽贺寺本堂，旧桥本家住宅，旧瓜生家住宅，旧坪川家住宅，堀口家住宅，相木家住宅，谷口家住宅，大盐八幡宫拜殿，春日神社本殿

[山梨]

北口本宫富士浅间神社本殿，惠林寺四脚门，天神社本殿，门西家住宅，星野家住宅文库藏，安藤家住宅，八代家住宅

[长野]

善光寺本堂，大宫热田神社本殿 / 若宫八幡宫本殿，旧小笠原家书院，健御名方富命彦神别神社末社若宫八幡神社本殿，小菅神社奥社本殿，旧中入学校校舍，驹形神社本殿，八幡社境内神社高良社本殿，真山家住宅，大山田神社，佐野神社本殿，文水寺石室 / 五轮塔，岛崎家住宅，小松家住宅，曾根原家住宅，春原家住宅，真田信之灵屋，诹访社拜殿，旧横田家住宅，旧武村家住宅，新海三社神社三重塔

[歧阜]

田中家住宅，旧太田胁本阵林家住宅质仓 / 借物仓，南宫神社本殿 / 币殿 / 拜殿 / 摄社树下神社本殿 / 摄社高山神社本殿 / 摄社隼人神社本殿 / 摄社南大神神社本殿 / 摄社七王子神社本殿 / 回廊 / 敕使殿 / 高舞殿 / 楼门 / 神舆社 / 神官廊，药师堂，牧村家住宅，小坂家住宅，真禅院三重塔，荒川家住宅，桑原家住宅，熊野神社本殿

[静冈]

久能山东照宫本殿 / 石之间 / 拜殿 / 唐门 / 东门 / 庙门 / 玉垣 / 渡廊 / 庙所宝塔 / 末社日枝神社本殿 / 神库 / 神乐殿 / 鼓楼 / 神厩 / 楼门 / 神部神社浅间神社大岁御祖神社本殿 / 中门 / 透塀 / 境内社麓山神社本殿 / 中门 / 透塀 / 拜殿，油山寺山门 / 三重塔 / 本堂内厨子，旧植松家住宅，黑田家住宅长屋门，大钟家住宅主屋 / 长屋门，友田家住宅

[爱知]

六所神社本殿 / 币殿 / 拜殿 / 神供所 / 楼门，伊贺八幡宫本殿 / 币殿 / 拜殿 / 透 / 御供所 / 随身门，泷山东照宫本殿 / 币殿 / 拜殿 /，中门 / 石栅，久麻久神社本殿，犬山城天守，如庵 / 旧止传院书院，性海寺本堂 / 宝塔 / 多宝塔，服部家住宅表门，东照宫币殿 / 拜殿 / 中门 / 左右透塀 / 水屋，望月家住宅，旧日本圣公会京都圣约翰教会堂，旧西乡从道住宅，旧山梨县东山梨郡公所，旧品川灯台，旧菅岛附属宿舍，旧三重县厅舍，旧札幌电话交换局舍，旧东松家住宅，旧吴服座，旧中埜家住宅，富吉建速神社本殿 / 八剑社本殿

[三重]

地藏院爱染堂，町井家住宅

［滋贺］

光净院客殿／劝学院客殿，八坂神社本殿，长寿寺本堂，正明寺本堂，大行社本殿，金刚轮寺本堂／三重塔，甲良神社权殿，旧宫地家住宅，园城寺钟楼／唐院灌顶堂／唐院四脚门，大津别院本堂／书院，彦根城马屋，大通寺客室，长命寺塔婆／钟楼／护摩堂，大角家住宅店铺／制药场／厨房／居间／玄关／客厅／正门／隐居所，善水寺本堂，镜神社宝箧印塔，白须神社本殿，膳所神社表门，日吉大社末社东照宫唐门／透　／本殿／石之间拜殿／十家住宅表门等十家住宅表门等二栋，桑实寺本堂，西教寺本堂赤人寺七重塔，新宫神社本殿，西明寺本堂／二天门，苗村神社楼门／神舆库／十禅师社本殿／八幡社本殿，布施神社本殿，饭道神社本殿，涌泉寺九重塔

［京都］

大仙院本堂／书院，三千院本堂，龙吟庵表门，妙心寺法堂／佛殿／经藏／敕使门，白山神社本殿，二条城本丸御殿／玄关／御书院／御膳房／雁之间／雁之间橹门，二之丸鸣子门／桃山门，大德寺法堂／山门／经藏／佛殿，龙光院本堂／盘桓廊／兜门／书院，黄梅院本堂／玄关／库里，聚光院本堂／茶室，龙源院本堂／表门，瑞峰院本堂／表门，玉林院南明庵／茶室，兴临院本堂／表门，真珠庵库里，清水寺本堂／释迦堂，六波罗蜜寺本堂，云龙院本堂，角屋，天球院本堂附玄关，退藏院本堂，醍醐寺清泷宫本殿，三宝院殿堂玄关／秋草之间及葵之间／表书院／宸殿／纯净观／护摩堂／宝箧印塔，旧冈花家住宅，万福寺大雄宝殿／法堂／禅堂／祖师堂／鼓楼／总门／开山堂／通玄门／寿藏／舍利殿／东方丈／西方丈，宝积寺三重塔，石清水八幡宫本殿及外殿，净琉璃寺本堂／三重塔，石田家住宅，伊佐家住宅，与杼神社拜殿，泷泽家住宅，金刚院塔婆，东福寺三门／东司／六波罗门，本愿寺唐门，南禅寺三门／敕使门，酬恩庵库里，本方寺经藏，衡梅院本堂，渡边家住宅，同志社彰荣馆，缘城寺宝箧印塔，宝箧印塔（鹤之塔）

［大阪］

旧泉家住宅，旧山田家住宅，来迎寺本堂，降井家书院，大阪城大手门／塀／多闻橹／千贯橹／乾橹／一番橹／六番橹／炎硝藏／金藏／金明水井户屋形／樱门，海会寺本堂／库里／门廊，法道寺多宝塔／食堂，大威德寺多宝塔，奥家住宅，龙泉寺仁王门，摩尼院书院，山本家住宅，高桥家住宅，吉村家住宅，山添家住宅，中家住宅，高林家住宅，左近家住宅，四天王寺五智光院／本坊方丈／同西通用门，普门寺方丈，旧绪方洪庵住宅，总福宫镇守天满宫本殿，八坂神社本殿，旧杉山家住宅，观心寺金堂／建挂塔，圣神社末社三神社本殿／末社泷神社本殿，奥田家住宅

［兵库］

旧汉达住宅，福祥寺本堂内宫殿及佛坛，石蜂寺药师堂，久久比神社本殿，鹤林寺本堂，住吉神社本殿（三田市），东光寺本堂，欢喜院圣天堂，住吉神社本殿（社

町），御形神社本殿，吉井家住宅，温泉寺本堂，日出神社本殿，八幡神社本殿 / 拜殿，大国寺本堂，酒见寺多宝塔，神子田铸铁桥，伽耶院本堂 / 多宝塔 / 三坂明神社本殿，旧托玛斯住宅，本兴寺三光堂 / 开山堂 / 方丈，明石城巽橹 / 坤橹，长远寺本堂，酒垂神社本殿，贺茂神社本殿 / 摄社片冈社太田社本殿 / 摄社贵布称社若宫社本殿 / 权殿 / 摄社榅尾社本殿 / 堂门 / 回廊，船屋形，友井家住宅，名草神社三重塔，石神神宫拜殿 / 楼门

[奈良]

东大寺金堂 / 本坊经库 / 二月堂佛饷屋 / 同参笼所 / 东西乐门 / 法华堂 / 同手水屋 / 钟楼 / 开山堂 / 三昧堂，十轮院石佛龛，药师寺休冈八幡神社社殿，圆成寺本堂 / 春日堂 / 白山堂 / 楼门 / 宇贺神本殿，法华寺本堂 / 南门 / 钟楼，十六所神社境内社住吉神社 / 龙王神社，慈光院茶室 / 书院，今西家住宅，圆福寺本堂，法隆寺回廊 / 经藏 / 钟楼 / 新堂 / 上御堂 / 大讲堂 / 三经院 / 西室 / 东院传法堂 / 大汤屋 / 大汤屋表门 / 东院大垣 / 西院大垣 / 西垣东南隅子院筑垣 / 同西南隅子院筑垣 / 北室院太子殿 / 福园院本堂 / 西园院客殿上土门 / 宝珠院本堂 / 旧富贵寺罗汉堂 / 律学院本堂，旧臼井家住宅主屋 / 内藏，般若寺经藏，春日大社本社本殿 / 中门 / 东御廊 /

西及北御廊 / 捻廊 / 币殿 / 直会殿 / 宝库 / 南门 / 庆贺门 / 清净门 / 内侍门 / 回廊 / 车舍 / 着到殿 / 灶殿 / 酒殿 / 板藏 / 春日大社摄社若宫神社拜舍 / 细殿 / 神乐殿，元兴寺极乐坊五重小塔，唐招提寺金堂 / 讲堂 / 鼓楼，秋篠思本堂，海龙王寺西金堂 / 经藏，添御县坐神社本殿，八坂神社本殿，夜支布山口神社摄社立磐神社本殿，长尾神社本殿，不动院本堂，长岳寺楼门，旧地藏院本堂 / 库里，橿原神宫本殿 / 旧织田屋形，丰田家住宅，瑞花院本堂，中村家住宅，天神社本殿，法起寺三重塔，伊奘册命神社本殿，中家住宅，室生寺御影堂 / 弥勒堂 / 五重塔，笹冈家住宅主屋 / 表门，南法华寺礼堂，於美阿志神社石塔婆，冈寺仁王门，吉野水分神社拜殿 / 币殿，金峰山寺本堂 / 铜鸟居，旧岩本家住宅，音村家住宅，新药师寺东门，河合家住宅，额安寺五轮塔，圆证寺本堂 / 五轮塔，藤田家住宅，五轮塔（镰田家），久米寺多宝塔，大峰山寺本堂，吉水神社书院，兴福寺三重塔，书院（今西清兵卫），正历寺福寿院，矢田座久志玉比古神社本殿，八幡神社本殿（势野），高鸭神社本殿，御灵神社本殿/境内社早良神社，他户神社礼殿，谈山神社神庙拜所 / 摄社东殿 / 閼伽井屋 / 楼门，小泉神社本殿 / 拜殿 / 东西回廊，当麻寺药师堂 / 中之坊书院，高木家住宅，中桥家住宅，上田家住宅，菊家家住宅，片冈家住宅

[和歌山]

野上八幡宫摄社高良玉垂神社本殿，道成寺仁王门旧柳川家住宅，旧谷山家住宅，东照宫本殿 / 石之间 / 拜殿 / 唐门 / 东西瑞垣 / 楼门 / 东西回廊，护国院楼门，加太春日神社本殿，利生护国寺本堂，长保寺本堂，善福院释迦堂，三乡八幡神社本殿，

十三神社本殿 / 摄社丹生神社本殿 / 摄社八幡神社本殿，三船神社本殿 / 摄社丹生明神社本殿 / 摄社高野明神社本殿，宝来山神社本殿，金刚三昧院多宝塔 / 客殿及台所 / 四所明神社本殿，松平秀康 / 同母灵屋，药王子观音堂，法音寺本堂，增田家住宅主屋 / 表门，铃木家住宅，吉祥寺药师堂，天满神社本殿 / 楼门 / 末社，丹生官省符神社本殿，丹生都比卖神社本殿，广八幡神社本殿 / 拜殿 / 楼门 / 摄社若宫社本殿 / 摄社高良社本殿 / 摄社天神社本殿，金刚峰寺奥院经藏 / 山王院本殿 / 附鸟居，地藏峰寺本堂，普贤院四脚门

[鸟取]

仁风阁，矢部家住宅，后藤家住宅

[岛根]

日御崎神社日沉宫本殿 / 币殿 / 拜殿 / 玉垣 / 禊所 / 回廊 / 门客人社 / 日御崎神社之宫本殿 / 币殿 / 拜殿 / 玉垣 / 宝库，旧道面家住宅，木幡家住宅，神魂神社末社贵布祢稻荷两神社本殿

[冈山]

备中松山城天守 / 二重橹 / 三之平橹东土 ，大泷山三重塔，鼓神社宝塔，五流尊泷院宝塔，宝福寺三重塔，本莲寺中门，旧矢挂本阵石井家住宅里门，旧矢挂本阵高草家住宅，前原家住宅，旧森江家住宅，林家住宅长屋门，长福寺三重塔，林家住宅衣装仓 / 米仓，遍照院三重塔

[广岛]

明王院本堂/五重塔，宗光寺山门，净土寺本堂/阿弥陀堂/多宝塔/山门/露滴庵，圆通寺本堂，木原家住宅，堀江家住宅，林家住宅，桂滨神社本殿

[山口]

旧厚狭毛利家萩屋敷长屋，常念寺表门，国森家住宅，功山寺佛殿，洞春寺山门，古熊神社拜殿，目加田家住宅，熊谷家住宅，早川家住宅，口羽家住宅，萩城遗迹上的旧周布家长屋门，村田清风住宅，吉田松阴幽囚之旧宅，萩藩御船仓

[香川]

观音寺金堂，高松城旧东之丸艮橹，小比贺家住宅，网川家住宅，旧金比罗大戏台，志度寺本堂，旧下木家住宅，旧河野家住宅

[爱媛]

松山城天守 / 三之门南橹 / 二之门南橹 / 一之门南橹 / 分隔门 / 三之门 / 二之门 / 一之门 / 紫竹门 / 隐门 / 隐门续橹 / 户无门 / 分隔门内塀 / 钢筋门东塀 / 三之门东塀 / 二之门东塀 / 一之门东塀 / 紫竹门东塀 / 紫竹门西塀 / 野原橹等十一栋，伊佐尔波神社申殿及廊下 / 楼门 / 回廊，丰岛家住宅主屋，渡部家住宅，宝箧印塔，大洲城台所橹 / 高栏橹 / 芋绵橹 / 三之丸南隅橹，旧山中家住宅，真锅家住宅，善光寺药师堂，

定光寺观音堂

[高知]

山中家住宅，旧竹内家住宅，旧立川番所书院，关川家住宅，旧山内家下宅基长屋，土佐神社本殿/币殿/拜殿/鼓楼

[德岛]

丈六寺本堂/观音堂，福永家住宅，小采家住宅，木村家住宅，长冈家住宅，田中家住宅

[福冈]

福冈城南丸多闻橹，筥崎宫本殿，高良大社本殿/币殿/拜殿，风浪神社五重塔，七重塔，宗像神社边津宫本殿/拜殿，平川家住宅，旧数山家住宅，中岛家住宅，旧福冈县公会堂贵宾馆，旧松本家住宅

[佐贺]

土井家住宅，吉村家住宅，山口家住宅

[长崎]

旧林嘎（弟）住宅，旧本田家住宅，眼镜桥，旧欧尔特住宅，旧罗典神学校，幸桥，崇福寺护法堂

[熊本]

境家住宅，通润桥，熊本城东十八间橹/北十八间橹/五间橹/甲子橹十四间橹/七间橹/四间橹/不开门/监物橹/长塀/平橹，灵台桥，明导寺七重石塔

[大分]

神尾家住宅，大野老松天满社旧本殿，旧矢羽田家住宅，宇佐神宫本殿，宝箧印塔（臼杵市），后藤家住宅，五轮塔，行德家住宅

[宫崎]

旧黑木家住宅，巨田神社本殿，藤田家住宅

[鹿儿岛]

旧集成馆机械工场，二阶堂家住宅，旧鹿儿岛纺织所技师馆

[冲绳]

天女桥，铭苅家住宅，权现堂神殿/拜殿，园比屋武御狱石门，玉陵，中村家住宅，旧崇元寺第一门/石墙

译后记

在《日本建筑史序说》即将付梓之际，密切合作了近一年时间的作者与责编在网上就“译后记”进行了交流，特撷取作为本书的结束语。

责编：路先生，艰辛的工作即将告竣，您在“译后记”中想对读者说些什么呢？

路秉杰：我最想说的就是我为什么会翻译这本书。先自我介绍下吧：我1935年生于山东堂邑县（今聊城市），1961年毕业于上海同济大学建筑系，师从陈从周教授，从事中国建筑史的教学与研究。

陈先生经常教导我们：“历史贵有‘来龙去脉’。中国建筑中的佛教建筑就是以印度建筑为‘来龙’，以日本建筑为‘去脉’的；因此，研究中国建筑史的人，研究到一定程度必须研究印度建筑和日本建筑。”我就是根据先生的这一教导于1980年以“中国政府派遣研究员”的身份去日本留学的。

在日本，师从东京大学生产技术研究所村松贞次郎教授，从事日本近代建筑史的研究。因常去本部听课，有缘数次晤面太田博太郎先生，聆听其教诲，特别是读了他的代表作——《日本建筑史序说》后，大有茅塞顿开之感，使我在学习和研究思想上进入到一个新境界。

1982年回国后，我仍在原校任职，为研究生开设了“日本建筑史”课程，以创立日本建筑史体系的关野贞著《日本建筑史讲话》为开篇主导，以太田博太郎著《日本建筑史序说》为标的，逐章逐句的给学生们进行讲解、分析和说明。不明了处，即去请教著名的中日友好人士、上海民用建筑设计院总建筑师郭博先生——他曾是我研究生时代的顾问导师。有他老先生掌舵、把关，对原著的观点认知和思想理解更加有了保障。郭先生的不吝赐教令我终生难忘和感激。随着年复一年的教学，日积月累，终于完成了两大著作的中文初译稿，为日后出版分别请陈从周先生、村松贞次郎先生题序。1989年以油印版的方式将部分初译稿装订成册，仅供教学使用。在等待取得日方出版授权的过程中日臻完善译稿，时至今日终得以正式出版，欣慰有加！不胜感谢众位先生曾经的支持和帮助！

共译者包慕萍女士协同近畿大学教授奥富利幸君对翻译稿逐字逐句改错析疑，为赶出版时间夜以继日地工作，他们为此书的面世作出了极大的贡献。

责编：《日本建筑史序说》为什么在日本建筑史学界有那么高的地位？

包慕萍：太田博太郎是日本第三代建筑史家、二战后日本建筑史学界的旗手。在继承伊东忠太、关野贞等第一代建筑史家以及村田治郎、关野克等第二代建筑史家们的累累硕果的同时，他理论化、系统化、深化了日本建筑史研究，并培养了一批后继之人——他们成为今天日本建筑史界的中流砥柱。

从正式出版物的时间顺序来说，《日本建筑史序说》是太田出版了《法隆寺建筑》（彰国社，1943年）后的第二本著作；但是实际上，太田于1939年（27岁）已写成本书，是事实上的处女作。当时他本科毕业刚满四年，正在浅野清手下担任法隆寺国宝修理工程助手。这本书在日本从第一版开始再版至今——近70年的岁月——就可知它的确是一部经久不衰的经典著作。

太田在日本建筑学界曾以"建筑史少年"著称，在高中时他就遍读《六国史》《国史大系》等日本史基础文献，并编制了建筑史年表。太田在专业学识上过人的深厚积累是保证这本书学术水准的必要条件。

这本书之所以成为专业经典的另一个主要原因在于书的写法——通过分析建筑空间和建筑类型的演变来阐述日本的文化特征。太田执笔本书的二十世纪三四十年代正是日本盛行现代主义建筑思潮与马克思经济学的时代，这些时代背景都反映在书的字里行间。比如高度评价伊势神宫、桂离宫、大佛样、茶室等建筑与现代主义建筑精神的一致性，批判技艺高超、装饰精美的日光东照宫过于工艺化，流于庸俗和繁琐等。这些评价既是对二十世纪思潮的反映，也有着二十世纪价值观的局限性。

《日本建筑史序说》还有一个不寻常的特征，即正文和参考文献几乎各占一半。太田为了培养建筑史学的后来人，把他认为重要的研究成果全部分类罗列，并进行了恰当的分析和导读。这对中国建筑史学界同样是一个十分有价值的索引资料。从他的文献解读中可以了解日本各个时代建筑史研究的中心课题以及有所创新的方法论，非常有益于中日建筑史的比较性研究。出于这一考虑，在专业术语的翻译方面，中国历史建筑中没有的建筑构件或者类似但不完全相同的构件，在加注译者注的前提下，仍沿用了日文称谓，以避免概念的混淆和误解。

路秉杰：翻译、出版此书是一个艰辛而快乐的过程，在此期间我们得到了来自各个方面的倾情帮助。

包慕萍：是的。为了获得翻译版权、本书照片提供者以及建筑所有者的刊登许可，我像天女散花一般发出了近百封的信件，才获得了太田博太郎之子——太田昭夫先生以及原著出版社——彰国社的翻译出版许可和相关各方的同意。这期间得到了我的博士导师——东京大学名誉教授藤森照信先生、东京大学藤井惠介教授、近畿大学川本重雄教授、名古屋大学西泽泰彦教授等各位学者们的多方帮助和专业指教，特此感谢；另外，还要特别感谢同济大学出版社的领导、责任编辑以及参与这本书制作的所有编辑们的辛勤工作，是大家的共同努力才迎来了这部经典著作的中文版面世。希望它会成为今后中、日文化史和建筑史交流的坚固基石。

2016年10月12日夜

封面 / 封底 摄影

王可可

图形描摹

李　平 P31, P55 下, P67 下, P70 右上 / 右下, P90—91, P102 左下 / 右下, P104 下, P122 上, P127 左中 / 左下, P144 上 / 下

内文照片摄影与提供者

渡边义雄 P54、P40 上、P156 下

大冈　实 P68

便 利 堂 P61 上、P98—99、P60、P112、P122 下

野本行卫 P97 右下、P103、P74 右上、P115 左下、P142 上

村泽文雄 P111 中、P147 上、P147 下、P21 上 / 下、P26 下、P36 上、P52 上、P61 下、P66 下、P70 上、P74 左上 / 中 / 下右左、P77 上 / 下右左、P80 中、P89 上、P102 上 / 中、P106 上 / 下右左、P111 上 / 下、P116 右上 / 中 / 下右左、P122 上、P131 上 / 下、P137 上 / 下右左、P140 上 / 下、P142 中 / 下、P148 下、P152 上 / 中 / 下右左、P153 上、P169 下

佐藤辰三 P153 下、P26 上、P156 上

岸田日出刀 P18 上

藤冈通夫 P18 下

岩波映画 P40 下、P89 下

每日新闻 P51

伊藤平左卫门 P46 中 / 下

后藤守一 P49 上 / 中 / 下右左

东京大学建筑学科 P55

铃木嘉吉 P66 上、P97 左下

吉田　靖 P138、P124、P174 中

飞 鸟 园 P67 中、P80 上、P97 上

平尾行夫 P110 上

恒成一训 P174 上

图书在版编目（CIP）数据

日本建筑史序说 / (日) 太田博太郎著；路秉杰，包慕萍译 . -- 上海：同济大学出版社，2016.10

ISBN 978-7-5608-6525-6

Ⅰ. ①日… Ⅱ. ①太… ②路… ③包… Ⅲ. ①建筑史－研究－日本 Ⅳ. ① TU-093.13

中国版本图书馆 CIP 数据核字（2016）第 221767 号

日本建筑史序说 **原著增补第三版**

[日] 太田博太郎 著
路秉杰 包慕萍 译

出品人 华春荣
责任编辑 武 蔚 责任校对 徐春莲 装帧设计 张 微

出版发行 同济大学出版社 www.tongjipress.com.cn
（地址：上海市四平路 1239 号 邮编：200092 电话：021-65985622）
经 销 全国各地新华书店
印 刷 上海安枫印务有限公司
开 本 889mm×1 194mm 1/32
印 张 9.75
字 数 262 000
版 次 2016 年 10 月第 1 版 2019 年 5 月第 2 次印刷
书 号 ISBN 978-7-5608-6525-6
定 价 58.00 元